Geophysik und Geologie

Geophysikalische Veröffentlichungen der Karl-Marx-Universität Leipzig

Herausgegeben von Prof. Dr. sc. nat. R. Lauterbach

Dritte Serie

Band III, Heft 2

Mit 77 Abbildungen und 22 Tabellen

AKADEMIE-VERLAG · BERLIN

Geophys. Veröff. KMU · Leipzig	Bd. III	H. 2	S. 1—192	1985

Die Geophysikalischen Veröffentlichungen der Karl-Marx-Universität sind die Fortsetzung zweier Schriftenreihen:

1. Veröffentlichungen des Geophysikalischen Instituts, gegründet 1913 von V. Bjerknes

2. Geophysik und Geologie, gegründet 1959 von R. Lauterbach

Sie bringen Beiträge und Berichte aus dem Bereich Physik der Erde, die mit einschlägigen Arbeiten der Karl-Marx-Universität in Zusammenhang stehen.

Für den Inhalt ihrer Beiträge sind die Autoren allein verantwortlich.

Anschrift des Herausgebers und der Redaktion:
Karl-Marx-Universität, Wissenschaftsbereich Geophysik,
DDR - 7010 Leipzig, Talstraße 35

Redaktion: Dipl.-Geoln. M. Meißner
Dr. sc. nat. F. Jacobs

ISSN 0138-2357

Erschienen im Akademie-Verlag, DDR - 1086 Berlin, Leipziger Straße 3—4

Lizenznummer: 202 · 100/448/85
P 36/84
Printed in the German Democratic Republic
Gesamtherstellung: VEB Druckhaus „Maxim Gorki", 7400 Altenburg
Lektor: Dipl.-Met. Heide Deutscher
LSV 1405
Bestellnummer: 763 382 5 · (2018/III/2)

03600

Inhalt

Geophys. u. Geol. Geophys. Veröff. d. KMU Leipzig Bd. III H. 2 S. 5—19 Berlin 1985

Über einige tektonophysikalische Beziehungen zwischen intrakontinentalen Pressungs- und Dehnungsprozessen

G. Olszak[1]

Zusammenfassung: Blocktektonische Bewegungen und damit verbundene magmatische Prozesse bestimmten in starkem Maße die Entwicklung des regionalen geologischen Feldes in Mitteleuropa. Diese Form von Bewegungen, die im Rahmen großregionaler Dehnungsfelder ablaufen, traten in Mitteleuropa besonders intensiv im Devon und Tertiär auf. Auf der Grundlage der plattentektonischen Konzeption kann abgeleitet werden, daß blocktektonische Prozesse (Dehnungsraum) räumlich-zeitlich an faltungstektonische Prozesse (Pressungsraum) gesetzmäßig gekoppelt sind. Diese Bindungen lassen sich besonders deutlich für die kaledonische sowie die alpidische Gebirgsbildung ableiten, in der Mitteleuropa jeweils im „Rückland" der Kollision/Subduktion gedehnt und blocktektonisch geformt wurde („back-arc"-Situation). Für die variszische Gebirgsbildung fehlt eine entsprechende Koppelung, was auf eine unvollständige Kollision von Lithosphärenplatten zurückgeführt wird. Diese Gebirgsbildung besaß demnach sehr wahrscheinlich auch keine Subduktionszone und damit verbundene spezifische magmatische Erscheinungsformen.

Die Analyse der Koppelung von Faltungs- und Blocktektonik in Mitteleuropa wird im Sinne eines methodischen Modells mit der Entwicklung in der „basin and range"-Provinz im westlichen Nordamerika verglichen, in der die blocktektonisch-magmatische Entwicklung erst in den letzten 20 Mill. Jahren ablief und somit auch hinsichtlich ihrer strukturellen Formung geophysikalisch klarer erfaßbar ist.

Einleitung

Germanotype bzw. blocktektonische Bewegungen und damit verbundene magmatische Prozesse trugen in starkem Maße zur Prägung des heute vorliegenden regionalen Strukturfeldes in Mitteleuropa bei. Darüber hinaus besitzen sie wesentlichen Einfluß auf die Genese von Lagerstätten. Eine offene Frage betrifft die kausale Einordnung der blocktektonischen und damit verbundenen magmatischen Vorgänge in die regionale Entwicklung Mitteleuropas. Ausgehend von den grundlegenden Relativbewegungen von Schollen im Sinne der Plattentektonik soll versucht werden, einen Beitrag zur blocktektonischen Entwicklung in Mitteleuropa, speziell im Devon und im Tertiär zu geben. Aus methodischer Sicht erscheint es möglich, eine vergleichende Analyse hinsichtlich der Entwicklung der „basin and range"-Provinz (westliches Nordamerika) durchzuführen. Die methodische Arbeit wird begünstigt durch die Tatsache, daß die „basin and range"-Provinz zu den am intensivsten geologisch-geophysikalisch untersuchten Gebieten in den USA zählt.

[1] Anschrift des Verfassers:
Prof. Dr. sc. nat. Gerd Olszak, WB Geophysik, Sektion Physik der Karl-Marx-Universität, DDR-7010 Leipzig, Talstraße 35.

Auf der Grundlage plattentektonischer bzw. globaltektonischer Interpretation können drei Grundformen der Relativbewegung von Platten unterschieden werden, die alle primär horizontalen Bewegungscharakter besitzen:

— Divergenzbewegungen („Öffnung"),
— Konvergenzbewegungen („Schließung"),
— transform-Bewegungen.

Die Mächtigkeit der sich bewegenden Lithosphärenplatten ist sehr unterschiedlich und ist in erster Linie vom Alter und der thermischen Entwicklung der Platten abhängig. Für junge ozeanische Bereiche wurden Mächtigkeiten von ca. 50 km bestimmt. Unter den alten Schilden werden dagegen Mächtigkeiten bis zu 300 km erreicht (D. S. Chapman und N. H. Pollack, 1977). Die Geschwindigkeit der Plattenbewegungen beträgt im Mittel 5 bis 8 cm/Jahr, wobei starke Abweichungen beobachtet werden. Lithosphärenplatten mit hohem kontinentalem Anteil weisen geringere Bewegungen auf und scheinen teilweise stationär zu sein („Verankerungen"). Unterschiedliche Auffassungen bestehen darüber, ob die Platten durch aktive thermische Konvektionsströme der darunterfolgenden Asthenosphäre bewegt werden oder durch gravitative Kräfte der Platten infolge unterschiedlicher Mächtigkeit bzw. des Absinkens kälterer, d. h. dichterer Platten in die heißere Asthenosphäre. Im letzteren Falle treten in der Asthenosphäre sekundäre konvektive Materialströme auf.

Die Räume der Plattenkonvergenz liegen zumeist über Subduktionszonen, in denen ozeanische Platten unter kontinentale absinken. Nur in wenigen Fällen wurde bisher beobachtet, daß sich die ozeanische Platte über die kontinentale schiebt (Obduktion). Mit der Entwicklung im Subduktionsraum ist in der oberen Kruste sowohl die Anlage einer Variante der Geosynklinale als deren Ausfaltung verbunden.

Die magmatischen Produkte im Konvergenzraum umfassen ein weites Spektrum. Sie reichen von basisch-ultrabasischen Magmatiten — z. B. Einpressung ophiolitischer Materialien des oberen Mantels — über basisch-intermedären Vulkanismus im Bereich der abtauchenden und aufschmelzenden ozeanischen Platte bis zu intermedär-saurem Magmatismus (Magmenherde der mittleren Kruste im Kollisionsraum).

Von besonderer Bedeutung erscheint der an die Pressungs-/Kollisionszone folgende Raum, der bereits auf der „stabilen" Kontinentscholle liegt (Abb. 1). Weitgehend zeitgleich mit den „Phasen" in Kollisions-/Faltungsprozessen im Schließungsbereich treten im angrenzenden Bereich sehr intensive Dehnungskräfte auf, die zu blocktektonischen Bewegungen und damit gekoppeltem basischem bis ultrabasischem Vulkanismus führen. Dieser Bereich zeigt viele Analoga zur Öffnungszone (spreading). Im Gegensatz zu letzterer besitzt er jedoch keine eigene aktive Riftzone. Durch intensive Dehnungsbewegungen, die zumindest die gesamte Krustentiefe erfassen, kommt es aber zu tektonisch-magmatischen Erscheinungsformen, die denen im aktiven Riftbereich weitgehend entsprechen: Krustendünnung, Gräben, Syneklisen mit riftartigen Rändern und innerer grabenartiger Gliederung, basischer Vulkanismus. Dehnungsbereiche mit damit verbundener Blocktektonik im „Hinterland" von Faltungszonen besitzen häufig eine Ausdehnung von 500—800 km senkrecht zur Faltungszone. Das Streichen der mit der Blocktektonik gekoppelten Störungen liegt einerseits etwa parallel zum Streichen des Faltenzuges; andererseits werden oft grabenartige Bruchzonen unter einem steilen Winkel zum Faltenzug beobachtet. Als Beispiel dafür wird von A. M. Sengor u. a.

(1978) die räumlich-zeitlich gekoppelte Anlage des Oberrheingrabens im Streßfeld des Alpenzuges abgeleitet.

Von P. W. LIPMAN (1980) wurden Untersuchungen über den Einfluß der Neigung der absinkenden Schicht und der Geschwindigkeit der Plattenkonvergenz auf die tektonisch-magmatische Aktivität im Rückland des Faltungszuges vorgelegt und interpretiert (Abb. 2). So ist bei einem „normalen" Einfallen der Subduktionsschicht von ca. 30° der Vulkanismus (schwach alkalisch) auf eine schmale Zone nahe am Plattenrand begrenzt. Bei einer Beschleunigung der Konvergenz wird das Einfallen der Subduktionsschicht flacher; die vulkanische Tätigkeit (schwach bis stark alkalisch) erstreckt sich über eine breitere Zone des Rücklandes bzw. fehlt teilweise. Nimmt die Geschwindigkeit der Plattenkonvergenz ab, wird das Einfallen der Subduktionsschicht größer, der Vulkanismus erfaßt den vorderen Plattenrand, und im Rückland kommt es zu intensiver Blockzerlegung mit basaltischem Vulkanismus.

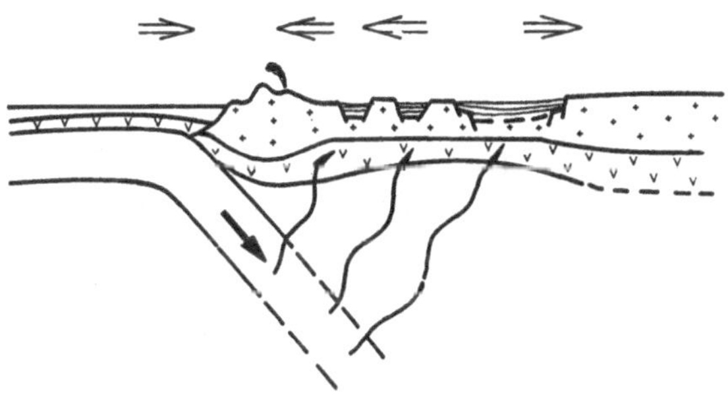

Abb. 1. Schematische Skizzierung der Koppelung zwischen Kompressionstektonik im Kollisionsraum und Extensionstektonik und damit verbundener germanotyper Blocktektonik im „Rückland"

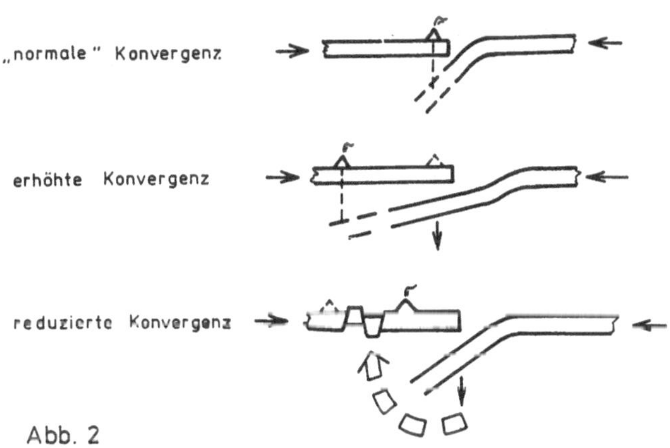

Abb. 2. Einfluß der Neigung der abtauchenden Schicht und der Geschwindigkeit der Plattenannäherung auf die tektonisch-magmatische Aktivität im „Rückland" des Faltungsraumes (nach P. W. LIPMAN, 1980)

Einige Erscheinungsformen der Dehnungs-Block-Tektonik in Mitteleuropa

Das heutige tektonische Bild Mitteleuropas wurde wesentlich durch die variszische Tektogenese geformt, deren Geosynklinale im wesentlichen im Devon angelegt wurde. Die Öffnung eines entsprechenden mitteleuropäischen, etwa O—W streichenden Rifts und daraus folgenden Riftozeans kann in unmittelbarem Zusammenhang mit der Schließung des Iapetus-Ozeans (Ur-Atlantik), der Kollision seiner Ränder und der

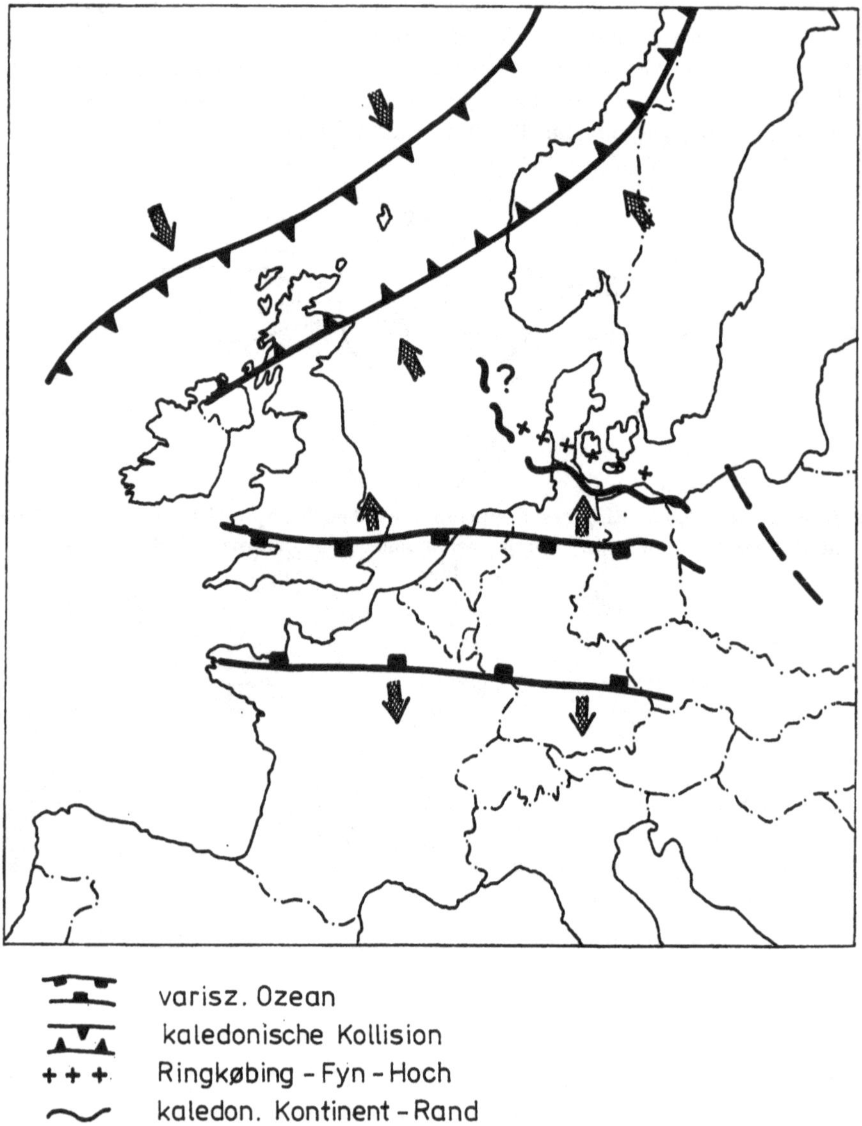

Abb. 3a. Tektonisches Bewegungsfeld zur Zeit der kaledonischen Tektogenese in Mitteleuropa (nach F. J. Sawkins und K. Burke, 1980 und J.-C. Pratsch, 1980)

Ausfaltung der Kaledoniden in NW-Europa gesehen werden (F. J. SAWKINS und K. BURKE 1980). Im rückwärtigen Streß-Dehnungsfeld der kaledonischen Kollision entwickelte sich im Gesamtrahmen eines umfassenderen blocktektonisch geformten Feldes der variszische Ozean (Abb. 3a). Eine Reihe heute noch erfaßbarer Merkmale deutet darauf hin, daß die variszische ozeanische Öffnung (Geosynklinale) nicht mit einer vollständigen lithosphärischen Spaltung und der Bildung neuer ozeanischer Kruste verbunden war. Zu diesen Merkmalen zählen das weitgehende Fehlen von Ophioliten und die relativ geringe Geosynklinaltiefe. Die Erhaltung des prädevonischen Deckgebirges weist ebenfalls darauf hin, daß die devonische Dehnungs- und Einsenkungsperiode nicht durch eine Periode der Aufwölbung vorbereitet wurde, wie sie vor der Bildung aktiver Rifte typisch ist („Hebung-Spaltung-Vulkanismus" nach H. CLOOS am Beispiel des Roten Meeres). Die Summe der Merkmale, die auf eine „nicht-selbständige" Anlage des mitteleuropäischen variszischen Ozeans weist, läßt sich mit der Koppelung an die sehr aktiven zeitgleichen Vorgänge im kaledonischen Kollisionsraum — Schließung eines großen Ozeans mit nach SO-einfallender Subduktionszone — in Nordeuropa erklären. Spätestens mit der Anlage des mitteleuropäischen devonischen Riftozeans setzte die Entwicklung der Mitteleuropäischen Senke (MES) ein. Als ihre Nordflanke kann — bis in die heutige Zeit — der „passive" nördliche Kontinentrand des devonischen Ozeans betrachtet werden, der mit dem Ringköbing-Fyn-Hoch geologisch und geophysikalisch markant gekennzeichnet ist. Auf den ehemaligen Südrand des mitteleuropäischen Ozeans im Bereich des späteren variszischen Massivs weisen Ultrabasite und Serpentinite im Harz, aber auch die an tiefe Dehnungsspalten gebundenen massiven Sulfiderzlagerstätten (Typ Rammelsberg-Meggen) hin.

Etwa 100 Mill. Jahre später folgten im Rahmen der spätpaläozoischen Einengungsvorgänge jene Konvergenzbewegungen, die zur Bildung des variszischen Gebirges führten. Im oberen Karbon verstärkte sich die Tendenz zur Verdichtung der bestehenden Kontinente zu einem Einheitskontinent, die zu Beginn des mittleren Paläozoikums begonnen hatte: die Pangäa A. WEGENERS. Die stark kalihaltigen Granite in den Varisziden entstanden während der Pressungsvorgänge und der damit verbundenen thermischen Aktivierung der Kruste. Die verbundenen Erzlagerstätten sind durch lithophile Elemente wie Zinn, Wolfram und Uran gekennzeichnet. Zugleich mit der Pressung/Faltung im variszischen Raum begann sich die spätpaläozoische Paläotethys zu öffnen.

Eine weitere Periode besonders intensiver Dehnungs- und Blocktektonik in Mitteleuropa war mit der Ausfaltung der alpidischen Gebirge im südlichen Europa verbunden, deren Anlage mit der Annäherung der Afrikanischen und Eurasischen Platte und der Schließung der Tethys verbunden war. Neben der in der oberen Kreide einsetzenden Bildung einer ganzen Reihe von Faltenstrukturen an den Rändern der Tethys formierten sich im Pressungs- und Scherungsraum der Tethys zwischen Afrika und Eurasien mehrere Mikrokontinente. Das System der noch rezent aktiven Subduktionszone zeigt im Bereich der Tethys ein Abtauchen der afrikanischen Platte vorwiegend nach Norden unter den europäischen Kontinent. Die alpidische Geosynklinale liegt dabei, ebenso wie die kaledonische, auf typischer ozeanischer Kruste bzw. Lithosphäre. Von mehreren Wissenschaftlern wird angenommen, daß die Prozesse im Bereich des Mittelmeeres entscheidend mit der Öffnung des Atlantiks verbunden waren (J. F. DEWEY u. a. 1973; K. J. HSÜ, 1971; A. G. SMITH, 1971).

Die geophysikalischen Untersuchungen weisen mit hoher Sicherheit auf drei Hauptetappen der Bewegungen zwischen Afrika und Eurasien, die mit relativen Öffnungsraten des zentralen und nördlichen Atlantik gekoppelt sind:

Etappe	Zeit in Mill. Jahren	Relativbewegung Afrika zu Eurasien
1. Mittl. Jura bis Obere Kreide	165–80	ostwärts
2. Obere Kreide bis spätes Eozän	80–40	westwärts
3. spätes Eozän bis rezent	40– 0	nordwärts

Die Bewegungsrichtung der ersten Etappe ist damit begründet, daß sich der zentrale Atlantik zu öffnen begann, während Europa und Nordamerika noch verbunden waren. Die zweite Etappe resultiert aus der Tatsache, daß sich der nördliche Atlantik nun zu öffnen begann, und zwar mit einer größeren Geschwindigkeit als der zentrale Atlantik. Während der dritten Etappe sind die Öffnungsraten von Nord- und Südatlantik etwa gleich.

In die Zeit der intensiven Deformations- und Metamorphose-Prozesse in den Alpen fällt die „germanotype" oder Blocktektonik in Mitteleuropa, die den Gesamtraum zwischen der Alpennordgrenze und dem Südrand des Ringköbing-Fyn-Hochs erfaßt. Wiederum zeigt sich signifikant die gesetzmäßige Koppelung: Pressungs-/Kollisions-Prozesse im aktiven Subduktionsraum führen zu intensiven Dehnungs-/blocktektonischen Prozessen im angrenzenden Rückland (Abb. 3b). Im Ergebnis der wesentlichen vertikalen Relativbewegungen bildeten sich Tief- und Hochschollen bzw. Gräben und Horste („basin and range"). Die mit den Vertikalbewegungen verbundenen und sie ermöglichenden tiefreichenden tektonischen Störungen bzw. Störungssysteme ermöglichten im Zusammenhang mit der Dehnungstendenz den Aufstieg basischer Magmatite des oberen Erdmantels.

Zu den besonders intensiv erforschten Objekten der riftartigen Blocktektonik gehört der Obere Rheingraben, dessen Riftung im mittleren Eozän (vor ca. 48 Mill. Jahren) begann (J. H. Illies und St. Mueller, 1970). Die Weitung und Einsenkung erfolgte in mehreren Phasen, deren jüngste und sehr intensive im oberen Pliozän einsetzte. Die hierbei auftretenden Senkungsraten erreichten bis 1 mm/Jahr. Die tatsächliche Weitungsbewegung des Grabens beträgt etwa 5 km, während die Entfernung zwischen den Flanken im Mittel 30 km ausweist (scheinbare Weitung). Diese wesentlichen Unterschiede zwischen scheinbarer und echter Weitung scheinen typisch für Grabenentwicklungen ohne eigenes aktives Riftsystem zu sein.

Von engerem Interesse ist die Tatsache, daß das mit der Kollision in den Alpen verbundene Dehnungs- und Scherungsfeld auch den gesamten Raum Mitteleuropas erfaßte und entscheidend formte. Von R. v. Zwerger (1948) und R. Lauterbach (1962) wurden speziell die Fortsetzung der rheinischen tektonischen Dehnungs-Elemente und des damit verbundenen basaltischen Vulkanismus nach Nordosten skizziert bzw. detailliert. An Hand geologischer und geophysikalischer Beobachtungen wurde eine rheinische Zone abgeleitet, die vom Oberrheingraben ausgehend über das Thüringer Becken bis in den Bereich der geophysikalischen Anomalien (magnetische und gravimetrische Maxima von über 200 nT bzw. 40 mGal) des sog. Ostelbischen Massivs (OEM) sehr gut belegt ist. Mit dem Erreichen des OEM verlieren die rheinischen Elemente merklich an Einfluß, während dafür die dem Rand der Osteuropäischen Tafel parallelen Elemente mit

NW—SE- bis NNW—SSE-Richtung dominieren (Abb. 4). Dazu zählen u. a. die Theyssere-Tornquist-Linie, das Ringköbing-Fyn-Hoch und der Rostock-Gramzower-Tiefenbruch (NW-Rand des Ostelbischen Massivs). Aus der Analyse der magnetischen und gravimetrischen Regionalfelder weist J.-C. PRATSCH (1979) ebenfalls auf den Wechsel der vorherrschenden regionalen Strukturelemente von NNE—SSW-Richtung im Norden der BRD in NW—SE-Richtung in der Fortsetzung nach dem Gebiet der nördlichen DDR.

Das Gebiet des sog. Ostelbischen Massivs (OEM) zeichnet in seinen geophysikalischen Anomalien (Maxima von Schwere, Magnetik, elektrischer Leitfähigkeit) zwei bzw. drei wesentliche Streichrichtungen ab: NNE (rheinisch), NW/NNW und E—W, die auf eine Kreuzung wesentlicher tektonischer Elemente hinweisen. Der Bereich des OEM stellt zumindest seit dem Devon eine Kreuzungszone und ein Wirkungsfeld wiederholt aktiver struktureller Elemente dar. Die Anlage der lineamentartigen Grundelemente, die bis in das Tertiär mehrfach reaktiviert wurden, muß im Zusammenhang mit der

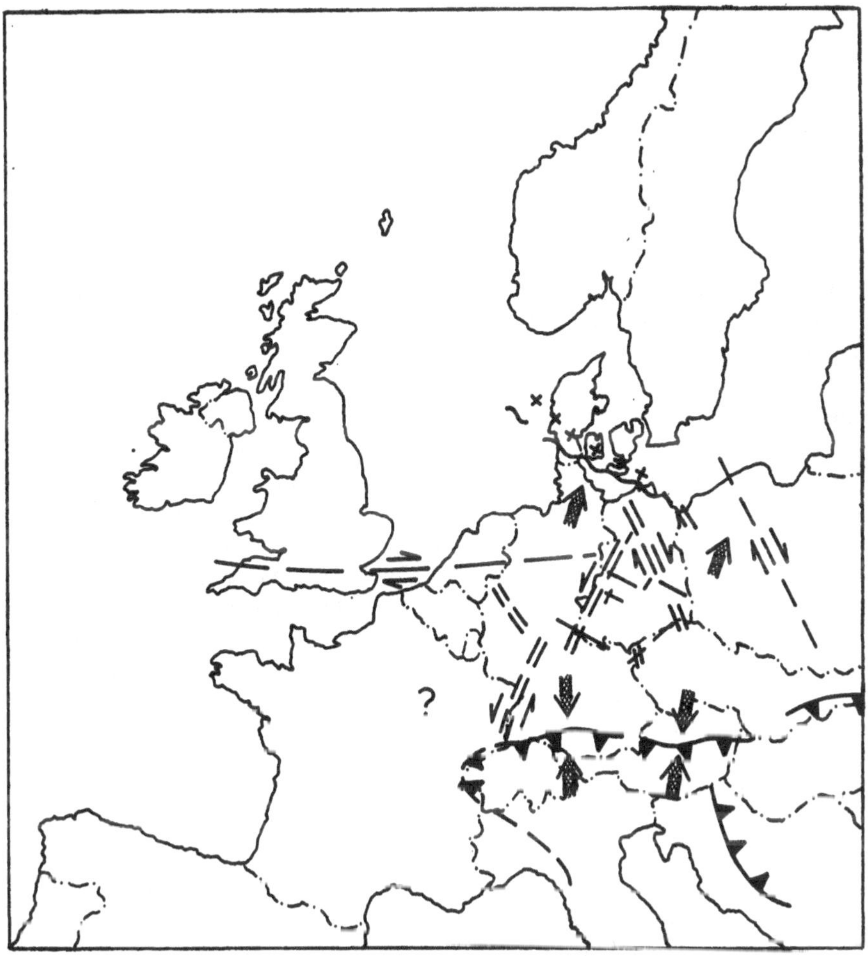

Abb. 3b. Tektonisches Bewegungsfeld zur Zeit der alpidischen Tektogenese in Mitteleuropa

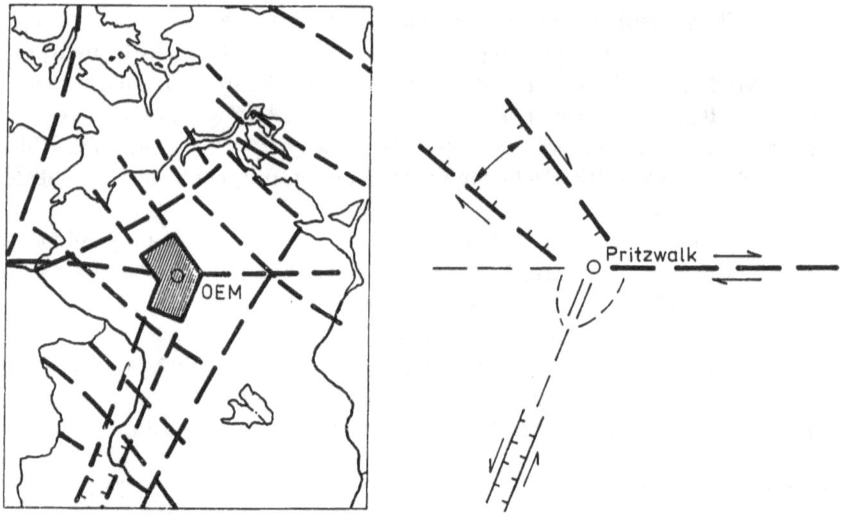

Abb. 4. a) Wesentliche, geophysikalisch erfaßte Tiefenbrüche im Bereich des Nordteils der DDR (nach V. V. GLUSCHKO u. a. 1974)
b) Bewegungsvorgänge an einer möglichen Dreispaltenstruktur im Bereich des „Ostelbischen Massivs" (nach G. OLSZAK und H. THIERBACH, 1978)

devonischen Formierung des blocktektonischen Rahmens gesehen werden, der sich von der Nordsee bis nach Mitteleuropa erstreckt. Die rheinische Richtung (R. LAUTERBACH, 1962) kann als eine Fortsetzung der Elemente des Oberrhein-Grabens nach NNE interpretiert werden, wobei besonders im Tertiär eine tektonische Aktivierung erfolgte, möglicherweise längs älterer Anlagen. Die nach Nordwesten streichende und fortsetzende Anomalie markiert möglicherweise einen inneren Riftgraben des devonischen Dehnungsfeldes Mitteleuropas, der im Ergebnis der kaledonischen Kollision in NW-Europa angelegt wurde. Verschiedene Daten im jüngeren Deckgebirge deuten jedoch auch auf eine jungmesozoische Anlage bzw. Reaktivierung hin. Eine Reihe geophysikalischer Parameter weist auf einen solchen möglichen Riftgraben an der Basis der Norddeutsch—Polnischen Senke. Die komplexe geophysikalische Interpretation legt eine Grabenstruktur von mehreren Kilometern Tiefe nahe, die aus einer Wechsellagerung von Sedimenten und basischen Effusiva besteht. Da eine mögliche Grabenanlage im Rahmen von Kompressionsvorgängen angelegt wäre, sollte sie nicht als Aulakogen im Sinne von N. S. SHATSKI (1947), sondern als Impaktogen bezeichnet werden. Die E—W-Elemente können mit Scherungsstrukturen in Form kontinentaler transform-Störungen interpretiert werden, wie sie von R. LAUTERBACH (1973) vorgelegt wurden.

Von G. OLSZAK und H. THIERBACH (1978) wurde der Kreuzungsbereich der drei markanten Strukturrichtungen als eine mögliche Drei-Spalten-Struktur (triple junction) diskutiert. Das Zentrum der Struktur fällt mit der maximalen Teufe der Zechsteinbasis (ca. 5000 m) zusammen, wobei sich die skizzierten Streichrichtungen u. a. in den Isopachen der Zechsteinbasis deutlich widerspiegeln (G. SCHWAB u. a 1982).

Zu den markantesten NW—SE streichenden Strukturelementen, die durch die tertiäre Dehnungs-/Block-Tektonik geformt wurden, gehören die staffelartigen Abbrüche längs des Südrandes der Mitteleuropäischen Senke, die durch geophysikalische

Messungen und Bohrungen sicher erfaßt sind. Neben den beträchtlichen vertikalen Blockbewegungen erfolgten horizontale Scherbewegungen, die den heutigen Beckenrand sägezahnartig markieren. Die quantitativ noch wenig erforschten relativen horizontalen Scherungsbewegungen der Blöcke des Beckenrandes erreichen wahrscheinlich in mehreren Fällen Beträge von 10—20 km (K. SONNTAG, 1956).

Wesentlich besser aufgeschlossen und untersucht ist diese Horst- und Grabentektonik im Südteil der DDR, wo diese jungmesozoisch-tertiären Blockbewegungen dominierend das Relief der rezenten Erdoberfläche bestimmen.

Einige Formen der Dehnungs-Block-Tektonik im westlichen Nordamerika

Eines der am besten erforschten Gebiete mit ausgeprägter Dehnungs- und Blocktektonik ist die „basin and range“-(Graben-Horst-)Provinz der westlichen USA, die als langgestreckter Bereich zwischen den Kordilleren im Westen und der nordamerikanischen Platte im Osten liegt. Sie erstreckt sich über mehr als 1000 km vom Columbia-Plateau im Norden bis nach Mexiko im Süden. Die Breite variiert zwischen 250 und 500 km (Abb. 5).

Das Fundament der heutigen „basin and range“-Provinz bildet die ehemalige Miogeosynklinale der Kordilleren, die in drei „Phasen“ des Mesozoikums (oberste Trias bis später Jura) in orogene Prozesse einbezogen wurde. Im obersten Mesozoikum und in der frühen Kreide wanderte die Deformation ostwärts in das Vorland, was zu einer Überschiebung und Überfaltung der Vortiefen führte. Dabei kam es von der frühen Kreide bis zum frühen Eozän zu einer Krustenverkürzung von ca. 140 km (2 mm/Jahr), die mit einer Mächtigkeitszunahme des Deckgebirges bis zu 8 km verbunden war. Im frühen Tertiär setzte eine intensive Erosion der Gebirgszüge ein, deren Einebnung zu Beginn des mittleren Tertiärs abgeschlossen war. Diese Prozesse waren mit starkem Vulkanismus verbunden, der ebenso wie die tektonische Aktivität ostwärts wanderte. Durch jung-känozoische Dehnungsprozesse mit E—W-Tension wurde dieses Gebiet später in eine Anzahl von Hochschollen mit zwischenlagernden größeren Sediment-

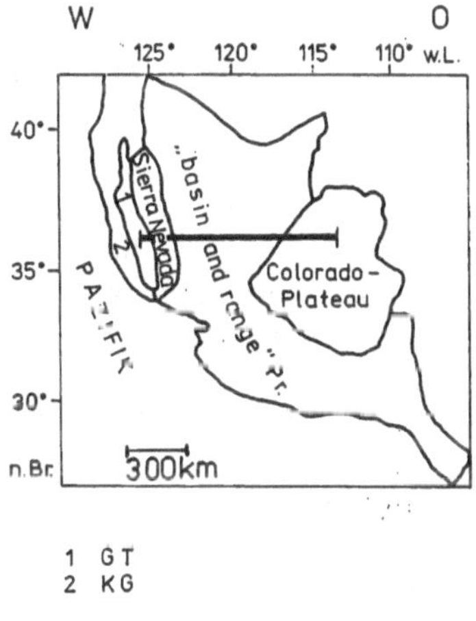

1 GT
2 KG

Abb. 5. Schematische Darstellung tektonischer Regionalstrukturen im westlichen Nordamerika; G T — Großes Tal; KG — Küstengebirge

becken zerlegt. In ihrer tektonisch-magmatischen Entwicklung bietet sich eine Vielzahl von Ähnlichkeiten mit dem „germanotyp" beanspruchten Mitteleuropa an. Bei der Analyse von seismischen Krustenstrukturen stellte C. Prodehl (1977) fest, daß der Krustenbau der „basin and range"-Provinz (b. + r.) ein „unnormales" Gebiet in Nordamerika darstellt. Zugleich bemerkt er, daß auch die Kruste der Varisziden in Mitteleuropa untypischen Charakter hinsichtlich eines variszischen Gebirges besitzt. Es erscheint möglich und notwendig, die Entwicklung der beiden Gebiete eingehender und vergleichend zu analysieren (G. Olszak, 1980). Wenn man die formale Übernahme von Erkenntnissen ausschließt, ergeben sich Erkenntnisse, die als Schlüssel für die Lösung grundlegender offener Fragen im mitteleuropäischen Raum dienen können. Zu diesen gehören sowohl die der Metallogenie als auch die der basement-Struktur der Nord-deutsch-Polnischen Senke. Als methodischer Vorteil der Analyse in der b. + r.-Provinz erweist sich das junge Alter der blocktektonischen Entwicklung, womit natürlich auch die Notwendigkeit einer sorgfältigen Übernahme verbunden ist.

Für die Interpretation der tektonischen Entwicklung der b. + r.-Provinz existieren 4 Gruppen von Auffassungen (J. H. Stewart, 1978):

1. Die Struktur entstand durch Dehnungszerlegung im rechtslateralen Scherungsfeld der kollidierenden nordamerikanischen und pazifischen Platte.
2. Das Dehnungs- und Blockfeld entstand durch Ausdünnung der Kruste hinter einer aktiven Subduktionszone (back-arc-spreading).
3. Die Struktur entstand durch Dehnung, das aus der vermuteten Subduktion des ostpazifischen Rückens unter das westliche Nordamerika resultierte.
4. Die b. + r.-Provinz entstand über einer aus dem tieferen Mantel aufsteigenden thermischen Konvektion (mantle-plumes).

Die Beachtung aller zur Zeit verfügbaren geologischen und geophysikalischen Daten bestärkt überzeugend die zweite Auffassung, die u. a. von G. A. Thompson und D. B. Burke (1974) ausführlicher analysiert wird. Danach herrschte seit dem Mesozoikum am westlichen Kontinentrand Nordamerikas Subduktion vom Anden-Typ. Im Inland erfolgte Faltung und Überschiebung in einem Gürtel von Kanada bis Mexiko, wobei die magmatische Tätigkeit (umfangreiche saure Magmatite) von Nord nach Süd wanderte. Während des späten Känozoikums änderte sich das tektonische und magmatische Bild. Mit der einsetzenden Dehnungstektonik dominierten jetzt Basalte bzw. Rhyolite besonders an den Rändern um die b. + r.-Provinz. Innerhalb der Provinz wurden an Brüchen Basalte gefördert. Über den Grad der Dehnung der b. + r.-Provinz liegen von verschiedenen Autoren unterschiedliche Aussagen vor, die auf verschiedenen methodischen Wegen erhalten werden. Die beiden hauptsächlich verwendeten Methoden beruhen auf dem Einfallen der Flankenstörungen (unter Berücksichtigung der Neigungsänderung mit der Tiefe) bzw. auf den Beträgen von Krustendünnung und Flankenhebung. Dabei ergeben sich für das Große Becken (Nordteil der b. + r.-Provinz) Weitungsbeträge in O—W-Dehnung zwischen 30% und 50% gleich 165—275 km (L. A. Wright, 1976). Für lokale Bereiche, besonders in den Randbereichen, wurden durch detaillierte geologische Kartierung über und unter Tage Dehnungen von mehr als 100% erhalten (J. M. Proffett, 1971).

Abbildung 6 zeigt eine Reihe geophysikalischer Parameter in einem Profilschnitt durch das Große Becken in 38° nördlicher Breite. Eine typische Gemeinsamkeit aller Anomalien ist die symmetrische Form. Als primäres Element zeichnet sich die durch

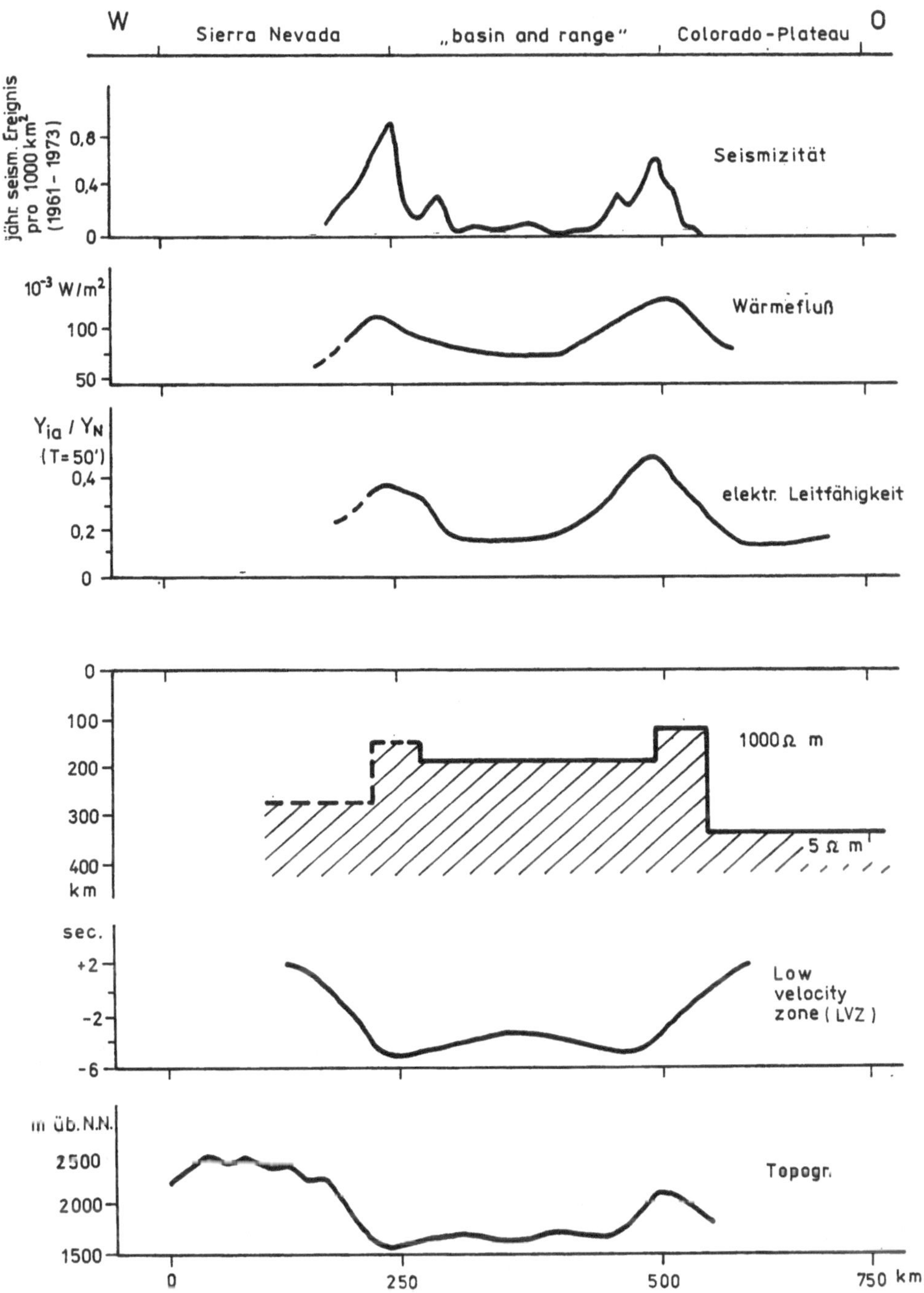

Abb. 6. Komplexes geophysikalisches Profil von der Sierra Nevada über die „basin u. range“-Provinz zum Colorado-Plateau (nach verschiedenen Autoren, s. Text)

Dehnung erzeugte Ausdünnung von Kruste und Lithosphäre ab, verbunden mit der Hochlage des Isothermen einschließlich der Curie-Isotherme. Die Zone geringerer Geschwindigkeiten (LVZ) wurde aus den Laufzeitdifferenzen von Bebenwellen (in Sekunden) dargestellt. Sie ergänzt sich mit der seismischen Krustenstruktur (C. Prodehl, 1977) der b. + r.-Provinz, die eine drastische LVZ im Tiefenbereich 10—20 km aufweist (Abb. 7). Bei einer niedrigen durchschnittlichen Krustengeschwindigkeit erfolgt

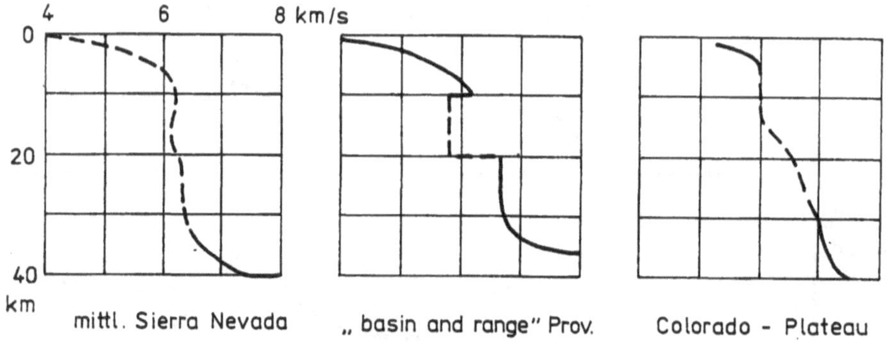

Abb. 7. Geschwindigkeits-Tiefen-Profile im westlichen Nordamerika (nach C. Prodehl, 1977)

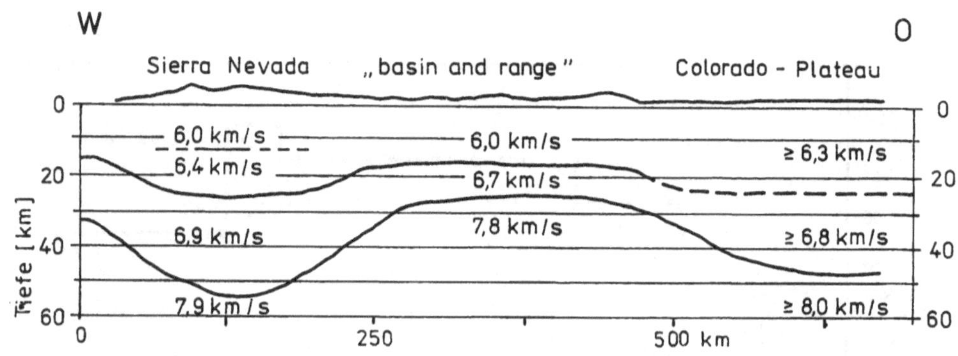

Abb. 8. Tiefenseismisches Krustenprofil im westlichen Nordamerika (nach D. P. Hill u. a., 1978)

dann ein scharfer Übergang von Kruste zu Mantel. Auch tiefenelektrische Untersuchungen ergeben eine Zone hoher elektrischer Leitfähigkeit ($> 0{,}2\ \Omega^{-1}\ m^{-1}$) von mindestens 10 km Mächtigkeit in der mittleren Kruste (B. R. Lienert und D. J. Bennett, 1977). Als Ursache dieser Anomalien kann eine Zone partiellen Schmelzens infolge erhöhter Temperaturen für diesen Tiefenbereich interpretiert werden. Da die stärksten Dehnungsraten — wie bei jedem Extensionsfeld — an den Rändern vorliegen, liegen hier breite und tiefreichende Systeme von Tiefenstörungen vor, die zu intensiven regionalen Anomalien des Wärmeflusses, der Seismizität und der Magnetik (basische Magmatite) führen. In Abb. 8 ist nochmals die seismisch ermittelte Krustenstruktur von der Sierra Nevada über die b. + r.-Provinz und das Colorado-Plateau in die stabile Tafel hinein dargestellt (nach D. P. Hill, 1978, u. a.).

Die skizzierten und zahlreichen weiteren geologischen und geophysikalischen Daten weisen eindeutig die b. + r.-Provinz als ein Dehnungs- und blocktektonisch geformtes Gebiet aus, dessen Entwicklung im Rückland einer aktiven Subduktionszone erfolgte (back-arc-spreading).

Abbildung 9 zeigt in vergleichender Form eine Reihe geophysikalischer Parameter längs der Profile Sierra Nevada — basin and range-Provinz — Colorado-Plateau bzw. Alpen — germanotypes Mitteleuropa — Osteuropäische Tafel (erweitert nach C. PRODEHL, 1977; V. V. GLUSCHKO u. a. 1974).

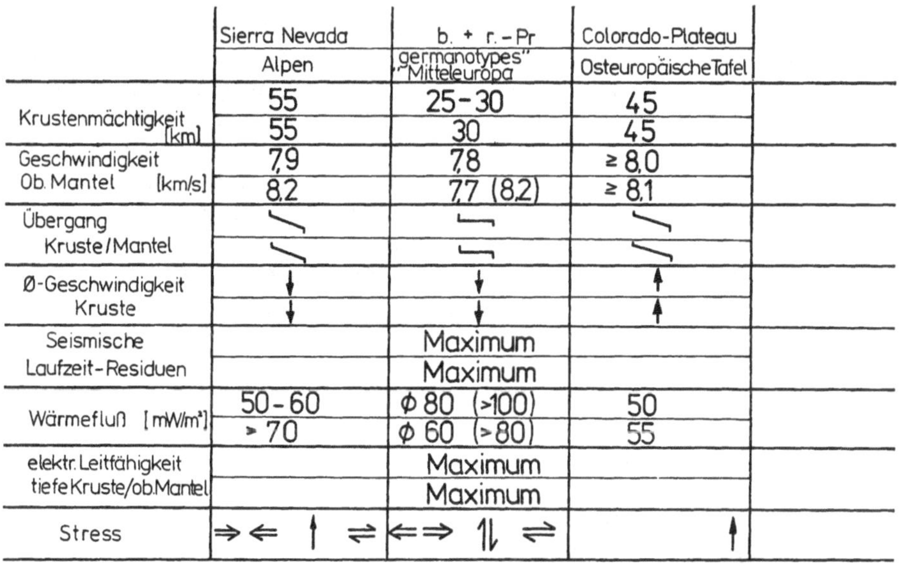

Abb. 9. Vergleichende Zusammenstellung geophysikalischer Parameter längs der Profile Sierra Nevada — „basin and range"-Provinz — Colorado-Plateau bzw. Alpen — germanotypes Mitteleuropa — Osteuropäische Tafel (erweitert nach S. C. PRODEHL, 1977)

Einige Aspekte der Lagerstättenbildung in Dehnungs-Bereichen

Die mit regionalen Dehnungsbewegungen verbundenen Prozesse führen potentiell zu lagerstättenbildenden Aspekten:

1. Mit der Dehnung werden durch Kruste und Lithosphäre hindurch Aufstiegswege für basische Stoffe des obersten Mantels geschaffen, die direkt oder indirekt zu metallogenetischen Lagerstätten führen können. Als ein Beispiel sei auf die mit der devonischen Dehnungstektonik in Mitteleuropa verbundenen massiven Sulfiderzlagerstätten — u. a. Rammelsberg, Meggen — hingewiesen (F. J. SAWKINS und K. BURKE, 1980).

In diesem Zusammenhang muß sicherlich auch der oft gesetzmäßigen Bindung von basaltischem Vulkanismus (primär-initial) und silikatischen Magmenherden Beachtung gewidmet werden (J. C. EICHELBERGER und R. GOOLEY, 1977). Durch ihr stoffliches Angebot, verbunden mit wesentlichen thermischen Kapazitäten, führen die basaltischen Förderungen zu Mobilisierungen in der mittleren und oberen Kruste, die häufig — in Verbindung mit der raumschaffenden mechanischen Extension — zu Konzentrationsprozessen der Metallogenese führt. Die Bindung von basaltischem und silikatischem Magmatismus kann einerseits im Sinne gleichzeitiger Platznahme erfolgen, andererseits durch jüngeren basaltischen Magmatismus, der stofflich-thermisch mobilisierend in ältere Stoffverbände der Kruste eindringt (s. Erzgebirge, Thüringer Wald).

2. Hinsichtlich der Bildung von Kohlenwasserstoff-Lagerstätten besteht der Einfluß der Dehnungstektonik einerseits in der Anlage umfangreicherer Migrationswege für die vertikale, z. T. auch weitreichende laterale Stoffwanderung. Zahlreiche Beispiele hierfür bieten die Rotliegend-Gaslagerstätten Mitteleuropas. Dabei wird der Effekt deutlich, daß sich die intensivsten Dehnungs- und blocktektonischen Bewegungen in den Rand- und Übergangsbereichen sowie auch Zonen größerer Gradienten in der Tiefenlage des Fundamentes abspielen. Die letzteren Zonen finden wir zum Beispiel im höheren Deckgebirge über den Flanken von zentralen Gräben innerhalb des Fundamentes. Andererseits werden bei den mit Dehnungstektonik verbundenen Bewegungen an umfassenderen Störungszonen durch Mikroklüftung sekundäre Porenräume geschaffen, die ein Angebot zur stofflichen Konzentration von Kohlenwasserstoffen (KW) der eigenen Formation bzw. zugewanderter KW darstellen. Das trifft für die Mehrzahl der Lagerstätten von Zechstein-Öl und Rotliegend-Gase in Mitteleuropa zu. Häufig kommt horizontalen Scherbewegungen von teilweise mehreren Kilometern Relativbewegung für die sekundäre Klüftung besondere Bedeutung zu.

Abschließende Bemerkungen

Mit den vorgelegten Ausführungen soll mittels plattentektonischer Interpretation eine vergleichende Analyse von Dehnungs- und damit verbundenen blocktektonischen Bewegungen der Entwicklung im Raum der mitteleuropäischen Varisziden bzw. der „basin- and range"-Provinz vorgelegt werden. Die blocktektonische Gliederung erfolgte demnach im „rückwärtigen" Bereich („back-arc") einer aktiven Subduktions- und Faltungszone. Es erscheint nützlich, vergleichende Betrachtungen dieser Art im Interesse der Klärung aktueller regionaler geologischer und damit verbundener lagerstättenbildender Fragen in Mitteleuropa weiterzuentwickeln. Dabei müssen jedoch auch unterschiedliche Faktoren wie Bildungszeit, sedimentäre Fazies u. a. notwendige Beachtung finden.

Literatur

Chapman, D. S. u. N. H. Pollack, Regional geotherms and lithospheric thickness. Geology **5** (1977) 5, 265–268.

Cloos, H., Hebung — Spaltung — Vulkanismus. Geolog. Rundschau **30** (1939) 4 A.

Dewey, J. F. u. a., Plate Tectonics and the evolution of the Alpine system. Bull. geol. Soc. Amer. **84** (1973) 3137–3180.

Eichelberger, J. C. u. R. Gooley, Evolution of silicic magma chambers and their relationship to basaltic volcanism. Geophys. Monogr. 20, Wash. 1977.

Gluschko, V. V., G. H. Diekenstein, K. Schmidt u. K. Goldbecher, Rayonierung des nördlichen Teils des Territoriums der DDR nach dem Alter des gefalteten Fundaments. Sovetskaja Geologija (1974) 5, 37–43.

Hill, D. P., Seismic evidence for the structure and Cenozoic tectonics of the Pazific Coast States. Geolog. Soc. Amer., Memoir 152 (1978).

Hsü, K. J., Origin of the Alps and western Mediterranean. Nature **233** (1971) 44–48.

Illies, J. H. u. St. Mueller (Herausg.), Grabenproblems. Stuttgart 1970.
Kölbel, B., Tektonophysikalische Vorgänge im mittleren und unteren Mantel bei der Bildung von Senkungsstrukturen. Z. angew. Geol. Bln. **25** (1979) 9, 365—371.
Lauterbach, R., Rhenotype Strukturen im Bilde geologisch-geophysikal. Untersuchungsergebnisse Mitteleuropas. Berichte geol. Gesch. d. DDR **7** (1962) 325—336.
Lauterbach, R. u. J., Zur Rolle der Bruchsysteme in O—W-Richtung. Veröffentl. ZIPE Potsdam **14** (1973) 617—621.
Lienert, B. R. u. D. J. Bennett, High electrical conductivities in the lower crust of the northwestern basin and range. Geophys. Monogr. Amer. Geophys. Union, "The Earth's Crust", Wash. 1977.
Lipman, P. W., Cenozoic volcanism in the Western United States implications for continental tectonics. In "Studies in Geophysics, Continental Tectonics", Wash. 1980, S. 161—174.
Olszak, G. u. H. Thierbach, Zur Entwicklung regionaler tektonischer Senkungseinheiten im Kreuzungsbereich kontinentaler Schwächezonen, spez. in Mitteleuropa. Geophysik u. Geologie, Veröff. K.-M.-Univ. Leipzig 1978, I/4.
Olszak, G., Die Koppelung von Bruch- und Faltentektonik aus plattentektonischer Sicht. Geophysik u. Geologie, Veröff. K.-M.-Univ. Leipzig, 1980, II/2, 31—41.
Pratsch, J.-C., Regional structural elements in Northwestern Germany. Journ. of Petrol. Geology **2** (1979) 2, 159—180.
Prodehl, C., The structure of the crust-mantle boundary beneath Northamerica and Europe. In "The Earth's Crust", Geophys. Monograph 20, Wash. 1977, S. 349—369.
Proffett, J. M., Late Cenozoic structure in the Yerington-district, Nevada, and the origin of the Great Basin. Geol. Soc. Amer. Abstr. **3** (1971).
Sawkins, F. J. u. K. Burke, Extensional tectonics and Mid Paleozoic massife sulfide occurences in Europe. Geolog. Rundschau **69** (1980) 2, 349—360.
Schwab, G., R. Benek, K.-B. Jubitz u. H.-J. Teschke, Intraplattentektonik und Bildungsprozeß der Mitteleuropäischen Senke. Zeitschr. geol. Wiss. (1982) 3, 397—413.
Schwab, G., Paläotektonische, neotektonische und rezente Krustenbewegungen im Gebiet der Erde. Z. geol. Wiss. Bln. **9** (1981) 11, 1223—1236.
Sengor, A. M., K. Burke u. J. F. Dewey, Rifts at high angles to orogenic belts. Amer. Journ. Sci. **278** (1978) 24—40.
Shatski, N. S., Über Strukturelemente von Plattformen, die mit gefalteten Geosynklinalgebieten verbunden sind. Isvest. Akad. Nauk, UdSSR, Sae Geologie (1947) 5, 37—56.
Smith, A. G., Alpine deformation and the oceanic areas of the Tethep, Mediterranean and Atlantic. Bull. geol. Soc. Amer. **82** (1971) 2039—2070.
Sonntag, K., Das Verhältnis der magnetischen Anomalien des assyntisch-variszischen Gebirgsbogens zur Elbe-Linie. Wiss. Zeitschrift K.-M.-Univ., Math.-Naturwiss. Reihe, Leipzig 1956, H. 4.
Stewart, J. H., Basin-range structure in western North-America. In "Cenozoic tectonics and regional geophysics of the Western Cordillera", The Geol. Soc. Amer. Memoir **152** (1978).
Thompson, G. A. u. D. B. Burke, Regional geophysics of the basin and range province. Ann. Rev. Earth Planet. Sci. **2** (1974) 213—238.
Uschakov, S. A. u. Ju. I. Galuschkin, Physik der Erde, Bd. 4, Lithosphäre der Erde / Kontinentale Lithosphäre, Moskau 1979.
Wright, L. A., Late Cenozoic fault patterns and stress fields in the Great Basin. Geology **4** (1976) 489—494.
Zwerger, R. v., Der tiefere Untergrund des westlichen Peribaltikums. Abh. geol. L. A. NF. Berlin **210** (1948).

Geophys. u. Geol. Geophys. Veröff. d. KMU Leipzig Bd. III H. 2 S. 21–30 Berlin 1985

On the genetic classification of magmatic rock complexes due to their contents of thorium and the rare earth elements by means of radiometric laboratory and field measurements

G. Just[1]

Summary: The contents of thorium and the light rare earth elements (LREE) La, Ce, Nd, Sm were analysed by means of instrumental neutron activation analyses based on γ-spectrometry (INAA) at rocks, soil samples and a lot of other weathering materials. More over, thorium was investigated as well in the laboratory as in the field by natural γ-ray-measurement.

It was obvious:

- In basic rock complexes (basalts from different geotectonic positions) the content of the nominated elements increase with augment of differentiation.
- But in acid magmatic sequences (post-kinematic granites) the contents decrease regularly with increasing specialisation of magmatic differentiation.

Investigations of soil samples and non-weathered rocks have shown, that thorium and the LREE during the process of weathering, pedogenesis and kaolinization demonstrate a relatively stable geochemical reaction and therefore are suitable to value genetic regularity and connections.

It is of special advantage, that — as well with laboratory as with field measurements — thorium today is relatively precise definable. If one knows the genetic regularity it thus is possible already from γ-spectrometrical field measurements to draw first conclusions referring magmatic specialization. Examples of post-kinematic granites from South England and the southern part of the GDR will be discussed.

Routine methods for rock analysis

At field measurements today the concentration of the element thorium will be analysed by means of 3-channel spectrometer systems of different types. The instruments are transported by foot, with car or in air crafts. In the laboratory thorium is measured by means of multi-channel spectrometers, equiped by choice with NaJ(Tl)-scintillation counters or with highly resoluting Ge(Li)-detectors. There by the quantitative determination each case will be realised about the daughter nuclides Ac-228 and Tl-208.

If an highly resoluting semiconductor detector is at disposal, the concentration of Th-232 can be determined directly by INAA. For our investigations we must pulverize and homogenize carefully 1 g of the material. We active this material together with the reference material granite GM Meissen (GDR) for 1 hour in the nuclear reactor of the central institute for nuclear research Rossendorf (GDR). After a fade time of 10 days follows the γ-spectrometric measurements. Thereby it is possible to determine

[1] Anschrift des Verfassers:
Dipl.-Geophys. Günther Just, WB Geophysik, Sektion Physik der Karl-Marx-Universität, DDR-7010 Leipzig, Talstraße 35.

at the same time thorium and the rare earth elements La, Ce, Nd, Sm. The necessary measuring time per sample is 2 × 15 minutes. The interpretation of the registered spectrums will be done external with the central computer. The measured radioactive nuclides originate after the following nuclear reactions:

Th	(n, γ, β^-)	Pa-233	(27 d)	311,8 KeV
La	(n, γ)	La-140	(40 h)	1595,4 KeV
Ce	(n, γ)	Ce-141	(33 d)	145,4 KeV
Nd	(n, γ)	Nd-147	(11 d)	91,4 KeV
Sm	(n, γ)	Sm-153	(47 h)	103,2 KeV

Geochemical foundations

Many investigations show that thorium and the LREE in magmatic rock complexes are distributed due to general laws and each magmatic phase (as well intrusive as extrusive) accept characteristical values. Thereby exists statistic connection between thorium and the LREE, represented here as sum. Fig. 1 represents a grouping of analysis dates for (mainly) postkinematic granites. Both marced groups each represents one phase of intrusion within one granite pluton.

Further studies have shown, that variations during weathering, pedogenesis and also kaolinization the Th-concentrations are stable and the LREE concentrations are

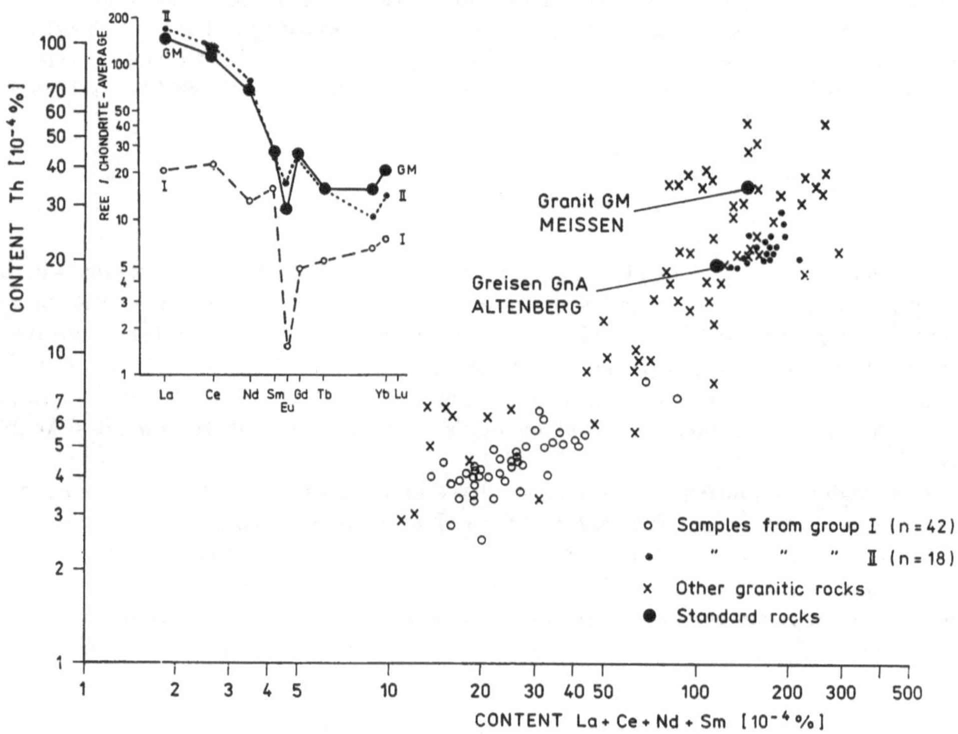

Fig. 1. Thorium and the LREE in different acid rock complexes

Table 1. Thorium and the LREE during weathering (ppm)

	granite	soil	granite	soil	granite	soil	granite	s.
Th	30,2	30,2	4,5	4,8	43	23	12,9	12,5
LREE	115	136	25	34	166	164	115	105

	rhyolithe (GDR)		granite (South England)	
	fresh	kaolinized	fresh	kaolinized
Th	22	22	7,1	7,1
LREE	222	230	30	18

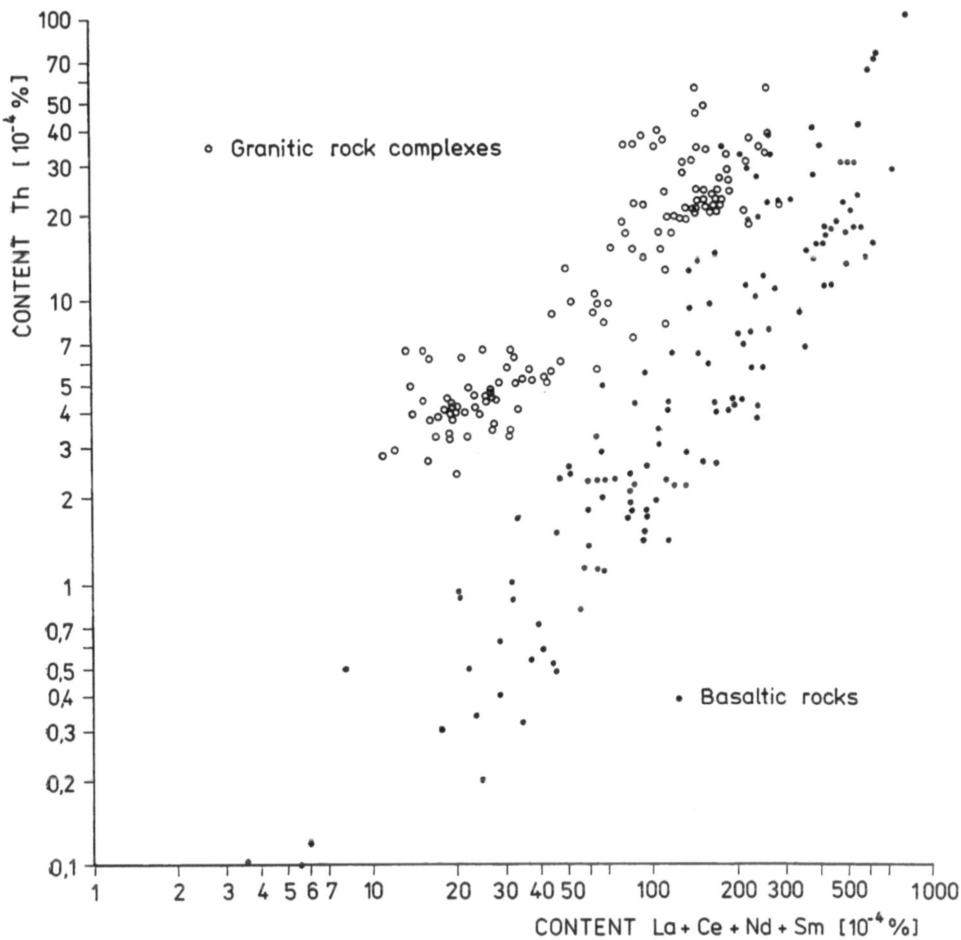

Fig. 2. Thorium and the LREE in basic rocks

hardly to detect and also stable. Table 1 shows the measured variations for some typical samples. The measured differences lie in the range of statistic variations for little sample groups.

Fig. 2 shows the existing data of analysis of basaltic rocks. The connections here are vice versa. The highly specialized basalts (continental basalts, phonolithes, carbonatites) are rich in thorium and rare earth elements. Table 2 allows a survey over tertiary basalts and phonolithes as well as devonian diabases and keratophyres. Ocean-floor basalts and ultrabasic rocks have very low contents at the nominated elements.

Table 2. Thorium and the LREE in basic magmatites of the GDR

	Devonian		Tertiary	
	diabase	keratophyre	basalts	phonolithes
Th	2,6	17,8	7,8	27,6
LREE	107	475	220	235

Table 3. Tin and tungsten in the investigated granites [2]

	oldest part				youngest part		
Sn (ppm)	9	15	10	24	45	48	49
W (ppm)	4,8	4,7	4,2	8	11,3	11,3	11,4

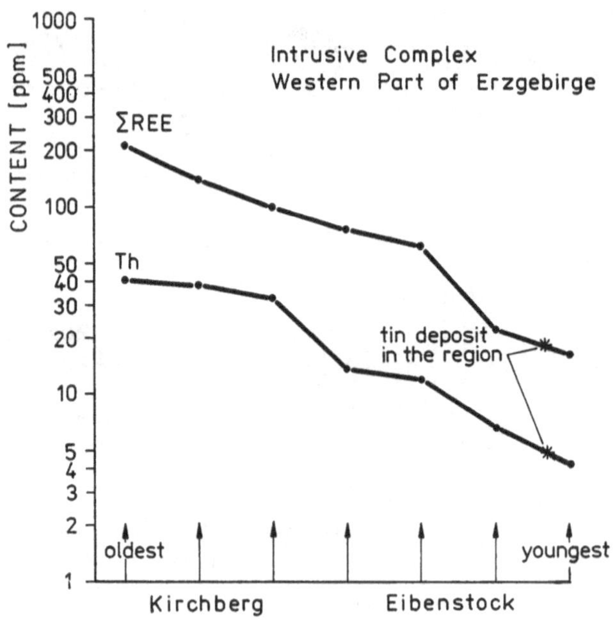

Fig. 3. Thorium and the LREE in the intrusive complex Kirchberg—Eibenstock, western part of Erzgebirge

With these informations we can go to the genetic contemplation of magmatic rock complexes. We want to show as sample some of the postkinematic granites. The geochemical classification for the southern part of the GDR is due to [2]. The analysis data for tin and tungsten at the example of the intrusive complexes of Kirchberg and Eibenstock shows table 3. The Clarke-values are located at 3 ppm Sn and 1,5 ppm W for normal granite.

The variation of thorium and the LREE contents for these granites (table 3) are presented in fig. 3. Thus the highest contents in tin and tungsten are connected with low concentrations of thorium as well as with LREE. As fig. 4 illustrates, we find similar conditions in further ranges of investigation, in the eastern part of Erzgebirge.

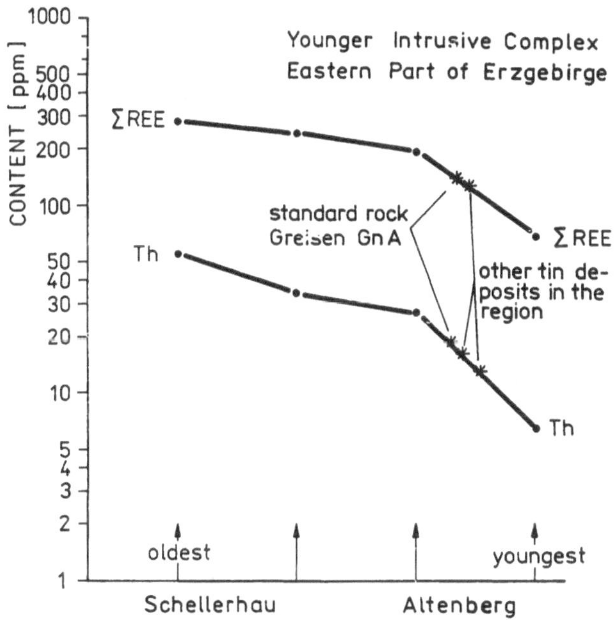

Fig. 4. Thorium and the LREE in the intrusive complex Schellerhau—Altenberg, eastern part of Erzgebirge

Table 4. Analytical results from South England after [1]

Bosworgey	6,6 ppm Th	20,4 ppm U	53 ppm LREE
Dartmoor	21,4	8,8	
Bodmin	13,3	9,8	
Carnmenellis	12,4	13,9	60
Land's End	22,9	13,3	
	14,2	19,6	
St. Austell	21,0	16,0	107
	17,9	19,2	51,5
Goon Barrow (kaolin pit)	7,1	20,7	50

Potassium had been measured with 3,9% (Bosworgey) and 6,1% (Goon Barrow kaolin pit, St. Austell granit—lithionit).

For the application of radiometric measuring systems in less investigated areas (by foot, with car, with aircraft or in a bore hole) thus result concrete strategies for the interpretation of survey.

Table 4 shows the distribution of thorium, uranium, potassium and LREE in investigated granites after [1].

Exploratory examples

In the contact area of postkinematic granite there were applied different radiometric methods of investigation. For the utilization of the single methods hence follows the below order:

- Integral measurement of natural γ-ray activity in the field and in the mine.
- Determination of Th, U and Potassium in soil samples and in rocks
  a) natural activity
  b) after activation in the nuclear reactor (thereby determination of the LREE content)
- investigation of the radioactive equilibrium at mud samples from fault zones with enrichment of U and Ra.

Fig. 5 shows an association of radiometric field results. Yet in the granite there is a visible contrast with elevated uranium concentration. The content of thorium will not be influenced by the contact.

Fig. 6 shows the situation in the mine. In the contact area exists an anomaly of natural γ-activity, in no case influenced by the concentration of thorium. Even 30 cm

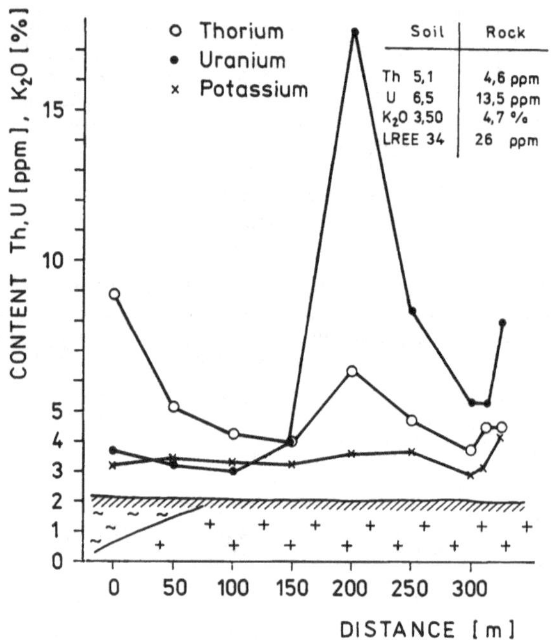

Fig. 5. Radiometric field results in the contact region of a granit komplex

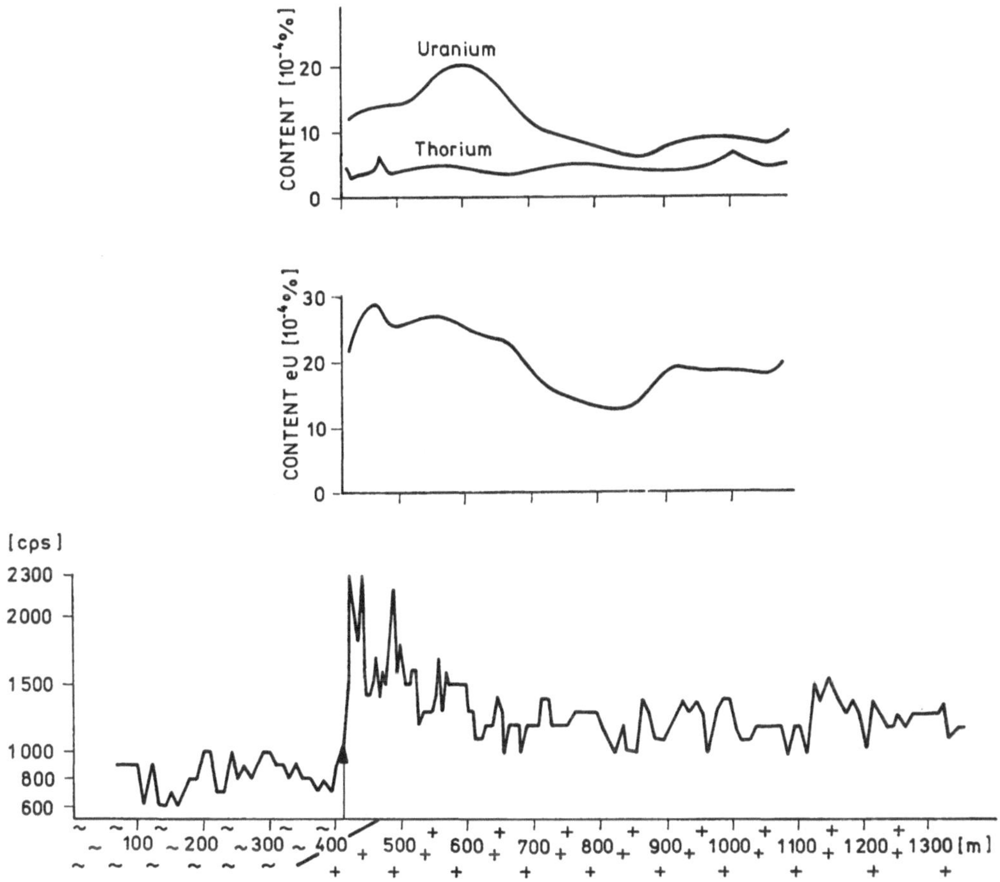

Fig. 6. Radiometric results in the same contact region (mine)

Table 5. Variation of thorium and LREE in the contact area of the investigated postkinematic granite (ppm)

	30 cm	1 m	5 m	10 m	20 m	50 m	100 m	200 m	300 m
Th	4,9	3,5	3,9	4,0	6,1	5,0	4,4	3,8	5,7
LREE	22	19	24	19	32	28	27	19	30

Table 6. Th and LREE in solid rocks and soil samples (ppm)

	granite ($n = 42$)	3 soil samples		
Th	4,5	5,2	5,1	4,1
LREE	25	34	37	33

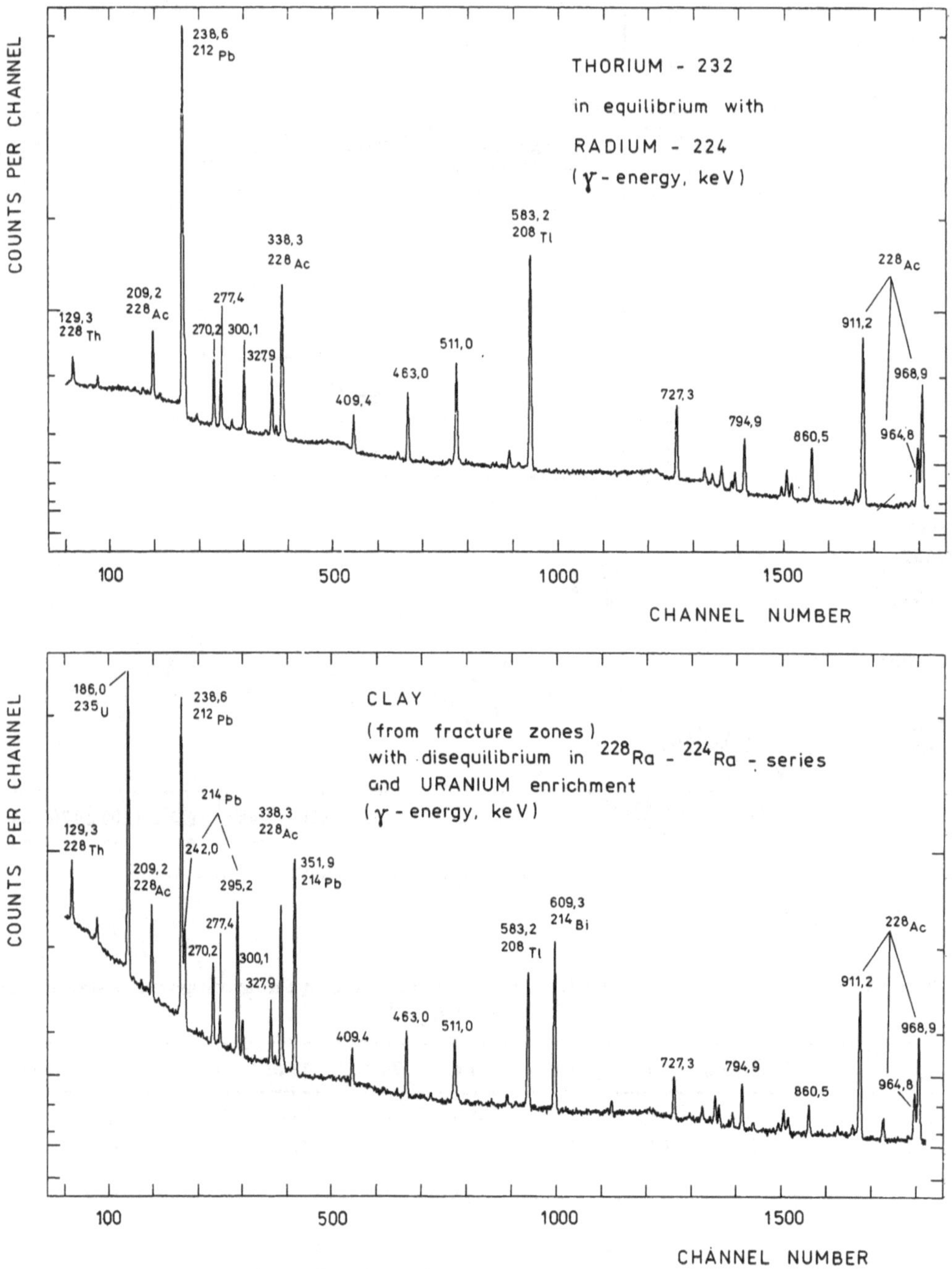

Fig. 7. Mud sample from a fracture zone analysed with Ge(Li)-detector

from the contact, the granite presents an average thorium concentration, the determination of which in the laboratory was controlled by means of natural activity and INAA.

Table 5 shows the variation of the thorium and REE contents with increasing distance. An influence on the composition of the granite for the here presented elements is not visible. As the same investigations were realized at weathering soils, a comparison here is possible (table 6). The increase of natural γ-activity in the contact area (s. fig. 6) is due to the influence of circulating waters in certain zones of joint. In these only some cm thick areas rock samples and mud were sampled and investigated in the laboratory.

Fig. 7 shows a measuring example of such a sample. From the analysis we can draw the conclusion, that U-238, Ra-226 and Ra-228 are enriched. We find the interesting case of a recent mineralization with displacement of equilibrium in the desintegration chain of the Th-232 series.

Thus we find the following thorium contents:

Methode of determination	Ac-228 (Ra-228)	Tl-208 (Ra-224)	INAA (Th-232)
content	63 ppm eTh	21 ppm eTh	6,1 ppm Th

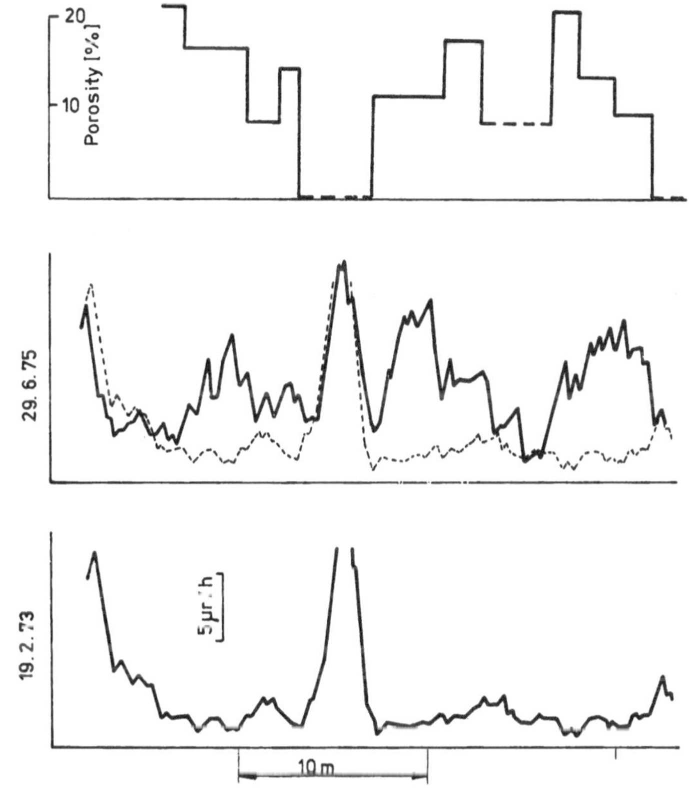

Fig. 8. Secondary γ-ray anomalies in producing gas well [3]

In the case of radioactive equilibrium all three methods should deliver the same result. Such mineralizations are found at [3] by reason of bore hole measurements in producing natural gas wells. One example for the development of a secondary γ-ray anomaly, where Ra-226 and Ra-228 was identified as cause, is shown in fig. 8.

Investigating fresh magmatic rocks, such rare processes are not able to produce errors.

Conclusions

If radiometric measurements are realized in areas up to now less investigated, we have the possibility to make first remarks on the specialization of granites and basaltes over the content of thorium.

The possibility, by means of neutron activation analysis to determine the LREE, protects the found assessment, because similar geochemic behaviour during the magmatic differentiation was proved.

As a rule, the pedogenesis seems not to influence the radiometric result — with the example of tin spezialized postkinematic granites the value of the result was proved. Possible sources of errors are connected with circulating waters in joints and fault zones and can be recognized.

Literature

[1] Ball, T. K., Basham, I. R., Michie, U. Mc., Uraniferous Vein Occurences of South-West England — Paragenesis and Petrogenesis. IAEA-TC-295/9.

[2] Tischendorf, G., Schust, F., Zur geochemischen Spezialisierung der Granite im Erzgebirge. Geologie u. Geophys., Akad. d. Wiss. d. UdSSR, Sib. Abt., Nr. 2 (1980) 27—35.

[3] Lehnert, K., Just, G., Sekundäre Gammastrahlungsanomalien in Erdgasfördersonden. Z. geol. Wiss. Berlin 7 (1979) 4.

[4] Just, G., Meissner, M., Die Bestimmung sekundärer Radiumanteile in geologischen Materialien durch gammaspektrometrische Messungen. Geophys. u. Geol., Geophys. Veröff. d. KMU Leipzig, Bd. II, H. 1 (1980) 59—68.

[5] Just, G., Opitz, P., Zur Anwendung von Festkörperspurdetektoren bei der Untersuchung radiometrischer Anomalien. Geophys. u. Geol., Geophys. Veröff. d. KMU Leipzig, Bd. II, H. 4 (1983) 87—98.

Geophys. u. Geol. Geophys. Veröff. d. KMU Leipzig Bd. III H. 2 S. 31—65 Berlin 1985

50 Millionen Jahre Subrosion

Über Persistenz und Zyklizität von Auslaugungsprozessen im Weißelsterbecken*

L. EISSMANN[1]

Zusammenfassung: Der als Weißelsterbecken bekannte Südteil der Leipziger Bucht bietet günstige Voraussetzungen zur Erarbeitung eines Grundmodells der bedeckten Gipssubrosion. Es wird ein Überblick über Voraussetzungen, Ursachen, Wirkung, Besonderheiten und Entwicklungsgang des Subrosionsgeschehens gegeben, das in einer vielgliedrigen Schichtenfolge abgebildet und vom Mitteleozän bis zur Gegenwart zu verfolgen ist.

— Synsedimentäre subrosive Aktivitäten spiegeln sich in positiven Mächtigkeitsanomalien einzelner Schichten und Schichtsukzessionen, postsedimentäre Vorgänge in Schichtverstellungen ohne Mächtigkeitsänderungen wider. In bezug auf die Braunkohlenflöze spricht man in gleicher Folge von „Kesseln“ und „Löchern“. Kessel verdanken im Weißelsterbecken ihre Entstehung dem Zusammentreffen von flächenhafter, epirogener Kohlebildung und lokaler subrosiver Senkung, der das Moorwachstum gerade Schritt halten konnte.
— Die subrosionsanfällige Schichtenfolge besteht aus beckenrandnahem Zechstein. Bei dem gelösten Gestein handelt es sich in erster Linie um mächtigen Werraanhydrit, untergeordnet um Basal- und Hauptanhydrit.
— Wichtigste Voraussetzung der flächenhaften Subrosion war die spätmesozoische bis frühtertiäre Abtragung des Buntsandsteingewölbes des Altenburger Sattels bis zur Zeitz—Altenburger Geländestufe und der damit verbundenen großflächigen Freilegung des Zechsteins. Mit der Abtragung entstand der erosive Anteil des späteren epirogenen Sedimentationsraums der Leipziger Bucht.
— Ursache der Subrosion war die mit der fluviatil-erosiven Öffnung der gut durchlässigen hangenden Karbonate, möglicherweise auch des Werraanhydrits selbst in Gang gesetzte verstärkte Grundwasserzirkulation.
— Initialbereich der Subrosion ist ein flaches Spezialgewölbe des Altenburger Sattels, die Groitzscher Hochlage.
— Die Subrosion begann noch vor der ersten flächenhaften, epirogenen Flözbildung im Weißelsterbecken, im Mitteleozän, punktförmig vielleicht bereits im Untereozän, und dehnte sich regulär im Fallen der Schichten konzentrisch aus.
— Es wird zwischen einer vor der epirogenen Flözbildung (prä-Flöz I) entstandenen Zentral- oder Kernzone, einer während und nach der Flözbildungszeit stark von subrosiven Prozessen geprägten gürtelförmigen Interferenzzone mit mächtigen Kohlekesseln und einer Lochzone unterschieden, wo die Subrosionsstrukturen im wesentlichen nach der mitteloligozänen Meeresregression entstanden sind.
— Die Subrosion erfolgte diskontinuierlich mit der Tendenz der Intensitätsabnahme. Maxima liegen im höheren Mitteleozän/Obereozän und im Postmitteloligozän, wahrscheinlich im mittleren und höheren Miozän, Minima im Mitteloligozän und Pliozän/Quartär.

[1] Anschrift des Verfassers:
Dr. rer. nat. habil. LOTHAR EISSMANN, WB Geophysik, Sektion Physik der Karl-Marx-Universität, DDR-7010 Leipzig, Talstraße 35.

* Herrn Professor Dr. sc. ROBERT LAUTERBACH zum 70. Geburtstag gewidmet.

— Die Ursachen der Diskontinuität sind in erster Linie in epirogenen Bewegungen und damit verbundenen Änderungen der Grundwasserdynamik zu sehen. Hebungen führten zu Aktivierungen, Senkungen zu Dämpfungen der Grundwasserzirkulation. Während der marinen Transgressionsphasen (Landoberfläche weiträumig im Niveau des Meeresspiegels) herrschte nahezu oder völliger Subrosionsstillstand. Als weitere Ursachen kommen wahrscheinlich klimatische Faktoren (Niederschlagsänderungen) und Änderungen des Grundwasserchemismus in Betracht.
— Die Gipssubrosion erweist sich als ein komplizierter Prozeß, der von vielen lokalen Faktoren vor und während des Lösungsvorganges beeinflußt wurde. Charakteristisch ist die korrosive Zerblockung der Anhydritplatten und die Isolierung unterschiedlich großer Körper. Die Restlager können Zehner von Jahrmillionen überdauern. Am Ende langer subrosiver Perioden steht auch beim Gips seine weitgehende Aufzehrung. Die Unterschiede zur flächenhaften Salzlösung verwischen sich im äußeren Erscheinungsbild und sind nur noch anhand der Mächtigkeits- und Lagerungsverhältnisse hangender Sedimente erkennbar.
— Die Auslaugung im Weißelsterbecken zeigt in erster Linie Abhängigkeiten vom saxonischen Gebirgsbau des Gebietes und dessen epirogenen Bewegungen während des Känozoikums. An varistische Gebirgsstrukturen gebundene Mächtigkeitsanomalien des Werraanhydrits hatten auf das Subrosionsgeschehen einen nur modifizierenden Einfluß.

1. Einleitung

Die Subrosion, die unterirdische Abtragung in Form der chemischen Gesteinsauflösung, zählt zu den Prozessen der exogenen Morphogenese, die im gemäßigten wie heißen humiden Klimabereich der Erde das Landschaftsbild ganzer Regionen prägen. Dennoch gibt es nur wenige Gebiete, wo der Subrosionsprozeß über lange zusammenhängende erdgeschichtliche Zeiträume hinweg zu verfolgen ist. Ein solches Gebiet ist der als Weißelsterbecken bekannte südliche Abschnitt der Leipziger Tieflandsbucht. Dank günstiger Aufschlußbedingungen bildet das Becken mit seinen rund 150 Auslaugungsstrukturen eine Art Modell für das Studium großflächiger und über Jahrmillionen sich erstreckender subterraner Gipsauflösung.

Bereits in den Publikationen des vorigen Jahrhunderts finden sich Hinweise auf bedeutende Lagerungsstörungen in der känozoischen Sedimentfolge des Weißelsterbeckens. Als Ursache wurden tektonische Vorgänge, Einwirkungen des Inlandeises und schließlich Auslaugungsprozesse diskutiert. Auslaugungsvorgänge wurden erst zu Beginn der dreißiger Jahre dieses Jahrhunderts zur Gewißheit, als große Aufschlüsse, Schnittkonstruktionen und nicht zuletzt Isohypsen- und Isopachenkarten der Braunkohlenflöze die Engspannigkeit vieler Strukturen erkennen ließen. Noch gewichtiger war der Befund, daß oftmals nur die tieferen Schichten von den Deformationen betroffen sind, was glaziäre Ursachen ausschloß. Bei dem in Lösung gegangenen Gestein konnte es sich nur um Evaporite, in geringerem Maße um Karbonate des Zechsteins handeln. W. TILLE (1915) nahm Steinsalz an, R. GRAHMANN (1931), R. PALLAT (1934) und H. VETTER (1934) vermuteten Gips, was sich als richtig erwiesen hat.

Die Voraussetzungen für eine umfassende Kausal-Raum-Zeit-Analyse waren erst viel später erfüllt. War in den dreißiger Jahren der prätertiäre Untergrund noch eine terra incognita, sind heute Abfolge und Bau in den Hauptzügen bekannt. Bedeutend ist vor allem der Kenntnisfortschritt hinsichtlich der auslaugungsanfälligen Zechsteinfolge (P. ENGERT 1957, H. ULLRICH 1964, H. TONNDORF 1965, L. EISSMANN 1967, 1970). Von gleichrangiger Wichtigkeit war die Erfassung der Lagerungsformen („Morphologie") leicht faßbarer, weit aushaltender Schichten in Karten und Schnitten und nicht zuletzt die detaillierte Untersuchung markanter Strukturen im Aufschluß. Für diesen zweiten Komplex sind zu nennen Arbeiten von F. ETZOLD (1912), W. TILLE (1915), R. GRAHMANN (1931), R. LEHMANN (1933), R. PALLAT (1934), O. WAGENBRETH (zusammenfassend 1958), M. SPELTER (1959, 1963), G. MICHEL (1960), K. PIETZSCH (1962), L. EISSMANN (1968, 1970, 1975), vor allem aber von G. MEYER, dessen grundlegende Erkenntnisse weitgehend ins jüngere Schrifttum Eingang gefunden haben (vgl. PIETZSCH 1962, S. 440ff.).

Heute kann das Subrosionsproblem, eines der faszinierendsten geologischen Phänomene des sächsisch-thüringischen Raumes, im Gebiet des Weißelsterbeckens in den Grundzügen als gelöst betrachtet werden. Hier wird versucht, die Leitlinien herauszuarbeiten. Schwerpunktmäßig behandelt werden die Voraussetzungen der Subrosion, die Ursachen, Komplikationen und der Ablauf. Die beigegebenen Abbildungen bestehen zum größeren Teil aus vereinfachten schematisch-synoptischen Darstellungen, von denen wir hoffen, daß sie längere Beschreibungen komplizierter Zusammenhänge weitgehend ersetzen und diese transparent machen. Die Details und ihre Verknüpfungen sind durch jeweils konkrete Beobachtungen belegt. Erhellende Exempel für die komplizierte gipsgebundene Subrosion und ihre Wirkung sehen wir in besonderem Maße in den photographischen Dokumentationen. Für die Förderung der Arbeit danke ich herzlich Herrn Prof. Dr. sc. G. OLSZAK, für die Anfertigung der Zeichnungen Frau H. WEINTRITT, Leipzig.

2. *Begriffliches und zur Methode der Rekonstruktion*

Die Subrosion umfaßt im wesentlichen zwei Arten der Gesteinsauflösung oder -korrosion: Die Bikarbonatbildung bei den schwer löslichen Karbonaten des Kalziums, Magnesiums und zweiwertigen Eisens und die einfache Auflösung leicht löslicher gesteinsbildender Minerale wie Salzgesteine einschließlich Gips. Gips besitzt absolut wohl nur eine geringe Löslichkeit — sie beträgt gewichtsmäßig nur den 150sten Teil des Steinsalzes; rund 2,04 g pro Liter Wasser bei 20 °C —, ist geologisch aber zu den leicht löslichen Mineralen zu stellen. Bei der einfachen Gesteinslösung wird vielfach von Auslaugung, bei der Bikarbonatverwitterung der Kalk- und Dolomitgesteine von Verkarstung gesprochen. Das ist insofern wenig glücklich, als im Anfangsstadium der Gipslösung die morphologische Wirkung nahezu die gleiche ist wie bei der Bikarbonatverwitterung, der „echten" Verkarstung. Im entwickelten und finalen Stadium der Gipsauflösung freilich kommt die stärker flächenhafte Betätigung des Vorgangs zum Vorschein, das Hauptmerkmal der Auslaugung leicht löslicher Gesteine. Gerade im Weißelsterbecken kann durch die räumlich-erdgeschichtliche Analyse des Subrosionsprozesses der Übergang von einer karstartigen Auflösung des Anhydrits im jeweiligen Anfangsstadium (Gipskarst) bis zu seiner flächenhaften Aufzehrung in der Endphase, die an eine Salzauslaugung erinnert, instruktiv vorgestellt werden.

Die Auslaugung ist in hohem Maße vom tektonischen Bau eines Gebietes abhängig. Mit H. WEBER (1930, 1958) ist zwischen einer regulären und einer irregulären Auslaugung zu unterscheiden. Die *reguläre* Subrosion erfolgt vom über- und untertägigen Ausstrich bzw. Ausgehenden des löslichen Gesteins her und schreitet mehr oder minder konsequent in der Fallrichtung der Schichten fort. Das Ausgehende kann sowohl an tektonische oder atektonische Aufwölbungen als auch an rein erosive Einschnitte gebunden sein. Die *irreguläre* Auslaugung erfolgt innerhalb intakter Lagerstätten durch Zutritt des Wassers von Störungs- und Zerrüttungszonen aus.

Setzt die *Rekonstruktion* der Subrosionsvorgänge im allgemeinen eine präzise Kenntnis der subrosionsanfälligen Schichtenfolge und ihrer Lagerung voraus, so die Untersuchung der in epirogen-subrosiven Sedimentationsbecken gewissermaßen *doppelt bedeckten* Gesteinsauflösung, die sich der morphologischen Analyse weitgehend entzieht, zusätzlich sorgfältige Kenntnisse über Stratigraphie, Ausbildung und Lagerung der hangenden Schichten, in denen das Geschehen fixiert ist. Eine lithologisch wie stratigraphisch über große Flächen gut gegliederte Hangendfolge wie im Weißelsterbecken bildet somit einen vorzüglichen Raum- und Zeitdatenspeicher der Auslaugungsvorgänge. Anormale Mächtigkeitsanschwellungen gegenüber der normalen = epirogenen Entwicklung sind die wichtigsten Indikationen für eine *synsedimentäre Auslaugung*. Engspannige, oft unregelmäßige Absenkungen von Schichten mit normaler Stärke gelten als Haupthinweis für eine *postsedimentäre Subrosion*.

Mächtigkeitsveränderungen in Sedimentfolgen lassen sich naturgemäß signifikant am leichtesten bei Schichten ermitteln, die sich deutlich im Verband voneinander abheben und zumindest in ihrer relativen stratigraphischen Position exakt zu fassen sind. Diese Bedingungen erfüllen im Weißelsterbecken vor allem die Braunkohlenflöze. Es ist in der Geologen- und Bergmannssprache des Leipziger Raumes zur Regel geworden, subrosionsbedingte Mächtigkeitsanschwellungen der Braunkohlenflöze als „*Kessel*", Einmuldungen der Flözfolge ohne Mächtigkeitszunahme der Flöze als „*Löcher*" zu bezeichnen. Wie man von älteren und jüngeren Kesseln sprechen muß (Abb. 4), erscheint es zweckmäßig, dies auch bei den Lochstrukturen zu tun. G. MEYER, der diese Begriffe einführte, verstand unter den Löchern nur die nach der eozän-oligozänen Flözbildungszeit entstandenen „tauben" Senken, also die postmitteloligozänen Strukturen. Nun hinterlassen Kesselstrukturen in den darunter liegenden Folgen Einsenkungen, die den Löchern im eigentlichen Sinne durchaus entsprechen und dort, wo die Kessel durch jüngere Erosion bereits abgetragen sind, von diesen auch nicht unterschieden werden können. Wir sprechen daher von „älteren" und „jüngeren" Lochstrukturen; ohne Attribut sind immer die jüngeren, die postmitteloligozänen bezeichnet.

3. Der prätertiäre Untergrund (Gestein und Tektonik)

Der prätertiäre Untergrund des Weißelsterbeckens besteht aus Gesteinen des Geosynklinal-, Molasse- und Unteren Tafelstockwerkes. Hinsichtlich der Strukturen des varistischen Gebirges liegt das Becken im wesentlichen über dem Schwarzburg-Nordsächsischen Antiklinorium, der östliche Bereich über dem Nordsächsischen Synklinorium. Das Nordsächsische Antiklinorium wird im Kern von meist steilstehenden riphäischen Grauwacken und Schluff- und Tonsteinen aufgebaut. Sie bilden nicht nur tektonisch, sondern auch morphologisch ein Hochgebiet: die Jena—Zeitz—Leipziger Schwelle. Der Sattelkern wird im Westen von kambrischen Karbonaten und Ton- und Sandsteinen, im Osten von ordovizischen Quarziten, Grauwacken und Tonschiefern bis Phylliten flankiert, in die silurische Kiesel- und Graphitschiefer lokal auch im Kernbereich eingefaltet sein können. An verschiedenen Stellen sind präordovizische

Granodiorite entwickelt. Von Westen her greifen auf das (jungassyntisch-)varistisch gefaltete Grundgebirge permokarbonische Gesteine des Saaletroges, von Osten her überwiegend Effusiva des Nordsächsischen Vulkanitbeckens, von Südosten Sedimente und Vulkanite des Erzgebirgischen Beckens über. Nur der Zentralbereich der Zeitz—Leipziger Schwelle ist von Ablagerungen des Molassestockwerkes weitgehend frei. Während des höheren Rotliegenden vollzog sich die Umstellung von der erzgebirgischen in die herzynische Strukturrichtung. Das Zechsteinmeer drang in herzynisch streichenden Senken in das Gebiet ein. Mit dieser Transgression beginnt die Entwicklung des Unteren Tafelstockwerkes, die im Bereich des Weißelsterbeckens wohl bis in die höhere Trias, vielleicht auch bis zum Jura andauerte, aber durch Sedimente nur bis zum Unteren Buntsandstein überliefert ist. Der tektonische Bau des Unteren Tafelstockwerkes und damit weithin der Basis des Weißelsterbeckens ist das Ergebnis saxonischer Gebirgsbewegungen. Während der kimmerischen Phasen entstanden die Bornaer und Zeitz—Schmöllner Mulde und der dazwischen liegende Altenburger Sattel, oft auch Altenburger Vorsprung genannt. Beide Mulden werden auf jeweils einer Längsseite von Störungen begrenzt, von denen für unsere Betrachtungen nur die nördliche, die Röthaer Störung, von Belang ist (Abb. 1). Sie trennt den prätertiären Untergrund des Weißelsterbeckens in die Nordsächsische (Leipziger) Hochscholle und die Nordwestsächsische Tiefscholle, auf der Zechstein und Unterer Buntsandstein über große Flächen erhalten sind. Hauptmerkmal des nordwestsächsisch-ostthüringischen *Zechsteins* ist der lückenlose Übergang von der terrestrischen bis zur vollmarinen Fazies (Abb. 2 und 3). Für die weiteren Ausführungen bedeutungsvoll ist die Kenntnis der Ausbildung der Werra-Serie. Während diese Serie westlich der Zeitz—Leipziger Schwelle, die man grob mit dem Verlauf des Tales der Weißen Elster markieren kann, in erster Linie durch mächtige Anhydrite als Teil des Merseburger Anhydritwalls vertreten ist, zeichnet sie sich im Schwellenbereich und östlich davon durch bis 60 m mächtige massige biogene und schichtige nichtbiogene Karbonate aus (Abb. 2). Der Werraanhydrit setzt sich mit abnehmender Mächtigkeit in der Bornaer Mulde bis Borna—Kitzscher, in der Schmöllner Mulde bis in die Gegend von Schmölln fort. Im westlichen Teil des Weißelsterbeckens kann seine Mächtigkeit auf 50 bis maximal 125 m, im östlichen Bereich auf maximal 50 m, im Mittel auf 15—30 m veranschlagt werden. Die Werra-Serie ist die einzige Folge, in der die Abscheidung von Steinsalz auch in dieser randnahen Lage des Germanischen Beckens möglich erscheint. Jedoch gibt es östlich der Linie Schkeuditz—Hohenmölsen—Zeitz keinerlei Hinweise auf seine gegenwärtige wie frühere Existenz. Einzige Relikte in der weiteren Umgebung sind punktförmige Vorkommen nördlich von Gera (Heinrichshall) und um Bad Dürrenberg—Merseburg. Die Staßfurt-Serie ist östlich der Weißen Elster unterhalb von Zeitz überwiegend durch klastische Sedimente vertreten, westlich davon sind der Hauptdolomit und in sehr geringer Mächtigkeit der Basalanhydrit entwickelt. Haupthorizont der Leine-Serie ist der bis zum äußeren Rand des marinen Zechsteins durchhaltende Plattendolomit, der im Westen rund 20—30 m, am Ausstrich 5—10 m mächtig ist. Die Ostgrenze des Hauptanhydrits überschreitet wahrscheinlich die Weiße Elster nicht. Seine Mächtigkeit beträgt nur wenige Meter. Die Aller-Serie ist durch Ton-, Schluff- und untergeordnet durch Sandsteine vertreten, in die im Westen des Gebietes geringmächtige Lager von Anhydrit und Kalksteinen eingeschaltet sind.

Der im Osten zum Teil konglomeratisch ausgebildete *Buntsandstein* besteht aus einer Wechsellagerung von Ton- und Sandsteinen mit karbonatischen und unbedeutenden anhydritischen Einlagerungen. Seine Mächtigkeit erreicht in der Bornaer Mulde 130 m, in der Schmöllner Mulde um 150 m. Westlich von Zeitz—Hohenmölsen wächst sie rasch auf 200—400 m an.

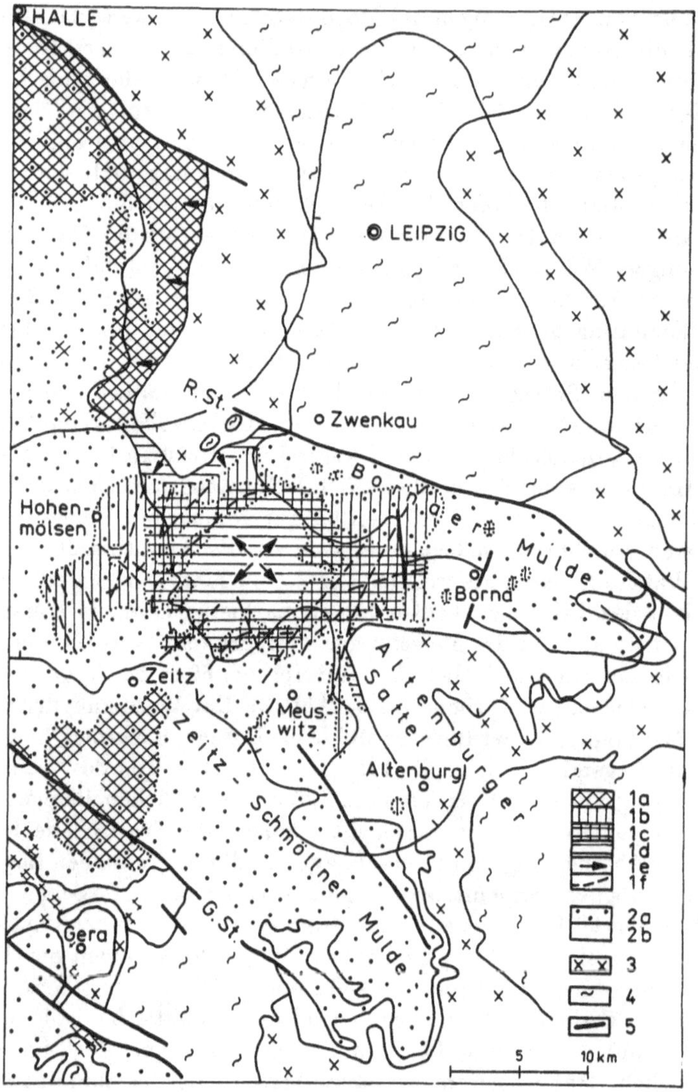

Abb. 1. Skizze des prätertiären Untergrundes Nordwestsachsens mit Gebieten intensiver tertiärer Subrosion

1 — Gebiete intensiver Subrosion: 1a — Subrosionsgebiete außerhalb des Weißelsterbeckens, 1b — Subrosion nach dem Mitteloligozän, wahrscheinlich überwiegend Miozän („Lochzone"), 1c — Subrosion überwiegend Obereozän bis Miozän („Interferenzzone"), 1d — Subrosion vorwiegend Mittel- und frühes Obereozän bzw. vor Flöz I („Zentral- oder Kernzone"), 1e — Bewegungsrichtung der Subrosion in der Initialphase, 1f — Richtung bedeutender Subrosionsstrukturen innerhalb des Auslaugungsgebietes (Kessel, Löcher); 2 — Unteres Tafelstockwerk: 2a — Buntsandstein, 2b — mariner Zechstein, 3 — Molassestockwerk: Rotliegendes und Oberkarbon, 4 — Geosynklinalstockwerk: Unterkarbon bis Riphäikum (varistisch und prävaristisch gefalteter Unterbau), 5 — bedeutende saxonische Störungen: G. St. — Nordrandstörung des Geraer Vorsprungs, R. St. — Röthaer Störung. Grenzlinie mit Anstrich: Weißelsterbecken

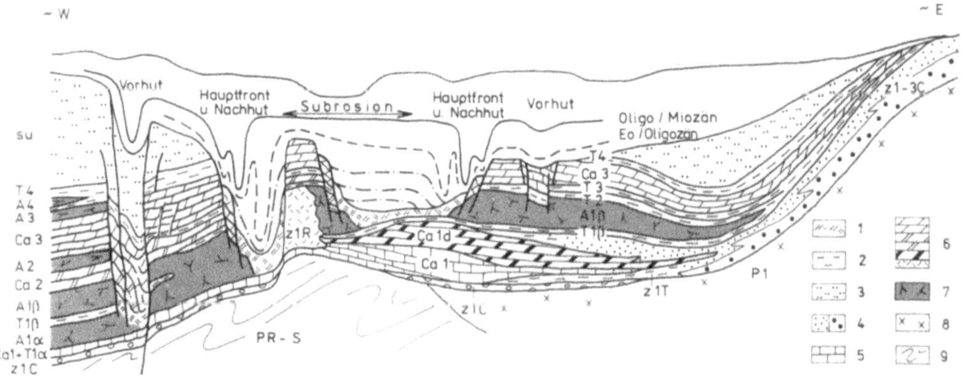

Abb. 2. Schematischer geologischer Schnitt durch die Bornaer Mulde (rechts), den Altenburger Sattel mit dem Groitzscher Gewölbe (Buntsandstein ist hier abgetragen) und den Westrand der Schmölln—Zeitzer Mulde (links). Im Känozoikum (ohne Signatur) Darstellung des räumlich-zeitlichen Subrosionsprinzips

Stratigraphie in der Altersfolge: Trias: su — Unterer Buntsandstein; Zechstein: T4 — Obere Zechsteinletten, A4 — Alleranhydrit, A3 — Leine- oder Hauptanhydrit, Ca3 — Plattendolomit, T3 — Ton- und Schluffsteine der Leine-Serie (Untere Letten z. T.), T2 — Ton- und Schluffsteine der Staßfurt-Serie, A2 — Staßfurt- oder Basalanhydrit, Ca2 — Hauptdolomit, A1β — Oberer Werraanhydrit, T1β — Oberer Werraton, A1α — Unterer Werraanhydrit, Ca1d — Werradolomit, Ca1 — Zechsteinkalk, z1R — Riffdolomit, T1α — Kupferschiefer und Kupferschieferäquivalent, z1C — Zechsteinkonglomerat, z1T — Ton- und Schluffsteine, z1—3C — terrestrischer Zechstein der Werra- bis Leine-Serie; Rotliegendes: P1 — Unterrotliegendes; Präsiles: PR—S: Riphäikum bis Silur

Lithologie: 1 — meist tonig-sandiges, Sandstein- und Karbonatbrocken führendes Einsturzgebirge, 2 — Ton- und Schluffsteine, 3 — Tonstein-Schluffstein-Wechsel, z. T. konglomeratisch (Buntsandstein), 4 — Sandstein bzw. Konglomerat bis konglomeratischer Sandstein, 5 — Kalkstein, 6 — Dolomit, 7 — Anhydrit bzw. Gips, 8 — vorwiegend Vulkanite, 9 — gefaltete Grauwacken und andere Schiefergebirgsgesteine

Außer im Zechstein existieren im prätertiären Untergrund keine als besonders lösungsfreundlich einzuschätzenden Gesteine. Altpaläozoische Karbonate liegen entweder außerhalb des zu betrachtenden Raumes oder in Tiefen, wo eine Lösung weitgehend ausgeschlossen ist. Die Erfahrungen lehren, daß selbst die weitverbreiteten Zechsteinkarbonate im flächenhaften Subrosionsgeschehen vernachlässigt werden können. Sie besitzen in diesem Prozeß nur lokal Bedeutung. Bleiben somit nur die *Anhydrite*. Unter diesen nimmt der *Werraanhydrit* als mächtigster und am weitesten verbreiteter Körper die erste Stelle ein. Basal- und Hauptanhydrit können nur westlich der Weißen Elster eine Rolle gespielt haben, im subrosiven Gesamtgeschehen aber mit Gewißheit eine nur modifizierende.

4. Morphologie und Zonierung der Subrosionsstrukturen im känozoischen Lockergebirgsstockwerk

Die in der 50—150 m mächtigen vielgliedrigen Lockergebirgsfolge des Mitteleozäns bis Quartärs (Pietzsch 1962, Eissmann 1968, 1975) entstandenen subrosiven Senkungsstrukturen zeigen in Form und Dimension die denkbar größte Mannigfaltigkeit. Die kleinsten messen im Grundriß nur einige Zehner von Quadratmetern, andere erreichen Flächen von mehreren Quadratkilometern. Die berühmten Kessel von Pegau und Profen (Wagenbreth 1958) besitzen eine Länge von 8—9 km und eine Breite von 1—1,5 km. Kreisrunde Formen wechseln mit streng rinnenförmigen und schließ-

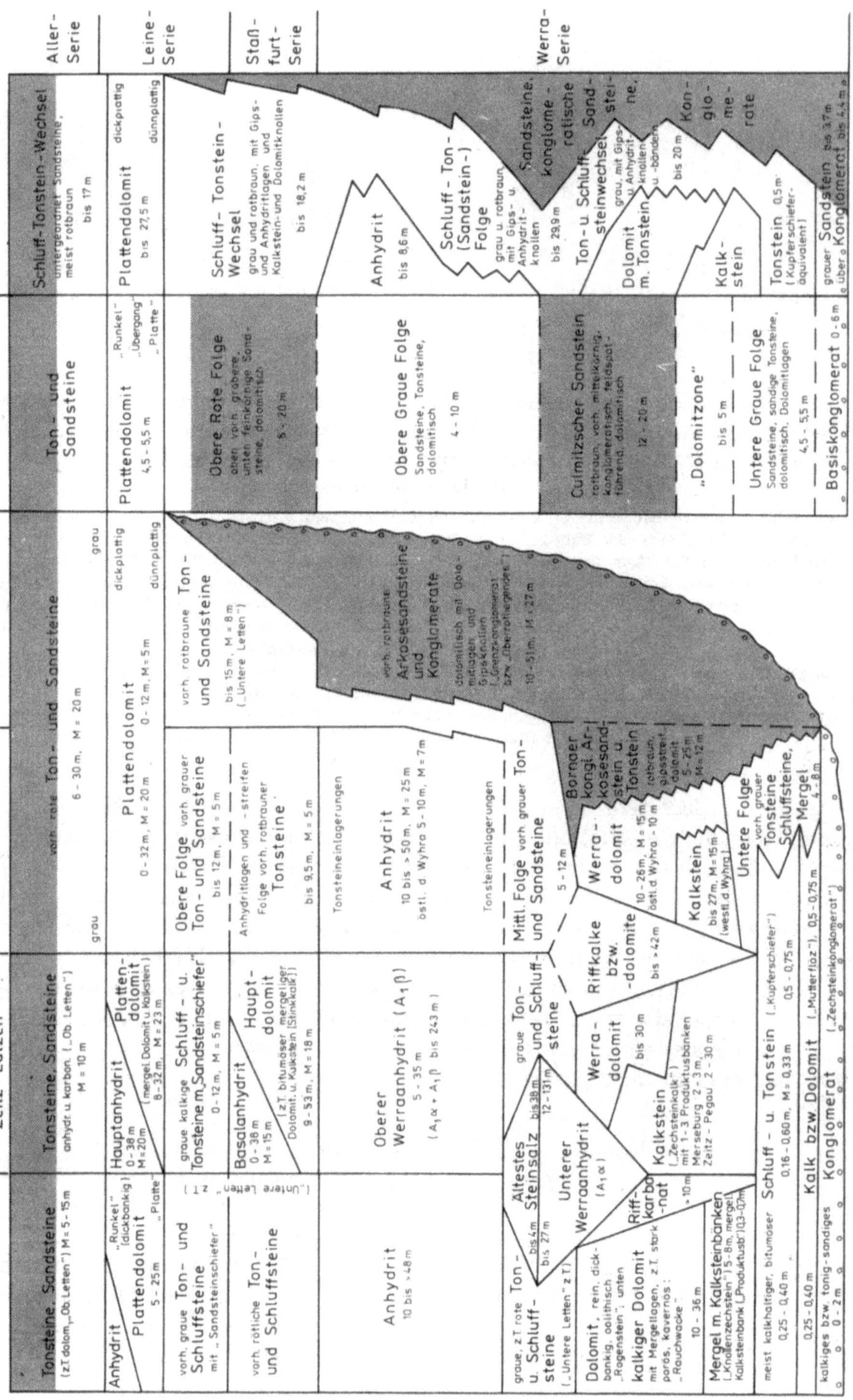

Abb. 3. Gliederung des sächsischen und ostthüringischen Zechsteins. Gerasterte Flächen: voll bis überwiegend terrestrisch

lich ganz unregelmäßig zerlappten und zerschlitzten Strukturen. Im Aufriß besitzen sie eine überwiegend wannenartige Gestalt mit flach und mittelsteil einfallenden Flanken, deren Neigung 35° nur selten übersteigt. Eine untergeordnete Rolle spielen kaminartige, steilwandige Strukturen, also typische Erdfälle. Als Prototyp des fossilen Erdfalls kann noch immer die von LEHMANN (1933) aus dem ehemaligen Tagebau Deuben beschriebene und abgebildete Form gelten (Abb. 12).

Was die räumliche Verteilung der Subrosionssenken betrifft, so glaubte man zunächst an eine unregelmäßige, stark vom Zufall abhängige Anordnung. Die später publizierten Übersichten ließen innerhalb des Hauptauslaugungsgebietes, das eine west-östliche Erstreckung von rund 30 km und eine Nord—Süd-Ausdehnung von ca. 15 km besitzt, eine deutlich räumlich-zeitliche Zonierung erkennen. Wie in Abb. 1 in sehr vereinfachter Form wiedergegeben, lassen sich unterscheiden

— eine Zentral- oder Kernzone,
— eine Interferenzzone aus vorwiegend Kessel- und Lochstrukturen, und
— eine Zone vorherrschender Lochstrukturen.

4.1. Zentral- oder Kernzone

Die Zentralzone nimmt das Gebiet südlich von Groitzsch ein. Auf einer beträchtlichen Fläche erweist sich hier das flözführende und jüngere Gebirge als weitgehend ungestört. Es wurde gelegentlich daraus der Schluß gezogen, daß hier entweder die marine Fazies des Zechsteins nicht entwickelt ist oder aber das Känozoikum unmittelbar auf präzechsteinzeitlichem Gebirge liegt. Wie früher schon gezeigt worden ist (EISSMANN 1970, Abb. 9), trifft diese Annahme nicht zu. Tatsache vielmehr ist, daß hier die Subrosion bereits vor der Bildung des Sächsisch-Thüringischen Unterflözes (Flöz I) erfolgte (Abb. 4) und bis auf ganz wenige Restkörper der Anhydrit bzw. Gips bereits korrodiert ist. Auf der karbonatischen tieferen Werra-Serie ruht ein 5—30 m mächtiges Einsturzgebirge, das bis zur Basis von Flöz I von einer erst in den Grundzügen gliederbaren 25 bis über 50 m mächtigen klastischen Sedimentgruppe überlagert wird, der mittel- und obereozänen Liegendfolge.

Das *Einsturzgebirge* ist ein Mixtit, das Sammelsurium aller Gesteine über dem Werraanhydrit, die in die Tiefe gesunken oder gestürzt sind. Es ist meist eine tonig-mergelige Gesteinsmasse mit unregelmäßig verteilten größeren und kleineren, eckigen bis kantengerundeten Brocken aus Dolomit, Ton-, Schluff- und Sandstein, gelegentlich auch Konglomeraten aus grobklastischen terrestrischen Horizonten in der Zechsteinfolge. Mitunter sind auch größere zusammenhängende Schollen erhalten, die en bloc herabgestürzt sind. Typisch sind einzelne oder nesterweise auftretende Quarzgerölle und Brocken von feinkörnigen, sicher tertiären Sedimenten, was beweist, daß die Subrosion hier erst begonnen haben kann, als gewisse Flächen bereits von Tertiärablagerungen bedeckt waren (Mittel-, ganz lokal vielleicht auch Untereozän).

4.2. Interferenzzone

Die Interferenzzone ist ein auf die Zentralzone folgender gürtelförmiger Subrosionsabschnitt, der in erster Linie durch das Neben- und Übereinander von Kessel- und Lochstrukturen geprägt ist. Seine Analyse offenbart in instruktiver Weise, wie komplex

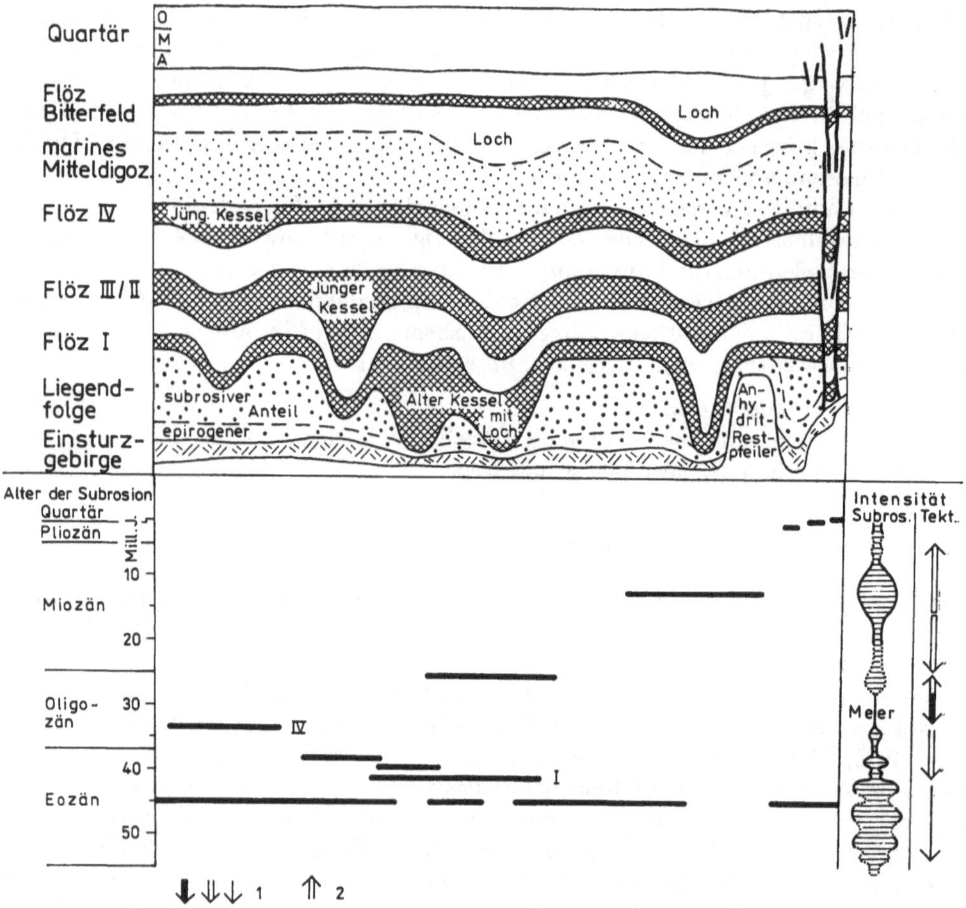

Abb. 4. Synopsis der wichtigsten subrosiven Strukturtypen, ihrer Interferenz und des erdgeschichtlichen Subrosionsablaufes im Weißelsterbecken mit einer Einschätzung der Auslaugungsintensität. (Balken im unteren Diagramm: Im Schemaschnitt ausgewiesene Subrosion, die Balkenlänge entspricht nicht unbedingt der Subrosionsintensität;)

1 – epirogene Senkung: stark bzw. mäßig bzw. gering, 2 – epirogene Hebung

und verwickelt sich die Korrosion von Anhydrit- bzw. Gipskörpern vollzieht. Abb. 5 gibt synoptisch räumlich und zeitlich den Subrosionsablauf in einem gut untersuchten Abschnitt des Interferenzgürtels wieder, der in seinen Grundlinien für die gesamte Zone gilt. Die Abb. 5b bis 13 bringen Details und Belege zur Synopsis. Danach erweist sich, den weiteren Ausführungen vorgreifend, die Gipssubrosion als ein sich über Jahrmillionen hinziehender Prozeß bald galoppierender, bald gedämpfter, verlangsamter stationärer wie wandernder Lösung mit der Tendenz der Isolierung von Plattenteilen, d. h. der Bildung von Restkörpern und -pfeilern, die häufig erst lange nach Durchgang der Hauptsubrosionsfront der Korrosion verfallen. Flächenmäßig wie auch seitens der vertikalen Ausdehnung als Maß der Auslaugungstiefe stehen in der Interferenzzone Senkungsstrukturen an erster Stelle, die synchron mit dem Sächsisch-Thüringischen Unterflöz (Flöz I) entstanden sind („alte Kessel", Abb. 4). Relativ häufig sind auch

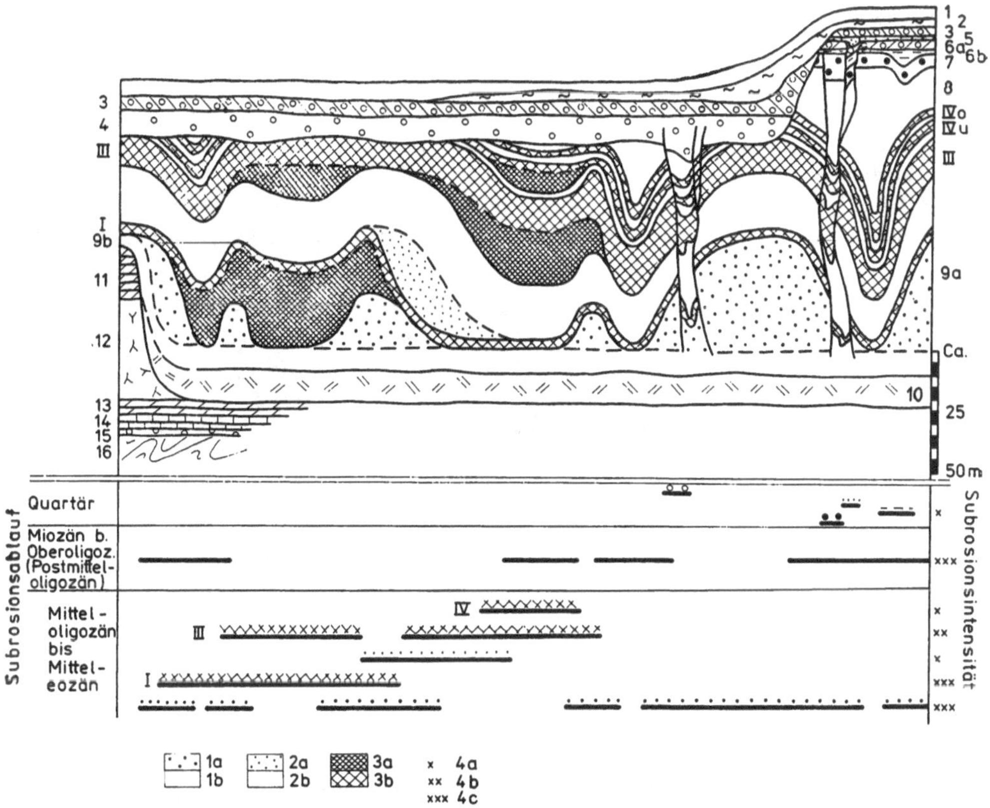

Abb. 5a. Schema der zeitlichen (Ordinate) und räumlichen (Abszisse) Überlagerung der subrosiven Prozesse in der Interferenzzone um Pegau

1 – weichseleiszeitlicher Löß, 2 – weichseleiszeitliche und saaleeiszeitliche Fließerden, 3 – Saalegrundmoräne, 4 – saaleeiszeitliche Schotter der Weißen Elster (Hauptterrasse), 5 – elsterglaziale Schmelzwassersande, 6a – Elstergrundmoräne, 6b – elstereiszeitliche Beckensedimente, 7 – Obere frühpleistozäne Schotterterrasse der Saale und Weißen Elster, 8 – mitteloligozäne marine Sedimente, 9 – Liegendfolge: 9a – subrosiver Anteil (schematisch), 9b – epirogener Anteil (schematisch), 10 – Einsturzgebirge, 11 – ungegliederte Zechsteindolomite und Schluffsteine, 12 – Werraanhydrit, 13 – Werradolomit, 14 – Zechsteinkalk mit Kupferschiefer, 15 – Zechsteinkonglomerat, 16 – gefaltetes Grundgebirge (Riphäikum bis Silur), IVo, IVu, III, I – Flöze gleicher Bezeichnungsweise; 1a, 2a, 3a – subrosiver Anteil an der Sedimentmächtigkeit, 1b, 2b, 3b – epirogener Anteil an der Sedimentmächtigkeit, 4a–c – geringe, mäßige bzw. starke Subrosionstätigkeit

Kessel des Bornaer und Thüringer Hauptflözes (Flöz II bzw. III) entwickelt („junge Kessel“). Nur sporadisch finden sich positive Mächtigkeitsanomalien beim Böhlener Oberflöz, dem Flöz IV („jüngste Kessel“), und der zwischen den Flözen entwickelten fluviatilen, limnischen und fluviatil-brackischen Mittel. Schätzungsweise auf einem Viertel der Gürtelfläche ist es in späterer, postmitteloligozäner Zeit noch zur Lochbildung gekommen.

Arbeiten wir nun vor allem anhand der Abb. 5 bis 7 einige Charakteristika heraus, die den zeitlich-räumlichen Aspekt der Auslaugung beleuchten. Auch in der Interferenzzone war es offensichtlich schon lange vor der Flöz I Bildung zur Subrosion gekommen. Sie war wahrscheinlich zum größeren Teil regulär (vgl. oben) von der Kernzone, untergeordnet irregulär von Störungen, gewissermaßen „vor der Front“, ausgegangen. Ein überzeugendes Beispiel für die frühe Korrosion auch in der Interferenzzone bringt Abb. 6. Die Ursache für die Entstehung der Flöz-I-Kessel von Profen und Pegau wurde bisher in der Auflösung eines mächtigen Anhydritkörpers zwischen zwei von Riffen besetzten Klippenzonen gesehen (Wagenbreth 1958). Über dem Riff sollte der Anhydrit gefehlt haben oder in stark reduzierter Mächtigkeit entwickelt gewesen sein. Wie im Schnitt zu erkennen ist, besitzt in Wirklichkeit das unverletzte Werrakarbonat beiderseits der Kessel die gleiche Höhe wie darunter. Das berechtigt zu der Annahme, daß auch der hangende Werraanhydrit keine stärkeren Mächtigkeitsunterschiede in der Umgebung der Kessel aufwies. Die Tertiärfolge bestätigt es. Die

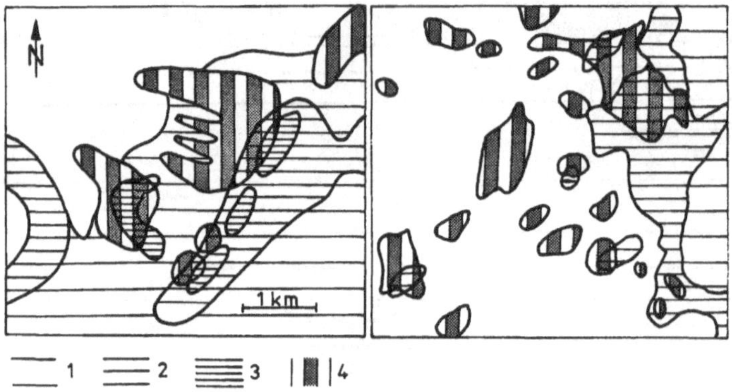

Abb. 5b. Kartenskizze aus einem besonders komplizierten Gebiet der Subrosion im Weißelsterbecken

1 – Subrosion im Mittel- bis frühen Obereozän (prä-Flöz I), 2 – Subrosion im Obereozän (syn-Flöz I), 3 – Subrosion im Obereozän bis frühen Oligozän (post-Flöz I), 4 – Subrosion nach dem Mitteloligozän, wahrscheinlich im Miozän

Summe der Mächtigkeiten von Flöz I + Liegendfolge ist im ganzen konstant. Wo das Flöz zu hoher Mächtigkeit anwächst, nimmt die Stärke der Liegendfolge adäquat ab und umgedreht. Die Auslaugung am Rand der Kessel war zu Beginn der Kesselbildung bereits weitgehend abgeschlossen. Profener und Pegauer Kessel entstanden über Körpern, die bereits vor der Flöz-I-Bildung auf großen Flächen von der zusammenhängenden Anhydritplatte abgetrennt worden waren. Wohl nur im Süden und Norden hatte der Restkörper noch Kontakt zu der nach Westen leicht einfallenden Platte. Wie die dachziegelartige Lagerung der nach dem Kesselzentrum mächtiger werdenden Kohlestraten zeigt, erfolgte die Auflösung des Anhydritkörpers weitgehend von den Flanken her, parallel zur Längsachse (Wagenbreth 1958, S. 109f.).

Die Entwicklung der Flöz-I-Kessel über mehr oder minder isolierten Anhydritkörpern stellt keinen Sonderfall, wahrscheinlich aber auch nicht die allgemeine Regel dar. Eine erhebliche Anzahl dieser Strukturen dürfte sich im Bereich des Abschnitts der oberflächennahen Anhydritplatte gebildet haben, der zu Beginn der Flözbildung weithin noch intakt war und zusammenhing. Wir haben uns ihre Entstehung am Rand einer reich gegliederten Lösungsfront (Gipshang) und ihres Vorlandes zu denken, wo die Wässer auch vom Dach her das Anhydritlager angriffen (Gipsspiegel). Hier noch ein Wort zur Frage des subrosiven und epirogenen Anteils der Kohlebildung. Wie ausgeführt, nehmen die Kohlestraten vom Rand zum Innern der Kessel deutlich an Mächtigkeit zu. Es gibt Beispiele, wo sich die Straten unschwer mit jenen der Flöze außer-

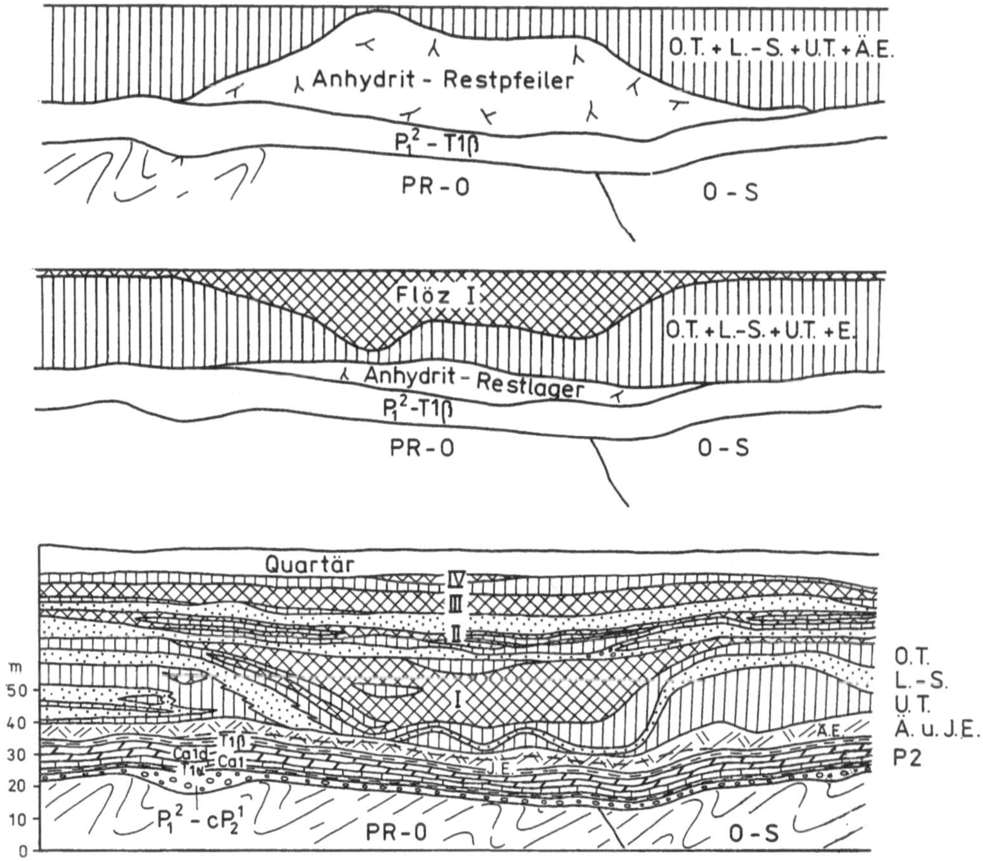

Abb. 6. Entwicklung einer der klassischen Kesselstrukturen im Weißelsterbecken. Der Kohlekessel entwickelt sich über einem bereits isolierten Gips—Anhydrit-Körper: Unter dem Kessel eine geringmächtige, neben dem Kessel eine mächtige subrogene Liegendfolge. Nicht wiedergegeben ist die nachgewiesene laterale, „wandernde" Auflösung des Gips—Anhydrit-Blocks

Abkürzungen: Ä. E. — älteres Einsturzgebirge, E. — Einsturzgebirge, J. E. — jüngeres Einsturzgebirge, L.-S. — Liegendsande, O. T. — Oberer Ton, U. T. — Unterer Ton; IV, III, II, I — Flöze gleicher Bezeichnungsweise; Symbole: P2 — Zechstein: T1β — Oberer Werraton, Ca1d — Werradolomit, Ca1 — Zechsteinkalk, T1α — Kupferschiefer, $P1^2-cP2^1$ — Oberrotliegendes bis Werraserie des Zechsteins, terrestrisch, O—S — Ordovizium bis Silur, PR—O — Riphäikum bis Ordovizium

halb der Senken verknüpfen lassen. Das beweist zum einen die synsedimentäre subrosive Absenkung und zum anderen die synchrone Entstehung des mächtigen Flözkörpers der Kessel und des geringmächtigen, rein epirogenen Flözes außerhalb davon. Die Kesselbildung versteht sich somit als das Zusammentreffen von flächenhafter, epirogener Kohlebildung und lokaler subrosiver Senkung, mit der das Moorwachstum gerade Schritt halten konnte. Sie offenbart zugleich in plastischer Weise die während der Moorbildungsphasen real mögliche, über große Flächen aber nur zu einem Bruchteil, etwa einem Zehntel und weniger, verwirklichte Produktion von Pflanzen und ihre Konservierung. In Zonen optimaler Senkungsbedingungen steigt die Mächtigkeit von Flöz I um das Zehn- bis Zwanzigfache des Durchschnittswertes an.

Kehren wir zu Abb. 5 zurück. Selbst in den randlichen Bereichen vieler Kesselstrukturen blieben Reste des Anhydrits zurück. Da sie nach mehr oder minder langen Pausen in der Regel auch der Auflösung verfielen, entsteht so das Bild des Fortbaues einer Struktur mit starker vertikaler Komponente. Positive Mächtigkeitsanomalien im fluviatil-limnischen Sediment über Flöz I zeigen, daß sich die Subrosion nach der Flöz-

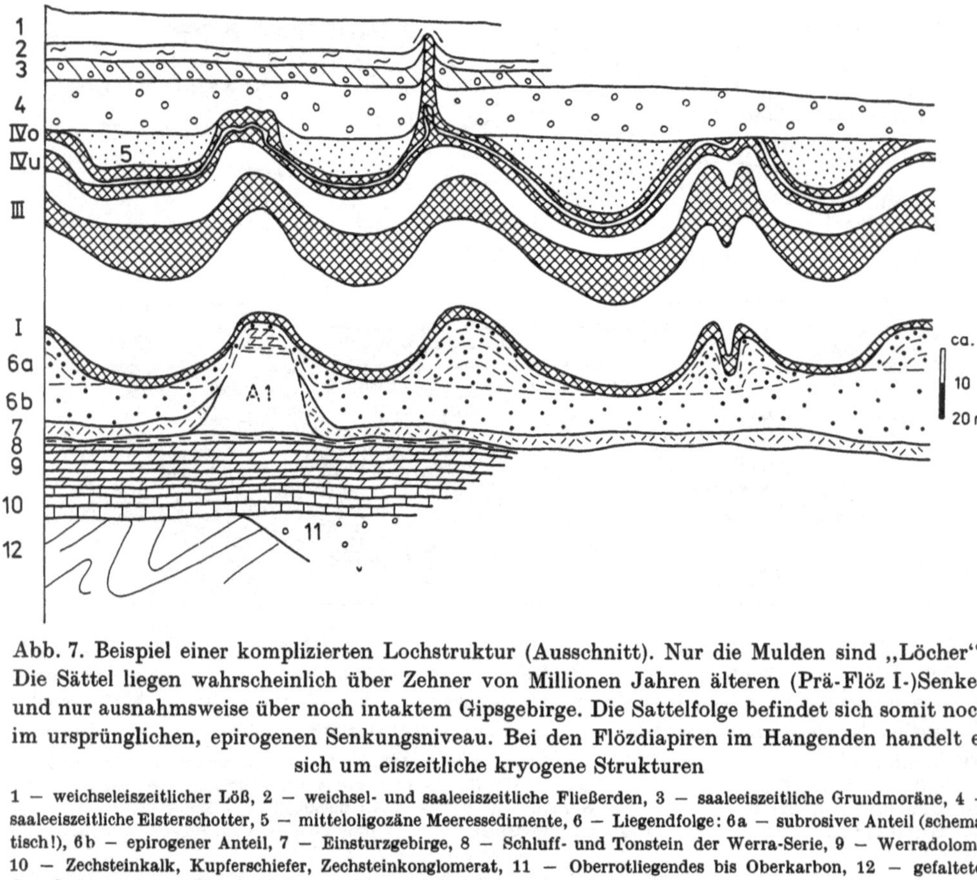

Abb. 7. Beispiel einer komplizierten Lochstruktur (Ausschnitt). Nur die Mulden sind „Löcher"! Die Sättel liegen wahrscheinlich über Zehner von Millionen Jahren älteren (Prä-Flöz I-)Senken und nur ausnahmsweise über noch intaktem Gipsgebirge. Die Sattelfolge befindet sich somit noch im ursprünglichen, epirogenen Senkungsniveau. Bei den Flözdiapiren im Hangenden handelt es sich um eiszeitliche kryogene Strukturen

1 – weichseleiszeitlicher Löß, 2 – weichsel- und saaleeiszeitliche Fließerden, 3 – saaleeiszeitliche Grundmoräne, 4 – saaleeiszeitliche Elsterschotter, 5 – mitteloligozäne Meeressedimente, 6 – Liegendfolge: 6a – subrosiver Anteil (schematisch!), 6b – epirogener Anteil, 7 – Einsturzgebirge, 8 – Schluff- und Tonstein der Werra-Serie, 9 – Werradolomit 10 – Zechsteinkalk, Kupferschiefer, Zechsteinkonglomerat, 11 – Oberrotliegendes bis Oberkarbon, 12 – gefaltetes Grundgebirge, A1 – Werraanhydrit mit Hangendfolge; IVo, IVu, III, I – Braunkohlenflöze gleicher Bezeichnungsweise

bildung zumindest lokal kontinuierlich fortsetzte. Weiter verbreitet, freilich auch leichter erkennbar, sind anormale Mächtigkeitszunahmen der Flözgruppe II/III. Diese „jungen Kessel" sind teils direkt über den älteren Kesseln, teils als Ausdruck des Wanderns der Lösungsfront neben diesen und mit häufiger Überlappung der älteren Strukturen entwickelt. Für die jungen Kessel gilt das, was von den älteren gesagt wurde. Auch unter diesen Strukturen war die Korrosion nicht vollständig. An einigen Punkten finden sich im Hangenden deutliche Verdickungen von Flöz IV, „jüngste Kessel".

Nach dieser ganz unbedeutenden subrosiven Senkenbildung kam die Auslaugung ganz zum Stehen. Sie lebte erst nach der Regression des Mitteloligozänmeeres wieder auf, dessen Sedimente weiträumig die jüngsten Ablagerungen in den Lochstrukturen bilden. Die Löcher innerhalb der Interferenzzone erhellen exemplarisch die geringe zeitlich-räumliche Kalkulierbarkeit subrosiver Vorgänge im Gipsgebirge. Sie treten in allen Positionen vorangegangener subrosiver Strukturbildung auf. Ohne weiteres verständlich sind sie naturgemäß dort, wo sie eine vor der Meeresbedeckung begonnene Senke fortbauen. Das ist oft zu beobachten, gelegentlich sogar der Idealfall: alter, junger, jüngster Kessel, Lochbildung in Reihe. Häufiger aber ist, daß die Löcher mit den ältesten Strukturen interferieren, die Subrosion nach vielen Millionen Jahren also wieder auflebte und die Senken erweiterte. Ein lehrreiches Beispiel ist das Stöntzscher Loch. Wohl galt es immer als eine relativ unregelmäßige Struktur. Aufgeschlossen aber stellte es alles Prognostizierte und Dagewesene in den Schatten. Es bestand aus mindestens sieben Teilstrukturen, deren Flanken an mehreren Stellen antithetische Rupturen aufwiesen (Abb. 7 bis 10). In einem schmalen Streifen bildete der Lochkomplex die konsequente Fortsetzung einer Subrosionsfront, die von der Flöz-I-Zeit bis zur Ablagerung von Flöz IV aktiv war. Auf einer vielfach größeren Fläche aber knüpfte hier wahrscheinlich die Subrosion an eine Auslaugung an, die in der Zeit der Entstehung der Liegendfolge zum Stillstand gekommen war und mindestens 15 Millionen Jahre geruht hatte. Es besteht Grund zu der Annahme, daß zumindest ein Teil der Sättel, wie in der Abb. 7 zum Ausdruck gebracht, über mächtiger, stark subrogen geprägter Liegendfolge entwickelt ist und nicht, wie man normalerweise annehmen sollte, über heute noch existierenden Anhydritpfeilern. Dagegen scheinen die Mulden an ehemalige Anhydritrestpfeiler gebunden zu sein, bei deren Korrosion die gesamte Tertiärfolge einschließlich des marinen Mitteloligozäns in die Tiefe sank. Es ist damit zu rechnen, daß unter der Struktur punktförmig sogar noch Anhydrit erhalten ist, der beide Auslaugungsphasen überlebt hat. Wir schließen das aus graben- oder erdfallartigen Einbrüchen am Rande von zwei Teilmulden, die erst während des Quartärs entstanden sind (Abb. 11 und 13).

4.3. Lochzone

An die Interferenzzone schließt sich nach außen die Lochzone als ein wechselnd breiter Gürtel an, in dem die Lochstrukturen dominieren. Der Übergang ist fließend, so daß die Grenzziehung bisweilen schwer ist. Besonders breit ist die Zone im Westen und Nordosten entwickelt. Im übrigen Gebiet ist sie schmal und besteht nur aus wenigen, den Kesseln vorgelagerten Senken, die meist ganz unregelmäßig verteilt, gelegentlich jedoch auch geordnet, z. B. perlschnurartig aneinander gereiht sind. Form, Größe und Tiefe der Strukturen sind sehr unterschiedlich. Kreisrunde finden sich neben ganz unregelmäßig gestalteten, wenige 100 Quadratmeter große neben solchen, die mehrere Quadratkilometer große Flächen einnehmen und die Längen von 2—4 km, in einem Falle von rund 10 km besitzen. Schließlich existieren 50—60 m tiefe mulden- bis trichterartige Senken neben nur wenige Meter tief eingebrochenen kaminartigen Formen.

Abb. 8. Blick in eine Lochstruktur, die durch mehrere Sättel (Mittelgrund und zwei weitere im Hintergrund) unterteilt ist. Auf dem Sattelfirst im Mittelgrund Miniloch, an der rechten (südlichen) Sattelflanke antithetische Kleinstörungen. Dunkel erscheinen die Kohleflöze, hell die feinsandig-tonigen Mittel und grau in den Mulden die Meeressedimente (vgl. Abb. 7)

Abb. 9. Sattel und Mulde in einer komplexen Lochstruktur (vgl. Abb. 7 und 8)

Abb. 10a. Komplexe Lochstruktur. Blick von einem Sattel über zwei Mulden, die Löcher im eigentlichen Sinne, und zwei Sättel (vgl. Abb. 7 und 8)

Abb. 10b. Flache subrosive Mulde im Raum von Pegau

1 – Quartär (Obere frühpleistozäne Terrasse), 2 – mitteloligozäne Meeressedimente: 2a – Formsand (oben) und Muschelsand, 2b – Muschelschluff, graue und braune Schluffsande mit basalem weißem Sand, 3 – Böhlener Oberflöz, obere Bank, 4 – Böhlener Oberflöz, untere Bank, 5 – Thüringer Hauptflöz

5. *Subrosion und Untergrund. Entwicklungsgang*

Im Abschnitt 2 haben wir die für die Rekonstruktion des Subrosionsgeschehens wichtigsten Kenntnisse über den Aufbau und die Lagerung des subrosionsanfälligen Gebirges dargelegt. Wir wollen sie hier um die Details ergänzen, die zum Verständnis der räumlichen Verteilung der Strukturen und des historischen Ablaufes des Subrosionsvorgangs notwendig erscheinen.

Zunächst darf rekapituliert werden, daß es sich bei dem in Lösung gegangenen Gestein nur um Anhydrit bzw. Gips handeln kann, und zwar in erster Linie um den Anhydrit der Werra-Serie.

Schon früh wurde auch auf die Möglichkeit der Korrosion von *Steinsalz* hingewiesen. Als sich später viele der Subrosionsstrukturen als ausgedehnte wannenartige Senken erwiesen, erhielt dieser Gedanke neue Nahrung. Gegen ausgedehnte Salzabscheidung spricht im Weißelsterbecken aber nicht nur die paläogeographische Randlage des Gebietes im Germanischen Becken während des Zechsteins. Das Weißelsterbecken liegt im Bereich des Anhydrit- und Karbonatwalls (Werra-Serie), die die flache Bucht weitgehend plombierten und nur der Bildung lokaler Steinsalzlager Raum ließen. Weit mehr noch widerspricht der Salzhypothese die lange Dauer der Subrosion, ihr ständiges, auch flächenhaftes Wiederaufleben in gleichen Gebieten. Salz wäre bereits während der ersten längeren Subrosionsphase vollständig aufgelöst worden. Schließlich fehlen im Zentralgebiet des Weißelsterbeckens Versalzungserscheinungen, vor allem die sich lange erhaltende Salzkohle (erst westlich der Rippach und des unteren Floßgrabens vorkommend).

Kehren wir zum Werraanhydrit zurück. Dieser Körper innerhalb der lösungsdisponierten Sedimentfolge erfüllt die Bedingungen, die aufgrund des unterschiedlichen Tiefgangs der Subrosionsstrukturen zu erwarten sind: nämlich große Schwankungen in der Mächtigkeit. Alle Anhydritkörper keilen innerhalb der einzelnen Zechsteinfolgen aus, bilden also unter ungestörten Bedingungen von Sedimenten umhüllte, „versiegelte“ Körper. Obwohl die jüngeren Zechsteinfolgen, vor allem die Leine-Serie mit dem Plattendolomit, weit über die Verbreitung der Werra-Serie hinausreichen (Abb. 2), ist infolge der unterschiedlichen Heraushebung des Beckenrandes während der jüngeren saxonischen Gebirgsbewegungen die Werra-Serie schon früh, vermutlich schon in der höheren Kreide und dem ältesten Tertiär, durch Zurückschneiden der permotriassischen Tafelfolge ins Abtragungsniveau gelangt. So im Bereich des Geraer Vorsprungs und am Westrand der Nordwestsächsischen Hochscholle, wo die Gesteine der Werra-Serie den heutigen äußeren Zechsteinrand bilden. In der Bornaer Mulde und im zentralen Bereich der Schmöllner Mulde blieb die Werra-Serie dagegen bis heute versenkt. Während auf den Hochschollen somit Oberflächenwasser und Grundwasser schon sehr früh leichten Zugang zum Werraanhydrit fanden, ist er im Muldenbereich noch weitgehend blockiert.

Da die Öffnung des auslaugungsempfindlichen Gebirges und seine Wegsamkeit für das Wasser das A und O der Subrosion sind, reduziert sich der Initialpunkt des Lösungsgeschehens im Weißelsterbecken auf den *Altenburger Sattel*. Es ist ein flaches Gewölbe, dessen Kern zwischen Altenburg und Lucka aus andesitoiden Gesteinen (Porphyriten), den ältesten Rotliegendvulkaniten des Gebietes, besteht. Im Hangenden des Rotliegenden folgen zunächst terrestrische, darüber marine Zechsteinablagerungen mit terrestrischen Einschaltungen. Man nahm zunächst an, daß diese Struktur durch weitere Verflachung westlich von Lucka endet und Bornaer und Schmöllner Mulde ineinander übergehen. Dagegen konnte ENGERT (1957) zeigen, daß sie sich in Wirklichkeit als flaches, aber durchaus deutliches Gewölbe nach Nordwesten fortsetzt, das vielleicht im Teutschenthaler Sattel seine Verlängerung findet. Im Weißelsterbecken kommt die Aufsattelung vor allem darin zum Ausdruck, daß zwischen Lucka und Kitzen der Buntsandstein fehlt und der Zechstein die unmittelbare Unterlage des Känozoikums bildet.

Somit lag die Annahme nahe, daß die Subrosion von der nordwestlichen Umrandung des bis zum Rotliegenden freigelegten Sattelkerns südwestlich von Lucka ihren Ausgang nahm, wo mit der vollmarinen Entwicklung des Zechsteins zu rechnen ist. Das ist offenbar nur zum Teil richtig. Wohl liegt im Randbereich der Hauptaufwölbung eine breite Subrosionszone, Teil der Interferenz- und Lochzone, aber das Hauptausgangsgebiet der subterranen Korrosion, die Kernzone, liegt in der genauen Verlängerung der Sattelachse Altenburg—Lucka weiter nordwestlich. Der Initialbereich der Subrosion dürfte daher an eine (sehr flache) Spezialaufwölbung des Altenburger Sattels nordwestlich von Lucka gebunden sein, das von dem am weitesten herausgehobenen Sattelsegment südöstlich dieses Ortes von einer flachen Quermulde getrennt wird.

In der späten Kreidezeit und dem frühesten Tertiär (Tabelle) wurde das schützende Buntsandsteindach abgetragen und der größere Teil dieser Gesteinsplatte bis zur Zeitz—Altenburger Geländestufe zurückgeschnitten. Dabei entstand die geräumige Geländedepression, die bei der späteren Senkung des Landes mächtige känozoische Sedimente aufnehmen und zu einer weit nach Süden vorspringenden Bucht der Norddeutschen Senke werden sollte. Spätestens im mittleren Eozän war die subrosionsanfällige Sedimentfolge der *Groitzscher Hochlage*, wie wir das flache Gewölbe bezeichnen wollen, von der Erosion erreicht. Über den durchlässigen Plattendolomit (Abb. 2) drang das Wasser auf Störungsflächen in den Anhydritkörper ein und machte das an sich sehr gering durchlässige Gestein für eine zunächst mehr lineare vertikale und horizontale, schließlich flächenhafte Korrosion wegsam. Man wird mit einer Entwicklung zu rechnen haben, die der des Karstwassersystems im Kalkgebirge nicht unähnlich war (O. LEHMANN 1932). Möglicherweise wurde an einigen Stellen sogar der Anhydritkörper selbst fluviatil freigelegt. Gegen seine großräumige Abdeckung spricht jedoch das weit verbreitete Einsturzgebirge im Niveau der ehemaligen Anhydritbasis. Nun schritt die Auslaugung in Richtung des Einfallens der Schichten weiter. Es ist das Bild der regulären Auslaugung im Bereich einer Hochlage (WEBER 1958). Eine zweite Front ging zweifellos vom Kerngebiet des Sattels südöstlich von Lucka aus. Aber diese vor allem nach Norden wandernde Welle kam offenbar nur sehr zögernd vorwärts und wurde von der Groitzscher Front überflügelt. Der Grund ist in der ungünstigeren Entwicklung der randnäheren marinen Zechsteinfolge zu suchen, der stärkeren Absätzigkeit der Schichten und der geringeren Durchlässigkeit. Die Subrosion setzte sich zeitlich wie räumlich wahrscheinlich kontinuierlich von der Kernzone der Auslaugung in die Interferenzzone fort. Dieser Gürtel hat also keinen eigentlichen autonomen Charakter. Sein Innenrand markiert die Hauptfront der Subrosion zu dem Zeitpunkt, als die epirogenen Bedingungen der flächenhaften wiederholten Flözbildung erreicht waren. Epirogene Senkungen mit Sedimentation, aber ohne weiträumige Moorbildung hatten schon früher eingesetzt. Die sich nun entwickelnde vielgliedrige, bunte Schichtenfolge mit mehreren Leithorizonten bildete das epirogene wie subrosive Geschehen minutiös ab. Nicht die

Vorgänge sind in der Interferenzzone komplizierter geworden, ihre Reproduzierbarkeit hat sich in dieser Zone verbessert. Es ist sehr wahrscheinlich, daß bei einer ähnlich subtilen Auflösung der Liegendfolge im Bereich der Kernzone eine ähnlich komplizierte Subrosionsgeschichte zutage käme, wie wir sie aus der Interferenzzone beschrieben haben.

Bevor die Hauptfront die Interferenzzone erreichte, hatte die Subrosion bereits breite Senkungsschneisen in diese Zone vorgetrieben. Sie bildeten gewissermaßen die „Vorhut" des jüngeren eozänen Subrosionsgeschehens in der Kernzone, die der Hauptfront vorarbeitete und am Rand größere Körper von der Anhydritplatte abtrennte. Die Auflösung dieser isolierten Lager fiel bereits in die Zeit der ersten flächenhaften Kohlebildung (Flöz I). Am Ende der eozän-oligozänen „Älteren Braunkohlenformation" hatte sich die von der Auslaugung erfaßte Fläche mehr als verdoppelt. Trotz des langen Zeitraums von 8 bis 10 Millionen Jahren, in dem die Hauptaktivität der Auslaugung in der Interferenzzone lag, blieben hier bedeutende Anhydritrestkörper zurück, die erst nach der Regression des Mitteloligozänmeeres in Lösung gingen. Es ist eine Art „Nachhut", die lange nach Beendigung der Hauptereignisse in der Interferenzzone eintraf. Der Schwerpunkt der Subrosion hatte sich inzwischen weiter nach außen verschoben. In eindrucksvoller Weise ist dies am Westrand des Weißelsterbeckens zu verfolgen, wo etwa 50 Lochstrukturen bekannt sind. Man gewinnt den Eindruck, daß diese Löcher nur am Innenrand regulär entstanden sind, der weitaus größte Teil aber mit irregulärer Auslaugung in Zusammenhang steht. Es ist, um im Bild zu bleiben, die „Vorhut" jener Lösungsfront, die seit dem mitteloligozänen marinen Ereignis offenbar kaum noch vorankommt und nahezu mit dem Außenrand der Interferenzzone identisch ist. Die irreguläre Subrosion im Vorfeld leistet der Lösungsfront Schrittmacherdienste. Sie erhöht die Wegsamkeit des Gebirges und wird in ferner Zeit die reguläre Wanderung der Hauptlösungsfront beschleunigen.

Seit den 20er Jahren sind wiederholt die Richtungen der Subrosionsstrukturen diskutiert worden. Eine auch statistischen Anforderungen genügende Aussage wäre nur anhand von Strukturisohypsenkarten treffbar. Dennoch zeichnen sich gewisse Regelhaftigkeiten auch aus den vorliegenden Befunden ab. Wir haben bisher den klaren Zusammenhang zwischen den saxonischen Hauptstrukturen und der Subrosion im Weißelsterbecken herausgearbeitet und gezeigt, daß die Auslaugung von einer Spezialhochlage des Altenburger Sattels ihren Ausgang nahm und sich mehr oder minder konzentrisch ins Vorland, die Mulden von Borna und Zeitz—Schmölln, vorschob. Es erhebt sich die Frage nach der inneren Struktur der großen Subrosionssenke (Abb. 1), der Richtung der Teilstrukturen und ihres eventuellen Zusammenhangs mit dem bekannten oder vermuteten feineren Strukturmuster des Unterbaues. Lassen sich über den Verlauf der Subrosionssenken vielleicht sogar wesentlich neue Einsichten in den Untergrundbau gewinnen? Grahmann (1931) betonte für den Meuselwitzer Raum den geringen Grad der Strukturordnung und sah darin den Hauptbeweis gegen eine tektonische und für eine subrosive Entstehung und letztendlich damit auch gegen eine direkte und indirekte Lenkung des Prozesses. Pallat (1934) glaubte Vorzugsrichtungen zu erkennen: rheinische, antirheinische, frankonische und antifrankonische, weist aber auch auf erzgebirgisch und herzynisch gerichtete Strukturen hin, und sah wie Vetter (1932) einen starken Zusammenhang zwischen Auslaugung und saxonischen Störungszonen. Wagenbreth (1958) erkannte für einen Teil des westlichen Weißelstergebietes die erzgebirgische als bestimmende Richtung. Nach ihm ist für die Lagerungsform der die Subrosion nachzeichnenden Tertiärablagerungen weniger die saxonische Tektonik als die Paläogeographie des Zechsteins und damit der Bau des Varistikums verantwortlich.

Regelhaftigkeiten zeichnen sich am stärksten im Westen und Süden, am geringsten im Nordosten ab (Abb. 1). Im zuletzt genannten Gebiet sind Regelmäßigkeiten kaum zu erkennen. Der Strukturverlauf nimmt geradezu chaotische Züge an. Es ist dies wohl darauf zurückzuführen, daß hier vom Zechstein eine nur geringe präformative Wirkung ausging, er selbst wenig differenziert war, und zwei Subrosionsfronten aufeinander stießen (vgl. oben).

Betrachten wir zunächst den West- und Südteil der großen Auslaugungssenke bezüglich der ältesten erkennbaren Teilstrukturen, der alten bzw. Flöz-I-Kessel (Spelter 1963). Als dominant auf den ersten Blick ist die steilerzgebirgische bis rheinische Richtung zu erkennen. Herausragendes Element ist der Profen—Pegauer Kesselzug mit einem Generalstreichen von 40—45°. Weiter westlich erscheinen Streichrichtungen von 25—40°, jedoch auch Nord—Süd und Nordnordwest—Südsüdost. Am Südrand der Subrosionssenke zwischen Zeitz und Lucka die gleiche Grundtendenz: Zwischen 0 und 50° liegt die Hauptstreichrichtung, und mit gleichen Werten springt der Senkenrand an mehreren Stellen bucht- und schlauchartig nach Süden vor. Im Südosten ergibt sich eine allgemeine Streichrichtung von 25°. Auf Abb. 1 ist die Streichrichtung wichtiger Teilstrukturen oder auch ihre wahrscheinliche Verbindung schematisch eingetragen.

„Echt“ rheinisch, aber nur um wenige Grad gegenüber den Werten der alten Strukturen verschoben, streichen einige der viel jüngeren Löcher. Die im Süden bereits außerhalb der geschlossenen Auslaugungssenke liegende sog. Pflichtendorfer Rinne (Abb. 1), die einschließlich einiger Unterbrechungen möglicherweise eine Länge von über 20 km besitzt, streicht im Mittel 15°. Westlich der Weißen Elster lassen sich mehrere tiefe Löcher zu einer Kette verbinden, die 20° streicht. Auch in Nord—Süd-Richtung hintereinander liegende Löcher sind bekannt. Mindestens fünfmal bilden die Lochstrukturen Züge, die zwischen 110 und 160°, im Mittel um 140°, also herzynisch streichen. Was zunächst die erzgebirgische bis rheinische Richtung im allgemeinen und den Verlauf der Kessel in gleicher Richtung im besonderen betrifft, so ist ihre ursächliche Verknüpfung mit Störungen im Sinne von Dislokationen wenig wahrscheinlich. Erzgebirgisch gerichtete saxonische Verwerfungen sind in übertägigen Aufschlüssen der weiteren Umgebung des Weißelsterbeckens unseres Wissens bisher nicht beobachtet worden. Zu erinnern ist daran, daß der Profen—Pegauer Kesselzug zum größten Teil über einem Anhydritrestkörper entstanden ist, also in einem Areal mit Subrosionsverzug. Eine Störung führt dagegen in der Regel zum Subrosionsvorsprung.

Wie ausgeführt (S. 42), hat bereits Wagenbreth (1958) einen Zusammenhang zwischen Anhydritmächtigkeit und Grundgebirgsrelief vermutet. Wie wir heute wissen, besteht das gefaltete Grundgebirge um Zwenkau—Pegau aus wechselnd widerständigen Gesteinen, harten mächtigen Grauwackenfolgen und weicheren Ton- und Schluffsteinen, die steil bis mittelsteil einfallen. Temporäre Aufschlüsse bei Zwenkau ergaben mit 30—35° ein steilerzgebirgisches bis rheinisches Streichen, das sich mit der Kesselrichtung nahezu deckt. Mit 20—30° hält der 12 km lange Zitzschen—Plagwitzer Rücken als Teil der Zeitz—Leipziger Schwelle eine ähnliche Richtung ein. Sie dürfte der generellen Streichrichtung der Schichten entsprechen. Analoge härtebedingte Rippen mit dazwischen liegenden Senken sind auch in der weiteren Umgebung zu erwarten und tatsächlich als Untiefen der Zechsteinbasis bisher auch angetroffen worden. Die Senken bildeten wahrscheinlich Zonen anormal mächtigen Anhydrits der Werra-Serie, der am Ende seiner Ausfällung das Altrelief möglicherweise weitgehend ausglich. Die Mächtigkeitsanomalien hatten in Verbindung mit höher aufragenden Grundgebirgsrippen hinsichtlich der Subrosion zweierlei Wirkung. Lagen sie senkrecht zur Auslaugungsrichtung, verzögerten sie die Wanderung der Lösungsfront. Existierten Quersenken im Relief des Unterbaues, bildeten sich wahrscheinlich tiefe Lösungsbuchten, die durch Korrosionsvorgänge auch vom Dach her schließlich zur Isolierung mächtiger wannenartiger Anhydritkörper führten. Über den Schwellen mit geringer Anhydritbedeckung erreichte das nachstürzende Deckgebirge zuerst die schwer durchlässigen Anhydritliegendschichten, behinderte die Wasserzirkulation und damit die Auflösung der Restkörper. Standen Lösungsfront und Längsachse des mächtigen mulden- bzw. wannenförmigen Anhydritkörpers senkrecht aufeinander, erfuhr die Subrosion eine relative Beschleunigung in der Senke. Als Beispiel sehen wir die bereits genannten tiefen Subrosionsbuchten am Südrand der Senke nordöstlich von Zeitz (Maßnitz, Falkenhain).

Es wäre aber gewiß unzutreffend, eine allein von aufragenden Grundgebirgsstrukturen und Mächtigkeitsverhältnissen diktierte Subrosion zu sehen. Im Gegenteil, ihr ist ein hoher Grad von Autonomie eigen. Bis zu Beginn der mitteloligozänen Meeresüberflutung herrschte sehr wahrscheinlich ein generell konzentrisches Wandern der Front, und der Verlauf alter Strukturen wirkte nur modifizierend auf den Ablauf oder bestimmte nur regional das Regime. Betrachtet man beispielsweise den Profen—Pegauer Kesselzug isoliert in seinem Kerngebiet, ist auf eine strenge Strukturbezogenheit zu schließen, und für diesen Raum trifft sie wohl auch zu. Verfolgt man den Zug aber weiter nach Norden und Süden, finden sich Senkungsstrukturen, die unschwer ein Umlenken zu einem Kreis erkennen lassen. Von 45° im Zentralbereich biegt die Streichrichtung bis Pegau auf 65° und noch weiter nördlich auf 90°. Im Süden zeigt sich die gleiche Tendenz. Eine Senke dreht sich von 45° auf 20°, schließlich auf 0°. Östlich der Weißen Elster findet sich eine nächste kleine Struktur mit 100°, die nach einer größeren Unterbrechung bei Krimmitzschen Anschluß an einen bedeutenden Senkenkomplex mit einer allgemeinen Streichrichtung von 75° findet. Die Werte ergeben somit im großen und ganzen ein umlaufendes, fast kreisförmiges Streichen der Lösungsfront während der Bildung von Flöz I.

Weitgehend offen lassen möchten wir die Ursachen für die oben genannten rheinisch gerichteten Lochstrukturen. Sieht man den insgesamt meridional bis rheinischen Verlauf der Leipziger Bucht und das in gleicher Richtung weit nach Süden vorgedrungene Mitteloligozänmeer, um nur zwei Beispiele zu nennen, erscheinen neben flexurartigen, flachen Einsenkungen auch Bruchzonen (mit geringen Versetzungsbeträgen) in dieser Richtung nicht unwahrscheinlich (bezüglich des größeren Rahmens vgl. R. Lauterbach 1962). Unproblematisch ist die herzynische Zonierung einiger Löcher. Störungen verschiedener Ordnung dieser Richtung bestimmen das Bruchmuster des präkänozoischen Gebirges, und so ergibt sich die hohe Wahrscheinlichkeit, daß sie durch störungsgebundene irreguläre Subrosion entstanden sind.

6. Diskontinuität der Subrosion und ihre Ursachen

Schon in den ersten moderneren Bearbeitungen des Subrosionsphänomens ist auf die Diskontinuität des Auslaugungsgeschehens aufmerksam gemacht worden, d. h. auf Änderungen der Lösungsintensität in der Zeiteinheit. Absolute Datierungen stehen nicht zur Verfügung. Wenn man aber die Prämisse akzeptiert, daß unter epirogenen Sedimentationsbedingungen eines recht einheitlichen Senkungsraums gleichmächtige gleichartige Sedimente eine größenordnungsmäßig gleiche Bildungsdauer vertreten, ist ein Wechsel von Abschnitten verstärkter Subrosion mit ruhigeren Perioden, ja sogar Zeiten völligen Stillstands, tatsächlich unverkennbar (Abb. 4). Die höchste Intensität erreichte das Auslaugungsgeschehen wahrscheinlich schon in der Zeit der Bildung der Liegendfolge, also vor der Entstehung von Flöz I, stratigraphisch im Mittel- bis frühen Obereozän. Es gibt Hinweise auf eine Stagnation in diesem Abschnitt, in der überwiegend langsame, epirogene Senkung herrschte. Ein Höhepunkt der Gipskorrosion fällt in die Zeit der Bildung von Flöz I. Hier ist es in einer von Wagenbreth (1958) geschätzten Zeitdauer von 150000 bis 200000 (minimal 120000, maximal 350000) Jahren auf beträchtlichen Flächen zu einer vertikalen Gipslösung von 20—30 m, maximal um 50 m gekommen. Es folgte eine Zeit der Beruhigung, keinesfalls aber eines totalen Stillstandes. Während der Bildungszeit von Flöz II/III lebte die Senkungstätigkeit wieder auf, blieb aber im Gegensatz zum angrenzenden Merseburg—Lützener Raum (Hübner und Beuge 1980) deutlich hinter der Aktivität zur Zeit der Flöz-I-Entstehung zurück. Der Unterschied würde freilich weitgehend aufgehoben, wenn man die von Wagenbreth für Profen geschätzte Bildungsdauer des Thüringer Hauptflözes (III) von nur 60000 Jahren unterstellte. Geht man davon aus, daß die mächtigen Flöze der Kessel die gleiche Bildungsdauer besitzen wie die rein epirogenen Flöze, ergibt sich für die Entstehung des Hauptflözes gegenüber dem Unterflöz (I) jedoch ein mehrfach längerer Zeitraum.

Nach der Hauptflözzeit ebbte die Subrosionsintensität wieder ab. Während der Meeresbedeckung im Mitteloligozän kam die Auslaugung ganz zum Erliegen. Es ist bisher keine Stelle bekannt geworden, wo die Straten der mitteloligozänen Meeressedimente subrosionsverdächtige Mächtigkeitszunahmen aufweisen. Die Meeresablagerungen finden sich in nahezu allen größeren Löchern und bilden so einen leicht identifizierbaren terminus post quem der Lochbildung. Nur bei Borna und in der Pflichtendorfer Rinne östlich von Meuselwitz liegt diese Grenze höher. Hier sind Sedimente in Lochposition bekannt, die zur untermiozänen Bitterfelder Folge zu stellen sind. Bei Borna sind lokal die oberoligozänen Thierbacher Schichten in flachen Subrosionssenken überliefert. Auch im Bitterfelder Zechsteingraben hat die Subrosionssenkung örtlich (Niemegker und Döberner Loch) die untermiozäne Folge bis zum Bitterfelder Deckton mit erfaßt. Den terminus ante quem der Lochbildung bilden im gesamten Gebiet Sedimente des Quartärs.

Auch im *Quartär* ruhte die Auslaugung nicht völlig. Punktförmige auslaugungsbedingte Einmuldungen und graben- und kaminartige Einbrüche, die quartäre Sedimente mit erfaßten, sind sowohl in der Loch- als auch in der Interferenzzone beobachtet worden (vgl. Eissmann 1975, S. 192ff.).

Einige Belege vom älteren zum jüngeren Quartär:

— Schotter der Oberen frühpleistozänen Terrasse sind abgesunken, frühelsterglazialer Bänderton greift ungestört über die Struktur hinweg (Abb. 11):
  Frühpleistozän bis frühe Elstereiszeit
— Frühelsterglazialer Beckenschluff erreicht über der abgesenkten Mittleren frühpleistozänen Terrasse die anormale Mächtigkeit von 5 m:
  frühe Elstereiszeit

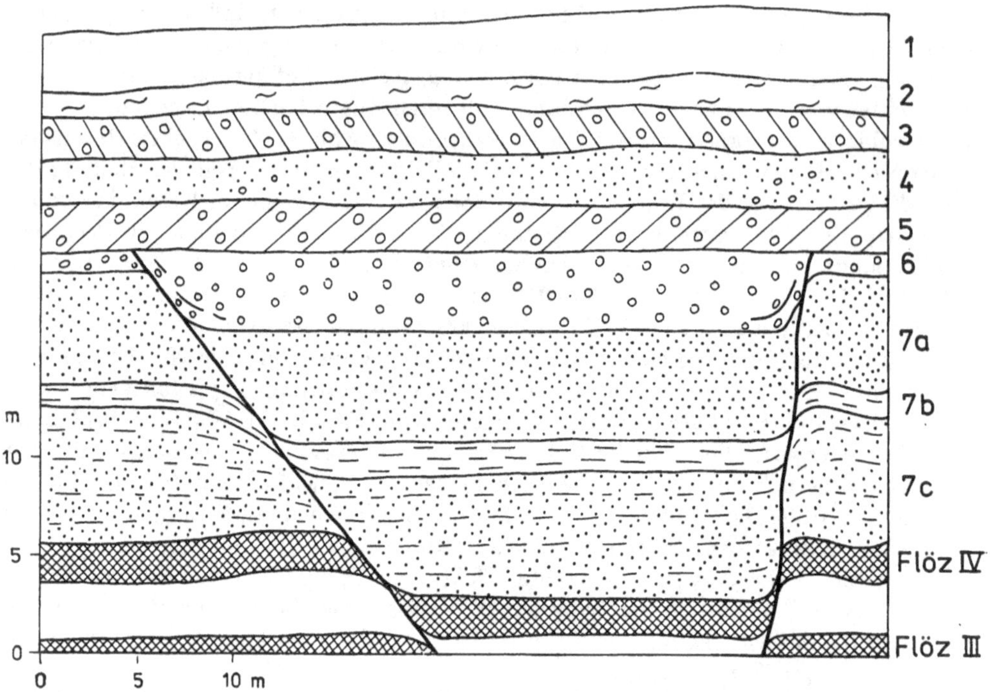

Abb. 11. Grabenförmige Subrosionsstruktur aus dem älteren Quartär (Frühpleistozän bis frühe Elstereiszeit) nordwestlich von Pegau

1 — weichseleiszeitlicher Löß, 2 — weichseleiszeitlicher bis saaleeiszeitliche Fließerden, 3 — Saalegrundmoräne, 4 — elsterglaziale Schmelzwassersande, 5 — Elstergrundmoräne mit basalem Bänderton (nicht dargestellt), 6 — Obere frühpleistozäne Schotterterrasse der Saale—Weiße Elster, 7 — mitteloligozäne Meeressedimente: 7a — Formsand, Muschelsand, 7b — Muschelschluff, 7c — graue und braune Schluffsande mit basalem weißem Sand

— Elstergrundmoräne erdfallartig abgesunken, jüngere Pleistozänfolge ungestört (Abb. 12):
  späte Elstereiszeit bis frühe Saaleeiszeit (wahrscheinlich Holsteinwarmzeit)
— Grabenartige Einbrüche enden intraformationell in der saaleeiszeitlichen Hauptterrasse (Abb. 13):
  frühe Saaleeiszeit
— Schotter und Lehm der Pleiße- und Elsteraue sind im Gebiet der Zechsteinverbreitung lokal ungewöhnlich mächtig entwickelt:
  Weichseleiszeit bis Holozän
— Erdfälle bei Zeitz und Illsitz südwestlich von Altenburg:
  Holozän (Gegenwart)

Der Erdfall von Illsitz ereignete sich im Jahre 1791. Er hinterließ an der Erdoberfläche ein knapp 30 m breites und 11 m tiefes Loch. Wie AMENDE berichtet, soll der Einbruch zwei heftige Erderschütterungen ausgelöst haben (B. DAMMER 1906, S. 6f.). Die Diskontinuität in der Auslaugung, einschließlich der Intensitätsabnahme im Laufe der Zeit, dürfte im wesentlichen auf drei, in der Wirkung allerdings recht ungleichwertige Ursachenkomplexe zurückzuführen sein:

1. auf weitspannige tektonische Bewegungen und damit verbundene Veränderungen des ober- und unterirdischen Wasserregimes
2. auf Veränderungen der geologischen Auslaugungsbedingungen mit fortschreitender Subrosion
3. auf klimatische Faktoren.

In der Tabelle am Ende des Beitrages ist versucht worden, den Zusammenhang zwischen epirogenen tektonischen Bewegungen und Subrosion vereinfacht zu rekonstruieren.

Entscheidend ist, wie sich die *tektonischen Vorgänge* auf die Wasserverhältnisse auswirken, ob sie die Grundwasserdynamik beleben oder dämpfen. Hebungen bedeuten immer eine Zunahme des Gefälles, oft auch der Versickerung der Niederschläge, aktivieren also die Grundwasserdynamik und somit die Subrosion. Senkungen haben eine entgegengesetzte Wirkung. Das Gefälle nimmt ab, das Grundwasser steigt vielerorts fast bis zur Oberfläche an oder tritt aus, die Versickerung wird geringer, der oberirdische Abfluß größer, somit der subrosionswirksame Anteil des Wasserkreislaufes kleiner. Sinkt ein Gebiet bis in das Niveau des Meeresspiegels und nimmt das eindringende Meer Einfluß auf das Wasserregime des Festlandes (Rückstau), dann sinkt auch die Grundwasserdynamik auf ein Minimum. Schließlich kann die Grundwasserbewegung regional ganz ins Stocken geraten. Das Grundwasser sättigt sich mit Calziumsulfationen, die Subrosion kommt zum Stillstand. Eine solche Grenzsituation war im Weißelsterbecken nach der Hauptflözbildung dreimal erreicht oder nahezu erreicht: Das Ufer des Meeres lag im höchsten Eozän zeitweilig im Zentrum, im Mitteloligozän am Südrand und im Oberoligozän am Nordrand der Leipziger Bucht. Nachteilig auf die Durchströmung des subrophilen Gebirges muß sich naturgemäß auch seine ständig tiefere Absenkung bei gleichzeitiger Sedimentation, also Mächtigkeitszunahme des Deckgebirges, ausgewirkt haben. Es führte bei abnehmendem allgemeinem Gefälle zusätzlich zur Verlängerung des Sickerweges, folglich zu einer weiteren Durchflußreduzierung. Mit der erneuten Heraushebung des Gebietes am Ende des Mitteloligozäns, die nicht nur zur Regression des Rupelmeeres führte, sondern auch eine flächenhafte und lineare Erosion in Gang setzte (Thierbacher Fluß), dürfte die Subrosion wieder aufgelebt sein. Nach mehreren leichten Schwankungen (vgl. Tabelle) kam sie aber wohl erst im mittleren und oberen Miozän wieder in Schwung, als das gesamte Gebiet einschließlich des Hinterlandes (Erzgebirge) weit über das Meeresniveau emporgehoben wurde. Den Beweis liefert die Lochbildung. Sie ist das Resultat einer bedeutenden Subrosionswelle, die aber nicht das Ausmaß der spätmitteleozänen bis früholigozänen Auslaugung erreichte.

Im Pliozän hätten sich unter den gegebenen paläogeographischen Verhältnissen und etwa 200 m über dem Meeresspiegel nur in subrogenen Senken mächtigere Sedimente bilden und erhalten können. Da nur geringmächtige fluviatile, deckenartige (?)pliozäne Sedimente in der Leipziger Bucht existieren, die diskordant über die Lochstrukturen greifen, schließen wir für diesen Zeitraum wie für das Quartär auf eine nur geringe Subrosion, somit auf eine starke Dämpfung des Korrosionsgeschehens nach seinem zweiten, dem miozänen Kulminationspunkt. Wohl mag auch dabei die Verminderung des Gefälles eine wichtige Rolle gespielt haben — diesmal freilich eine denudationsbedingte —, doch sehen wir hier stärker die Wirkung von Faktoren, die oben an zweiter und dritter Stelle genannt sind. Nicht nur die Deckgebirgsverhältnisse waren durch

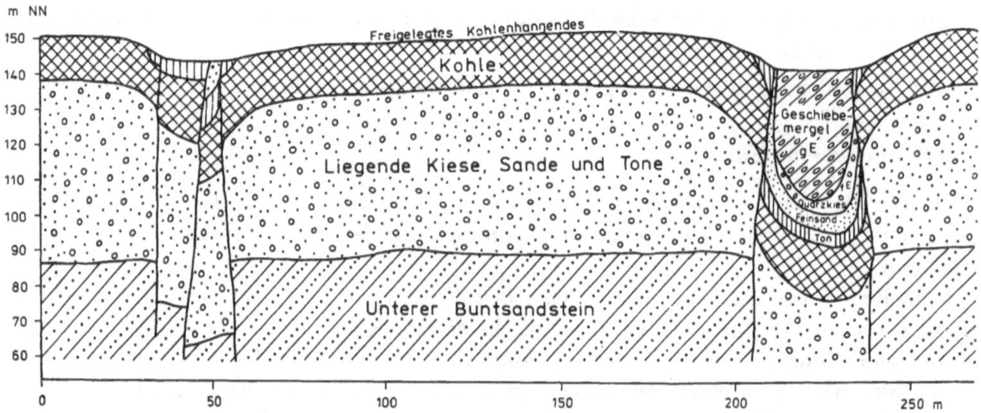

Abb. 12. Grabenförmige und kaminartige Subrosionsstruktur („Erdfall") im ehemaligen Braunkohlentagebau Deuben bei Zeitz. Die jüngste eingesunkene Schicht ist eine Elstergrundmoräne (gE). Der Einbruch erfolgte wahrscheinlich in der Holsteinwarmzeit (späte Elstereiszeit bis frühe Saaleeiszeit). Nach R. Lehmann 1933, Abb. 134

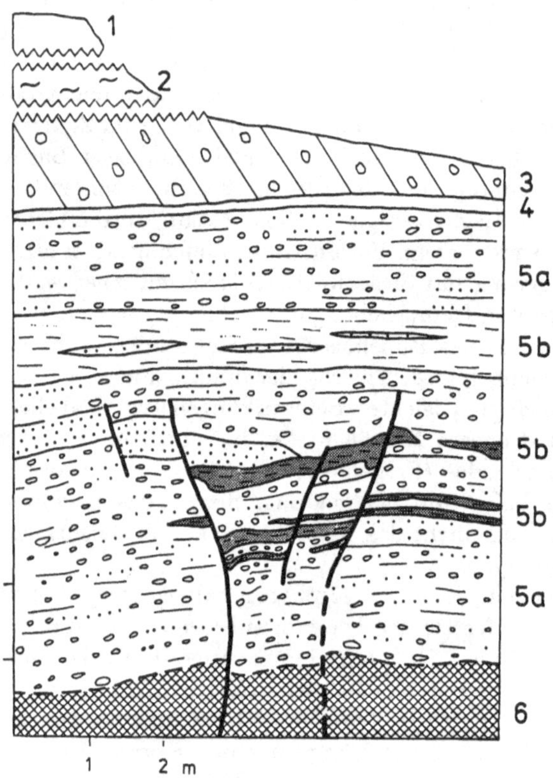

Abb. 13. Grabenförmiger subrogener Einbruch aus der Saaleeiszeit westlich von Pegau

1 – weichseleiszeitlicher Löß, 2 – weichseleiszeitliche und saaleeiszeitliche Fließerden, 3 – saaleeiszeitliche Grundmoräne, 4 – Böhlener Bänderton, 5 – saaleeiszeitliche Schotter der Weißen Elster (Hauptterrasse): 5a – Sande und Kiese, 5b – sandige Schluffe und Tone, 6 – mitteloligozäne marine Feinsande

Mächtigkeitszunahme der känozoischen Sedimente bis zum Ende des Untermiozäns für die Auslaugung immer ungünstiger geworden. Bereits zu Beginn des Mitteloligozäns war die Anhydritplatte in subrophiler Position, d. h. oberflächennah und in Sattellage, weitgehend aufgezehrt. Die Auslaugungsfront bewegt sich seither weitgehend im Gebiet des Buntsandsteins, der in Auslaugungsrichtung kontinuierlich an Mächtigkeit zunimmt. Um erneut in einen Galopp zu fallen, benötigte das Subrosionsgeschehen daher eine jeweils lange Anlaufzeit und besonders kräftige Impulse. Hier sei noch eine Bemerkung eingefügt zum Verhältnis von Grundwasserfließrichtung und Auslaugungsrichtung. Aufgrund der Gesamtverhältnisse muß angenommen werden, daß sich das Grundwasser im Weißelsterbecken seit Beginn des Tertiärs zentripetal auf diese Senke zu bewegte und dann, soweit es nicht in die Vorfluter austrat, nach Nordwesten abströmte. Die Subrosion kann sich daher weithin nicht in Richtung des Grundwasserstromes, sondern nur entgegengesetzt, stromauf, entwickelt haben, analog der fluviatilen Erosion.

In einem 50 Millionen Jahre dauernden Subrosionsprozeß ist neben den tektonischen und paläogeographischen Faktoren schließlich auch mit dem Einfluß von *Klimaänderungen* zu rechnen. Wenngleich es Mitteleuropa seit dem Eozän auch stärkere Temperaturschwankungen gegeben hat (vgl. Fußnote 2, S. 60), sind Änderungen der Niederschläge noch diskontinuierlicher gewesen. Nach M. Schwarzbach (1968, 1974) machen sich die Klimaschwankungen hauptsächlich durch Perioden größerer Aridität bemerkbar. Mit trockeneren Perioden wird vor allem im Paläozän bis tiefen Eozän, im höheren Eozän bis tieferen Oligozän und im höheren Miozän bis älteren Pliozän gerechnet. Als besonders feucht gelten das mittlere Eozän, das höhere Oligozän und das ältere bis mittlere Miozän. Für den zuletzt genannten Abschnitt gibt D. H. Mai (1964, 1967) aufgrund der Florenassoziation der Raunoer Schichten der Lausitz Niederschlagswerte zwischen 1300 und 2300 mm pro Jahr an. Ab Obermiozän kommt es, wohl in Verbindung mit dem Zerfall der Tethys, zu einer allgemeinen Aridisierung des Klimas (Mai 1981). Schwarzbach (1968, S. 61f.) hat auf den möglichen Zusammenhang zwischen dem tertiären Niederschlagswechsel und der Salzstockdynamik hingewiesen. In den trockeneren Phasen seien die Salzstöcke möglicherweise weiter aufgestiegen, in den feuchteren dagegen habe die Subrosion den Aufstieg kompensiert und sogar überkompensiert, so daß es zu Senkungen im Hangenden gekommen sei. Nun ist freilich für das Tertiär Mitteleuropas wohl nicht einmal zeitweise mit wirklich gravierenden Niederschlagsabnahmen zu rechnen. Zu keinem Zeitpunkt dürfte der oberirdische Wasserabfluß ganz zum Erliegen gekommen sein. Das heißt, daß auch der Grundwasserspiegel immer ein relativ hohes Niveau besaß, und vom alleinigen Aspekt des Wasserdargebotes die Subrosion nie völlig zum Stillstand kommen konnte. Für die feuchten Perioden wird allgemein eine Niederschlagsmenge von über 1000 mm pro Jahr angenommen. Diese Menge erheischt zumindest die seit dem mittleren Eozän in Mitteleuropa sich immer wieder flächenhaft entwickelnde mächtige Moorbildung. Zieht man gar Werte ins Kalkül, die Mai (vgl. oben) für möglich hält, muß auch außerhalb der Niederungen, wo der Grundwasserspiegel nachweisbar über lange Zeiträume ganz in der Nähe der Erdoberfläche lag (Braunkohlenmoore!), der Grundwasserstand sehr hoch gewesen sein. Das führte über die physikalisch davon abhängigen Parameter zu einer verstärkten Ernährung auch tiefer Grundwasserleiter. Umgekehrt muß sich die Niederschlagsverminderung beispielsweise seit dem oberen Miozän, die im Quartär 50 und mehr Prozent erreicht — in der Leipziger Bucht ist in den quartären Warmzeiten wie gegenwärtig mit etwa

600 mm pro Jahr zu rechnen —, zusätzlich dämpfend auf das Subrosionsgeschehen ausgewirkt haben. Vergleicht man die Auslaugungsintensität im Weißelsterbecken mit den genannten, freilich mehr vermuteten als bewiesenen Niederschlagsmaxima und -minima im mitteleuropäischen Tertiär, so erweist sich der zumindest als zeitweise arid apostrophierte obereozäne bis tiefoligozäne Zeitraum gerade als ein Abschnitt starker Auslaugung. Dagegen würde im Miozän das Auslaugungsgeschehen mit den vermuteten Niederschlagsverhältnissen recht gut harmonieren. Es wird noch sehr viel Forschungsarbeit zu leisten sein, um zu einem verständlicheren Bild zwischen Klimaentwicklung und Subrosion zu kommen. Ein Zusammenhang, jedoch wohl immer durch andere Faktoren stark überlagert, steht außer Zweifel, wie uns auch der Unterschied lehrt, der zwischen der Verkarstung im gemäßigten und heißen humiden Klimabereich der Gegenwart besteht.[2]

Hinsichtlich der Ursachen der diskontinuierlichen Subrosionsentwicklung kann schließlich auch das *Lösungsvermögen* des Wassers nicht außer Betracht bleiben. Entsprechend der gegenüber heute fast doppelt so hohen mittleren Jahrestemperatur im älteren und mittleren Tertiär — Schwarzbach (1966) rechnet für das rheinländische Mitteltertiär (Oberoligozän bis Mittelmiozän) mit 16 bis 18 °C — war auch die Temperatur des Grundwassers wesentlich höher als gegenwärtig, damit auch die Löslichkeit des Gipses, die, wenn auch geringfügig (bei 0 °C 1,76, bei 10 °C 1,93, bei 20 °C 2,04, bei 30 °C 2,10 g/l), bis 38 °C zunimmt. Weit wichtiger erscheint die Änderung des Chemismus durch organische Säuren während der ausgedehnten Moorbildung, die wirklich phasenhaft ablief. Namentlich während der älteren Moorbildungsabschnitte, als der Sickerweg zwischen den Braunkohlensümpfen und dem Anhydrit noch relativ klein war, muß mit einem sauren Tiefengrundwasser gerechnet werden und damit einer höheren Lösungsfähigkeit als vor und nach diesen Perioden.[3]

[2] Während des Drucks wurden erstmalig Klimatogramme für das Tertiär der Leipziger Bucht publiziert, deren paläoklimatischer Aussagewert wohl für den gesamten mitteleuropäischen Raum von Belang ist (D. H. Mai und H. Walther, Hall. Jb. f. Geowiss., 8, Gotha 1983). Danach wird mit folgenden mittleren Jahrestemperaturen und Niederschlagswerten gerechnet: Mitteleozän (Florenkomplex Geiseltal) 19,2 °C, 1425 mm; Obereozän (Florenkomplex Zeitz) 17,9 °C, 2115 mm; tieferes Mitteloligozän (Florenkomplex Haselbach) 15,3 °C, 1600 mm; Mitteloligozän (Florenkomplex Nerchau) 14,5 °C, 2100 mm; Oberoligozän (Florenkomplex Thierbach) 8 °C, 1500 mm; Untermiozän (Florenkomplex Brandis) 12,8 °C, 1800 mm. Der oft als feucht betonte mitteleozäne Abschnitt (Geiseltal) wird als relativ niederschlagsarm, das Obereozän (und tiefere Oligozän) als ausgeprägt niederschlagsreich erkannt. In diesem Abschnitt liegt daher wohl nicht zufällig die Hauptbraunkohlenbildung in der Leipziger Bucht. Im Mitteleozän dürfte die Regenschattenwirkung des aufsteigenden Harzes noch gering gewesen sein, also keinen durchgreifenden Einfluß auf die Niederschlagshöhe des Gebietes genommen haben. Bezüglich der angenommenen hohen Niederschlagswerte für das Mitteloligozän (Nerchau) und der geringen Subrosion in dieser Zeit ist kein Widerspruch zu sehen, fiel dieser niederschlagsreiche Abschnitt doch in eine für subrosive Vorgänge morphotektonisch extrem ungünstige Periode.

[3] Es möchte in diesem Zusammenhang noch einmal betont werden, daß im gesamten westsächsisch-nordostthüringischen Braunkohlengebiet eine völlig autonome subrogene Flözbildung größerer Ausdehnung nirgends existiert. Die Subrosion hat die epirogene Moorbildung

7. Quantifizierung des Subrosionsgeschehens

Geht man davon aus, daß in der Lochzone die Hälfte einer im Mittel 60 m mächtigen Anhydritplatte und in der Zentral- und Interferenzzone der gesamte Anhydrit eines ursprünglich 40 m mächtigen Körpers der Subrosion anheimgefallen sind, ergibt sich eine Gesamtkubatur von etwa 10 Mrd. Kubikmeter bzw. 10 Kubikkilometer. Davon entfallen rund 7 Kubikkilometer auf die Zentral- und Interferenzzone. Die Lösung dieser Anhydritmenge erfolgte im wesentlichen vom Mitteleozän bis zu Beginn des Mitteloligozäns. Dieser Zeitraum ist auf rund 12 bis 15 Millionen Jahre zu veranschlagen. Somit gingen pro Jahr zwischen 466 und 583, im Mittel rund 525 m³ Anhydrit nach seiner Umbildung in Gips in Lösung. Das entspricht einer 0,003 mm starken Schicht über die Gesamtfläche. Bei den heutigen Niederschlägen könnte theoretisch eine 0,6 mm mächtige Gips- bzw. eine 0,5 mm starke Anhydritlamelle gelöst werden. Die Wanderungsgeschwindigkeit der vom Groitzscher Gewölbe ausgehenden Lösungsfront für den gleichen Zeitraum errechnet sich zu 0,46 bzw. 0,58, im Mittel zu 0,52 mm pro Jahr. Das Senkungswandern im Bereich der großen Kessel bei Profen ist von WAGENBRETH (1958) auf 0,5—2 mm/Jahr geschätzt worden. Die Auslaugungstiefe beträgt maximal 250 m, im Mittel zwischen 100 und 200 m.

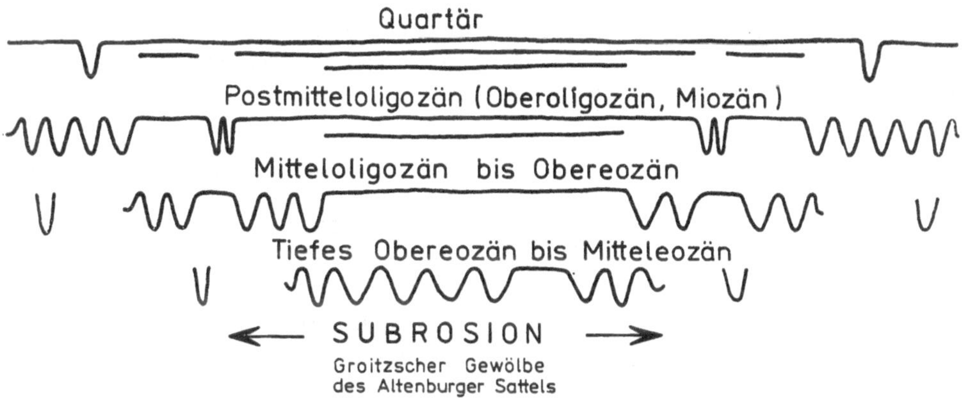

Abb. 14. Modell der Entwicklung der Gips—Anhydrit-Subrosion im Weißelsterbecken

8. Auslaugung und Paläomorphologie

Es ist oft die Frage gestellt worden, wie sich das verwickelte Auslaugungsgeschehen im Oberflächenbild des weiträumig in Absenkung begriffenen Weißelsterbeckens bemerkbar gemacht hat. Hat man sich vielleicht eine von Hunderten von Tümpeln und Seen geprägte flache Landschaft vorzustellen? Das ist zumindest während der großen Kohlebildungsphasen nicht der Fall gewesen. Die mächtigen Braunkohlenflöze der

stets nur verstärkt. Die klimatischen und geologisch-tektonischen Gesamtbedingungen für eine produktive Flözgenese bilden offenbar zugleich günstige Bedingungen der Auslaugung: Reichliche Niederschläge und hoher Stand eines strömenden Grundwassers mit starkem Lösungsvermögen.

Kessel sind arm an minerogenen Einlagerungen. Das Moorwachstum glich die Senkung weitgehend aus und ließ nur selten offene Wasserflächen aufkommen. Vor und nach der Zeit der weiträumigen Moorbildung dürften dagegen in den Zeiten der beschleunigten Subrosion ständig wassererfüllte Senken existiert haben. Wenn der Auflösungsprozeß im Prinzip auch ähnlich ablief wie in den morphologisch so reich gegliederten rezenten Gipskarstgebieten, so blieb er im Weißelsterbecken zu allen Zeiten morphologisch wenig wirksam. Immer dominierte das Flachrelief, da sich subrosive + epirogene Senkung und Akkumulation der Sedimente bzw. subrosive Senkung und Denudation (vor allem seit dem mittleren Miozän) offenbar weitgehend die Waage hielten. Die Einbeziehung der Gipskarstlandschaft in unsere Betrachtung ist dennoch nützlich und lehrreich. Stellt man sich das Gipskarstrelief beispielsweise am Südharzrand bei Niedersachswerfen oder Uftrungen in mächtigen Sedimenten ertrunken vor, hat man ein angenähertes Bild vom jeweiligen Randbereich der sich seit 50 Millionen Jahren entwickelnden zentralen Auslaugungssenke des Weißelsterbeckens. In wohl noch ausgeprägterem Maße gilt dies für den unmittelbar nördlich anschließenden Subrosionsraum am Westrand der Nordwestsächsischen Hochscholle (Hübner und Beuge 1980).

Tabelle. Der jüngere tektonische Entwicklungsgang Westsachsens und Nordostthüringens mit besonderer Berücksichtigung der Leipziger Bucht und seine Beziehungen zum Subrosionsgeschehen

Quartär bis Pliozän	Stagnation der Hebung. Relative Hochlage begünstigt flächenhafte und lineare Abtragung. Die Auslaugungbedingungen sind insgesamt ungünstiger geworden. Die Auslaugung ist gering
Obermiozän bis Mittelmiozän	Weiträumige Hebung über das Meeresniveau, dazu hohes Niederschlagsdargebot (Mittelmiozän). Belebung der Grundwasserzirkulation. Intensive Subrosion („Löcher“)
Untermiozän	Weiträumige, nach Norden zunehmende Senkung. Wahrscheinlich nur schwache Subrosion
Oberoligozän bis Mitteloligozän	– Geringe Hebung. Regression des Eochatt-Meeres – In der Leipziger Bucht Senkung unter das Meeresspiegelniveau: Eochatt-Transgression der Nordsee bis Leipzig. Wahrscheinlich Subrosionsstillstand – Weiträumige, auch die heutigen Mittelgebirge erreichende Hebung: Meeresregression, lineare (Zertalung) und flächenhafte Abtragung. Vermutetes Wiederaufleben der Subrosion – Starke Absenkung, in der Leipziger Bucht bis weit unter das Meeresspiegelniveau: Rupeltransgression der Nordsee bis Zeitz. Subrosionsstillstand
Tiefes Mitteloligozän bis höchstes Obereozän	Verstärkung der Absenkung und Ausdehnung des Senkungsraumes. Landoberfläche in der Leipziger Bucht erreicht zeitweilig das Meeresniveau oder liegt nur wenig darüber. Verringerung der Grundwasserzirkulation durch Abnahme des Gefälles. Starke Dämpfung der Subrosion
Obereozän bis Mitteleozän	Das heutige Abtragungsniveau des prätertiären Gebirges mit weit zurückgeschnittenem Buntsandstein (im Bereich des Altenburger Sattels bis zur Zeitz—Altenburger Geländestufe) und freigelegtem Zechstein ist erreicht.

	Geostrukturell günstigste Bedingungen der Subrosion, die ihr Maximum erreicht (Liegendfolge, Kohlekessel). Beginn epirogener Senkung und Sedimentation. Herausbildung des Weißelsterbeckens (Flöz I bis IV)
Tiefes Mitteleozän bis Paläozän	Denudation. Spätere Leipziger Bucht eine geräumige erosive Geländesenke. Die subrosionsanfällige Zechsteinfolge freigelegt oder kommt in Oberflächennähe zu liegen. Lokal vielleicht erste Subrosion
Kreide	Starke Bruchtektonik im Zuge subherzyner Gebirgsbewegungen. Unterschiedliche Hebung führt zu Hoch- und Tiefschollen. Auf Hochschollen teilweise über 500 m, auf Tiefschollen einige 100 m Abtragung. Beginn großräumiger Einebnung, jedoch bedeutende, meist strukturbedingte Aufragungen („Inselberg"-Landschaft) hinterlassend
Jura bis höhere Trias	Kimmerische Gebirgsbewegungen erzeugen saxonischen Faltenbau. Heraushebung des Gebirges leitet Festlandsbedingungen und damit Abtragung ein

Literatur

Bilkenroth, K.-D., u. Wiesner, H., Auskohlung tiefer Löcher. Neue Bergbautechnik **10**, 7 (1980).

Dammer, B., Erläuterungen zur Geologischen Karte von Preußen und benachbarten Bundesstaaten, Blatt Altenburg. Berlin 1906.

Eissmann, L., Neue Ergebnisse über den Zechstein und älteren Untergrund in Westsachsen. Vortrag 12. Jahrestag. Geol. Ges. DDR 1965; Kurzreferat Ber. Geol. Ges. DDR **10**, 6 (Berlin 1965).

Eissmann, L., Überblick über neue Tiefbohrergebnisse im paläozoischen und älteren Untergrund Nordwestsachsens. Abh. u. Berichte naturkdl. Mus. Mauritianum Altenburg, **5**, (1967).

Eissmann, L., Überblick über die Entwicklung des Tertiärs in der Leipziger Tieflandsbucht (Nordwestsachsen). Sächs. Heimatblätter **14**, 1 (1968).

Eissmann, L., Geologie des Bezirkes Leipzig. Natura regionis Lipsiensis H. 1/2, Leipzig 1970.

Eissmann, L., Das Quartär der Leipziger Tieflandsbucht und angrenzender Gebiete um Saale und Elbe. — Modell einer Landschaftsentwicklung am Rand der europäischen Kontinentalvereisung. Schriftenr. geol. Wiss. **2** (1975).

Ellenberg, J., Die zeitliche Fixierung der Subrosionsprozesse im thüringischen Werra-Kaligebiet. Wiss. Z. Ernst-Moritz-Arndt-Univ. Greifswald, Math.-Naturwiss. R. **27**, 1/2 (Greifswald 1978).

Engert, P., Der prätertiäre Untergrund Nordwestsachsens und seine Tektonik. Ber. Geol. Ges. DDR **2**, 3 (1957).

Etzold, F., Die Braunkohlenformation Nordwestsachsens. — Erläuterungen zur geol. Spezialkarte des Königreichs Sachsen. Leipzig 1912.

Grahmann, R., Über Auslaugungstektonik im Meuselwitzer und Zeitzer Braunkohlengebirge. Braunkohle **30**, 7 (1931).

Händel, D., Das Holozän in den nordwestsächsischen Flußauen. — Hercynia, N. F., **4**, 2 (1967)

Hausmann, H., Die Fauna des Zechsteinriffes bei Profen. Unveröff. Diplomarbeit, Geol. Institut Halle, Halle (Saale) 1950.

Hübner, J. u. Beuge, P., Zusammenhänge zwischen geologischem Untergrund und Flözbildung am Beispiel der Braunkohlenlagerstätte Wallendorf. Z. angew. Geologie **26**, 10 (1980)

Hundt, R., Erdfalltektonik. Halle (Saale) 1950.

Jankowski, G., Die Tertiärbecken des südöstlichen Harzvorlandes und ihre Beziehungen zur Subrosion. Geologie, Beih. 43, Berlin 1964.

Jordan, H., Zur Biostratigraphie und Fazies des Zechsteins im Germanischen Becken, unter besonderer Berücksichtigung des Thüringer Beckens. Freiberger Forschungsh. C 245, Leipzig 1969.

Kraft, W. und Schräber, D., Beitrag zur Kenntnis des Perms und der Trias im Mügelner Bekken. Geologie **17**, 9 (1968).

Kriebel, U., Die Wechselbeziehung zwischen Abtragung, Subrosion und Tektonik im südöstlichen Harzvorland. Geologie **18**, 5 (1969).

Krutzsch, W., Zur Alterstellung der mitteldeutschen älteren Braunkohlenschichten. Geologie **4**, 5 (1955).

Krutzsch, W. u. Lotzsch, D., Übersicht über die paläogeographische Entwicklung des zentraleuropäischen Alttertiärs (ohne Tethys-Raum). Ber. Geol. Ges. DDR **3**, 2/3 (1958).

Lauterbach, R., Rhenotype Strukturen im Bilde geologisch-geophysikalischer Untersuchungsergebnisse Mitteleuropas. Ber. Geol. Ges. DDR, **7**, 3 (1962).

Lehmann, H., Das Karstphänomen in den verschiedenen Klimazonen. Erdkunde **VIII**, 1 (Bonn 1954).

Lehmann, O., Die Hydrographie des Karstes. Enzykl. d. Erdk., Leipzig und Wien 1932.

Lehmann, R., Die geologischen Verhältnisse der A. Riebeckschen Montanwerke. In: A. Riebecksche Montanwerke. Die Geschichte einer mitteldeutschen Bergwerksgesellschaft. München 1933.

Lotzsch, D., Tertiär (Paläogen und Neogen). In: Grundriß der Geologie der Deutschen Demokratischen Republik, Bd. 1, Berlin 1968.

Mai, D. H., Die Mastixioideen-Floren im Tertiär der Oberlausitz. Paläont. Abh. **B II**, 1 (1964).

Mai, D. H., Die Florenzonen, der Florenwechsel und die Vorstellungen über den Klimaablauf im Jungtertiär der Deutschen Demokratischen Republik. Abh. Zentr. Geol. Inst. **10** (1967).

Mai, D. H., Entwicklung und klimatische Differenzierung der Laubwaldflora Mitteleuropas im Tertiär. Flora **171**, 6 (1981).

Meiburg, P. u. Kaever, M., Subrosion und Sedimentation im jüngeren Tertiär des nördlichen Reinhardswaldes (Weserbergland). N. Jb. Geol. Paläont. Abh. **153**, 3 (Stuttgart 1977).

Meyer, G., Der Einfluß der geologischen Strukturen im Meuselwitz—Bornaer Braunkohlenrevier auf Planung und Abbau (Auszug). Freiberger Forschungsh. 1, Freiberg 1950.

Michel, G., Hydrogeologie des Weißelsterbeckens. Freiberger Forschungsh. C 94, Berlin 1960.

Pallat, R., Die Folgen junger Bewegungen des Untergrundes im Meuselwitzer Braunkohlengebiet. Jb. Hall. Verb., N. F., **13** (1934) (1934a).

Pallat, R., Flözdeformationen in der Braunkohle von Meuselwitz. Braunkohle H. 47/48 (1934) (1934b).

Pietzsch, K., Geologie von Sachsen. Berlin 1962.

Rauer, H.: Die Lagerungsverhältnisse der Braunkohlenflöze im westlichen Teil des Weißelsterbeckens. Unveröff. Diplomarbeit, Geolog. Inst. Bergakad. Freiberg, Freiberg 1961.

Reuter, F., Molek, H. u. Kockert, W., Exkursionsführer zu ausgewählten Objekten des Salz- und Gipskarstes im Subherzynen Becken, in der Mansfelder Mulde und im Südharzgebiet. Kulturbund der DDR/Bergakademie Freiberg, Freiberg 1977.

Richter, H., Das Vorland des Erzgebirges. Die Landformung während des Tertiärs. Wiss. Veröff. Deutsch. Inst. f. Länderk., N. F., 19/20, Leipzig 1963.

Schwarzbach, M., Das Klima des rheinischen Tertiärs. Z. deutsch. geol. Ges., **118** (Hannover 1968).

Schwarzbach, M., Das Klima der Vorzeit. Eine Einführung in die Paläoklimatologie. Stuttgart 1974.

Seidel, G.: und J. Wiefel, Zur Ausbildung des Zechsteins und Buntsandsteins im Gebiet von Gera. Z. geol. Wiss., **9**, 5 (1981).

Spelter, M., Lage und Morphologie der Kessel des Thüringer Hauptflözes. Bergakademie **11** (Berlin 1959).

Spelter, M., Das Sächsisch-Thüringische Unterflöz des Weißelsterbeckens (Vorkommen und Ablagerung). Braunkohle **15**, 7 (Düsseldorf 1963).

Steinbrecher, B., Die Subrosion des Zechsteingebirges im östlichen und nordöstlichen Harzvorland mit besonderer Berücksichtigung der Edderitzer Mulde. Geologie **8**, 5 (Berlin 1959).

Tille, W., Die Braunkohlenformation im Herzogtum Sachsen-Altenburg und im südlichen Teil der Provinz Sachsen. Archiv für Lagerstättenforschung **21** (Berlin 1915).

Tonndorf, H., Beiträge zur Geochemie des randnahen Zechsteins in den Mulden von Zeitz—Schmölln und Borna unter besonderer Berücksichtigung der Stratigraphie, Fazies und Paläogeographie. Freiberger Forschungsh. C 187, Leipzig 1965.

Ullrich, H., Zur Stratigraphie und Paläontologie der marin beeinflußten Randfazies des Zechsteinbeckens in Ostthürinnen und Sachsen. Freiberger Forschungsh. C 169, Leipzig 1964.

Vetter, H., Die Bedeutung der Schollentektonik Mitteldeutschlands für die Entstehung der eozänen Braunkohlenformation. Jb. Hall. Verb., N. F., **11** (1932).

Wagenbreth, O., Beziehungen zwischen dem Tertiär und dem prätertiären Untergrund im Weißelsterbecken. Freiberger Forschungsh. C 53, Berlin 1958 (darin alle wichtige ältere Literatur).

Wagenbreth, O., Ein Erdfall bei Zeitz. Z. angew. Geol. **6**, 7 (1960).

Weber, H., Zur Systematik der Auslaugung. Z. deutsch geol. Ges. **82** (Berlin 1930).

Weber, H., Die Oberflächenformen des festen Landes. Leipzig 1958.

Autorenkollektiv, Geologische Übersichtskarte der Bezirke Dresden, Karl-Marx-Stadt, Leipzig, Maßstab 1:400000, mit Erläuterung, Freiberg 1972.

Fachbereichstandard TGL 25234/08: Stratigraphische Skala der DDR, Tertiär. Berlin 1981.

Geophys. u. Geol. Geophys. Veröff. d. KMU Leipzig Bd. III H. 2 S. 67–78 Berlin 1985

Zur Geochemie von Eisen und Mangan führenden Knollen und Krusten aus glazialen Ablagerungen im Norden der DDR

G. JUST[1]

Zusammenfassung: In glazialen Ablagerungen des norddeutschen Tieflandes wurden eisen- und manganhaltige Knollen und Krusten gefunden, die auf einen Zusammenhang mit fossilen Manganknollen hin überprüft wurden. Während eine Gruppe durchaus in das Schema der Genese flachmariner Manganabscheidungen eingeordnet werden kann, tendiert eine zweite Gruppe mehr in Richtung direkter Eisenausfällungen. Bei durchweg geringen Gehalten an den interessierenden Wertmetallen wie Co, Cu, Ni wird es über die Analyse der Elemente Co und Fe, sowie der seltenen Erden möglich, die Gruppe der manganhaltigen Abscheidungen (erste Gruppe) in das geochemische Bildungsschema einzuordnen.

Einführung

Zur Geochemie der sich rezent auf dem Boden der Ozeane bildenden Mangankonkretionen erscheint derzeit eine Fülle von speziellen Arbeiten, die sich bevorzugt mit der Genese, den Wertmetallgehalten und den Explorations- sowie Abbaumöglichkeiten befassen.

Über fossile Mangankonkretionen liegen weit weniger Arbeiten vor, obwohl die Gesetzmäßigkeiten für die Bildung dieser Metallanreicherungen in allen geologischen Zeitabschnitten zumindest weitgehend mit den heutigen vergleichbar sein dürften. In glazialen Ablagerungen, speziell in Schmelzwassersanden des Nordteiles der DDR, wurden ca. 400 fossile Eisen und Mangan führende Knollen und Krusten gesammelt, von denen mittels Instrumenteller Neutronenaktivierungsanalyse (INAA) und Spektralanalyse eine Reihe von Elementen bestimmt wurde. Die Analysenwerte zeigen, daß alle untersuchten Knollen recht arm an den interessierenden Wertmetallen (Cu, Ni, Co) sind und unter flachmarinen Bedingungen entstanden sein müssen.

1. Beschreibung des Probenmaterials

Die gefundenen Knollen und Krusten lassen sich auf den ersten Blick hin in zwei große Gruppen unterteilen.

I. Dunkelgrau bis schwarze, konzentrisch aufgebaute Bildungen, die im Inneren einen Kern aufweisen. Ein Beispiel dafür zeigt Abb. 1 (Analysen Nr. 30).

II. Braune Knollen und Krusten, die teilweise konzentrisch aufgebaut sind, teilweise mehr an Imprägnationen erinnern. Die Färbung wechselt von hellgelb bis dunkel-

[1] Anschrift des Verfassers:
Dipl.-Geophys. GÜNTHER JUST, WB Geophysik, Sektion Physik der Karl-Marx-Universität, DDR-7010 Leipzig, Talstraße 35.

Abb. 1. Fossile Manganknolle aus dem Norden der DDR (vgl. Tab. 6b, Analysen Nr. 30) mit 39,5% MnO und 600 ppm Zn

Abb. 2. Fossile Eisenabscheidung aus glazialen Schmelzwassersanden im Norden der DDR (Elementverteilung entspricht Tab. 6a mit unterschiedlichen Fe_2O_3-Gehalten) mit radialer Anordnung von Zonen verschiedener Fe_2O_3-Anreicherung

braun und wird vornehmlich durch den Gehalt an Fe_2O_3 beeinflußt. Ein Beispiel für diesen Knollentyp stellt Abb. 2 dar, wobei zu bemerken ist, daß eine solche radiale Struktur nicht den Normalfall darstellt. In der Regel handelt es sich um Krusten, die um einen Kern aus Sand, Schluff, Ton, Mergel oder Kreide herum ausgebildet worden sind.

Bei den hier kurz angedeuteten zwei Hauptgruppen liegt bereits nach diesen Informationen die Vermutung nahe, daß die Gruppe I durch hohe Mangangehalte und die Gruppe II durch hohe Eisengehalte gekennzeichnet ist.

Die Vertreter beider Gruppen lassen sich gemeinsam in den glazialen Schmelzwassersanden finden, wo sie entsprechend ihrer Korngröße gemeinsam mit anderen Gesteinen abgelagert worden sind. Die Durchmesser bewegen sich um den Bereich 2—3 cm, können aber auch beträchtlich darüber liegen. Die Abbildungen 1 und 2 zeigen die natürliche Größe.

Die Fundumstände erlauben keinen Aufschluß über den Ort der Entstehung und die stratigraphische Einordnung. Hierzu wurden spezielle Arbeiten an den eingeschlossenen Sedimenten eingeleitet.

2. *Durchführung der Analysen und Vergleich der Ergebnisse mit Angaben anderer Autoren*

In der ersten Phase der Untersuchungen wurden mittels INAA im Zentralinstitut für Kernforschung der AdW der DDR (Rossendorf)[2] einige genetisch bedeutsame Elemente bestimmt. Bei ähnlich gelagerten Untersuchungen hatte sich die Bedeutung der seltenen Erden (REE), von U, Sc, Fe, Co für die Unterscheidung von sedimentären Bildungen gezeigt. Diese Elemente lassen sich mit der instrumentellen Variante der Neutronenaktivierungsanalyse relativ unkompliziert bestimmen.

Die Analysenparameter sind:

Probenmenge: 1 Gramm
Aktivierungszeit: 2 Stunden
Abkühlungszeit: 8 Tage
Meßzeit: 15 Minuten

Die Analysenergebnisse für eine Serie von 6 Knollen aus dem Norden der DDR zeigt Tab. 1. Hier spiegelt sich bereits deutlich wider, daß die Proben 1, 2, 3, 4 zu der mit I bezeichneten Gruppe einzuordnen sind, während die Proben 5 und 6 zur Gruppe II gehören.

Um mit diesen Ergebnissen arbeiten zu können, wurden die gleichen Analysen an weiteren Materialien durchgeführt. Die Ergebnisse zeigt Tab. 2. Es handelt sich bei den Proben um eine Phosphoritkonkretion aus dem Tagebau Böhlen (Tertiär), um eine rezente Manganknolle einschließlich zugehöriges Tiefseesediment aus dem Atlantik und um drei Sedimentfraktionen aus dem Bereich des mittelatlantischen Rückens (Romanche Zone). Die rezente Manganknolle ist auf Abb. 3 dargestellt. Damit liegen Informa-

[2] Der Verfasser ist den Herren Dr. G. Loos und Dr. L. Funke für die Gewährung von Arbeitsmöglichkeiten in den Bereichen Kernchemie und Kernspektroskopie zu Dank verpflichtet und möchte auf die Unterstützung durch die Herren W. Schulze und M. Saupe bei der Durchführung der Analysen hinweisen.

Tabelle 1. Mittels INAA bestimmte Elemente in fossilen Knollen aus dem Norden der DDR

Element	Probe Nr.					
	1	2	3	4	5	6
La	53	149	44	28	24	18
Ce	123	186	112	43	56	24
Nd	88	172	43	29	26	9
Sm	13,5	22,4	9,4	3,3	6,3	1,9
Eu	4,0	7,1	3,0	1,3	1,8	0,65
U	7,6	16,8	4,2	2,0	11,9	2,0
Sc	9,1	10,8	5,1	7,0	9,0	3,8
Fe	9,5	12,3	7,3	16,8	50,4	63,3
Co	854	55	21,6	312	21	33

Angaben in ppm, Fe in Prozent

Tabelle 2. Verteilung der untersuchten Elemente (vgl. Tab. 1) für weitere Proben mit einer möglichen genetischen Zuordnung

Element	Probe					
	Sediment (Romanche Zone) 200 μ	32–200 μ	32 μ	Tiefseeton	Manganknolle	Phosphorit
La	15	31	39	55	149	22
Ce	32	55	95	120	459	39
Nd	18	49	45	62	192	29
Sm	2,9	7,3	5,8	8,1	32,4	8,1
Eu	1,0	2,0	1,6	1,8	7,9	0,9
U	1,0	1,0	1,1	2,1	4,4	52
Sc	22,2	20,7	16,1	16,8	21,6	4,0
Fe	8,6	8,0	6,8	7,3	14,7	2,1
Co	57	64	48	58	1575	2,0

Angaben in ppm, Fe in Prozent

tionen über eindeutig flachmarine Bildungen, Tiefseebildungen und Korngrößenvariationen vor, die für weitergehende Interpretationen von Bedeutung sind. Die Manganknolle zeichnet sich durch starke Anreicherung der REE aus und dies in einer Größenordnung, die eindeutig über den normalen Sedimenten liegt. Gleiches trifft für den Gehalt an Co zu. Der Phosphorit als flachmarine Bildung zeigt eine sehr geringe Anreicherung. Gehen wir zurück zu Tabelle 1, so finden wir für die Proben 1 und 2 eine Vergleichsmöglichkeit mit der rezenten Manganknolle.

Zur weitergehenden Charakterisierung der fossilen Bildungen aus dem Norden der DDR wurden zusätzlich spektralanalytische Untersuchungen durchgeführt und weitere Elemente mittels der INAA bestimmt. Die Ergebnisse zeigt Tab. 3 gemeinsam mit Literaturangaben für fossile Manganknollen, die als Mittelwert dargestellt werden. Die Autoren geben als stratigraphische Position Dogger, Malm, Jura, Oberdevon, Perm,

Abb. 3. Rezente Manganknolle aus dem Atlantik (vgl. Tab. 2)

Oberkreide, Lias in verschiedenen europäischen Ländern an. Für die Untersuchungen wurden 12 von 400 gesammelten Knollen ausgewählt und mittels Neutronenaktivierungsanalyse und Spektralanalyse die dargestellten Elementgehalte bestimmt. Für die Gehalte an seltenen Erden existieren kaum Vergleichsdaten mit fossilen Knollen, die durch Neutronenaktivierungsanalyse ermittelten Werte werden an anderer Stelle, gemeinsam mit weiteren Analysenergebnissen diskutiert.

Daß die Variationsbreite der Elementgehalte fossiler Eisen—Mangan führender Knollen und Krusten auch bei dicht beieinander entnommenen Proben beträchtlich ist, darauf wies bereits DRITTENBASS (1979) hin. An zwei Kollektiven von Knollen und Krusten stellt Tab. 4 die Variabilität dar. Es ist leicht zu erkennen, daß die höchsten Anreicherungen in den Krusten zu finden sind, eine Tatsache, die auch auf Konzentrationsunterschiede in den Knollen hinweist. Daher wurden an einigen Knollen aus dem Norden der DDR in verschiedenem Abstand von der Oberfläche Analysen durchgeführt. Die Ergebnisse zeigt Tab. 5. Um die Migrationsfähigkeit der verwendeten Elemente zu prüfen, wurde gleichzeitig eine verwitterte Basaltknolle mit frischem Kern und verwitterter Rinde in die Untersuchungen einbezogen. Die Probe 5 ist arm an Eisen und reich an Mangan, während die Probe 16 den Typ verkörpert, der reich an Eisen und arm an Mangan ist. Es läßt sich erkennen, daß von außen nach innen die Gehalte an seltenen Erden (La + Ce + Nd + Sm + Eu) und Co deutlich abnehmen. In dem zum Vergleich untersuchten Basalt ändern sich die Gehalte dieser Elemente nicht so deutlich, obwohl der verwitterte Basalt sich zwischen den Fingern zerreiben ließ und der Kern noch sehr frisch war. Dies deutet darauf hin, daß die

Tabelle 3. Vergleich der Gehalte an Haupt- und Spurenelementen verschiedener fossiler Eisen—Mangan führender Knollen und Krusten

I. Literaturangaben nach Drittenbass [1979], Tucker [1973], Germann [1971], Gulbrandsen [1969], Sigal, Truillet [1966], Audley-Charles [1965], Hallam [1967] und Lechner, Plöchinger [1956]

II. Kollektiv von 12 ebensolchen Bildungen aus glazialen Ablagerungen im Norden der DDR

	Literatur			Norden der DDR	
	∅	(von — bis)		∅	(von — bis)
Fe	11,6	(0,41—25,2)	Fe_2O_3	58,0	(11,1—83,8)
Al	2,27	(0,8—6,8)	Al_2O_3	2,66	(1,5—9,0)
Mn	6,0	(0,88—18,6)	MnO	8,72	(0,81—39,5)
Mg	1,06	(0,44—3,60)	MgO	0,42	(0,17—1,2)
K	0,36	(0,05—0,71)	K_2O	0,5	(0,22—1,6)
Ca	20,0	(1,25—28,66)	CaO	3,38	(0,25—24,8)
Ni	1900	(380—9900)	Ni	141	(80—375)
Co	880	(150—1900)	Co	50	(10—335)
Zn	2200	(110—19500)	Zn	149	(40—600)
Ba	940	(120—2300)	Ba	1327	(410—3250)
Cr	63	(20—120)	Cr	20	(14—26)
Cu	230	(10—2270)	Cu	20	(10—40)
Sr	530	(20—3200)	Sr	860	(380—1550)
Sc	15	(10—20)	Sc	7	(3—12)

Fe, Al, Mn, Mg, K, Ca in Prozent
Ni, Co, Zn, Ba, Cr, Cu, Sr, Sc in ppm

Konzentrationsunterschied ein den Fe—Mn-Knollen genetische Ursachen haben und nicht unbedingt durch Wechselwirkung mit dem sie später umgebenden Sediment erklärt werden können.

Tabelle 6 zeigt die detaillierten Analysenergebnisse einer Reihe von Knollen aus den glazialen Ablagerungen im Norden der DDR. Bis auf die Proben 30 und 41 verkörpern sie den Typ, der reich an Eisen und arm an Mangan ist. Die Mangangehalte von 25,1% MnO (41) und 39,5% MnO (30) sind auch in den Literaturwerten von Tab. 3 nicht zu finden. Ein Foto der Knolle 30 zeigt Abb. 1.

Vergleichen wir die Gehalte an Wertelementen (Co, Ni, Cu), so finden wir im Vergleich zu den rezenten Manganknollen der Tiefsee relativ geringe Anreicherungen, ein Hinweis darauf, daß beide Knollentypen aus dem Norden der DDR in geringer Wassertiefe und mit einer relativ hohen Wachstumsgeschwindigkeit entstanden sein müssen. Hier deuten sich Verbindungen zu den rezent in verschiedenen Teilen der Ostsee vorkommenden Mangankrusten an.

3. Deutung der Analysenergebnisse

Mangankonkretionen mit verschiedenen Konzentrationen an den sog. Wertelementen wurden in den letzten Jahrzehnten in den kalten Süßwasser-Seen nördlicher Breiten in der Sowjetunion, den USA und in Kanada, sowie in Skandinavien nachgewiesen. Hier deuten sich Verbindungen zu eiszeitlichen Verhältnissen bei der Bildung zumindest einiger der beschriebenen Knollen aus dem Norden der DDR an.

Nach den Beschreibungen verschiedener Autoren sind die Knollen aus den nördlichen Regionen ganz ähnlich aufgebaut wie die Tiefseekonkretionen. Neben den oft auf-

Tabelle 4. Geochemie von Eisen—Mangan—führenden Knollen und Krusten im Jura der Trento-Zone (östliche Südalpen, Norditalien) nach Angaben von Drittenbass [1979]

	Knollen		Krusten	
	∅	(von — bis)	∅	(von — bis)
Fe	13,9	(3,6—34,3)	21,16	(2,2—31,4)
Al	1,01	(0,5—2,9)	1,6	(1,0—2,1)
Mn	0,88	(0,1—4,1)	2,29	(0,1—4,6)
Mg	0,54	(0,4—1,0)	0,44	(0,4—0,5)
K	0,48	(0,2—1,6)	0,71	(0,5—0,9)
Ca	25,5	(1,2—34,0)	17,2	(8,0—33,5)
Ni	493	(145—1540)	904	(100—1560)
Co	170	(50—400)	329	(50—650)
Zn	168	(110—225)	269	(125—390)
Ba	439	(30—1363)	868	(120—2510)
Cr	102	(20—392)	86	(20—192)
Cu	85	(5—185)	329	(25—950)
Sr	34	(5—60)		
Sc	20	(5—35)		

Fe, Al, Mn, Mg, K, Ca in Prozent
Ni, Co, Zn, Ba, Cr, Cu, Sr, Sc in ppm

Tabelle 5. Variation einiger Spurenelemente in zwei Eisen—Mangan—Knollen und in einer verwitterten Basaltknolle aus dem Norden der DDR

						Basalt		
	[5]Außen	[5]Mitte	[5]Innen	[16]Außen	[16]Innen	Außen	Mitte	Innen
REE	282	191	165	70	40	77	76	75
Th	1,9	1,6	1,8	2,2	1,4	1,1	1,2	1,3
U	7,6	5,2	4,5	0,7	0,5			
Sc	9,1	8,0	8,8	5,4	5,8	35,3	34,5	34,0
Fe_2O_3	9,5	4,3	3,3	50	52	10,3	9,6	9,1
Cr	6,5	7,5	11,8	40	34	154	141	146
Co	854	435	605	7,3	3,4	45	57	54

Angaben in ppm, Fe_2O_3 in Prozent

Tabelle 6a. Elementverteilung in Fe- und Mn-führenden Knollen aus glazialen Ablagerungen des norddeutschen Tieflandes
I. MnO-Gehalte unter 2,4%

	21	23	24	26	27	31
La	26,3	12,5	22,4	17,6	10,3	17
Ce	32,3	19,7	57,2	32,7	18,6	31
Nd	24,3	10,3	39,5	23,7	11,9	
Sm	4,3	1,8	9,1	4,9	1,4	2,9
Eu	1,13	0,57	2,1	0,98	0,39	0,8
Th	1,9	2,4	1,5	1,4	1,9	1,1
U	8,7	2,0	25	21,3	1,1	2,4
MnO	1,81	1,25	1,04	1,11	0,52	0,81
Zn	170	60	130	200	40	60
Cu	40	10	10	13	8	13
Co	30	17,5	32	27	20	55
Fe_2O_3	78,2	83,8	80,4	80,4	64,8	81,5
Ni	160	90	90	125	80	125
Ba	1031	751	414	605	277	
Sc	11,3	2,8	9,0	7,1	2,5	8,0
Li	3	4	9	5	14	17
CaO	1,3	0,3	0,25	0,94	0,32	0,44

Angaben in ppm, MnO, Fe_2O_3, CaO in Prozent

Tabelle 6b. Elementverteilung in Fe- und Mn-führenden Knollen aus glazialen Ablagerungen des norddeutschen Tieflandes
II. MnO-Gehalte über 2,5%

	22	25	28	30	40	41
La	13,3	41,1	21,4	24	23	81
Ce	16,6	58,7	41,3	50	39	180
Nd	18,4	41,0	31,6		17,8	
Sm	1,8	6,0	4,3	5,8	3,5	18,5
Eu	0,51	0,95	1,5	1,3	0,41	3,8
Th	2,0	1,9	2,0	1,7	2,4	2,2
U	2,0	15,5	1,7	3,2	7,0	9,5
MnO	8,26	2,63	18,1	39,5	4,65	25,05
Zn	120	100	120	600	100	90
Cu	15	18	20	40	27	18
Co	15	42	334	44	39	7,5
Fe_2O_3	72,6	74,8	56,5	18,6	39,3	11,1
Ni	100	125	125	375	140	160
Ba	2077	2209	3252			
Sc	3,9	5,7	6,5	11,4	6,1	8,0
Li	6	22	7	150	29	120
CaO	0,81	1,2	1,2	7,8	1,2	24,8

Angaben in ppm, MnO, Fe_2O_3 in Prozent

tauchenden Verkrustungen überwiegen scheibenförmige, seltener ellipsoidische Gebilde mit Durchmessern von 1 cm bis 20 cm. Sehr oft enthalten sie einen hohen Anteil von zusammengebackenem Sand, eine Beobachtung, die auch bei den in dieser Arbeit diskutierten fossilen Knollen mit hohem Eisengehalt recht häufig möglich war. Hier wie dort wurde festgestellt, daß recht niedrige Gehalte an Buntmetallen charakteristisch sind.

Ähnlich verhalten sich Mangananreicherungen, die sich im flachmarinen Bereich bilden. Belege dafür sind Materialien, die vor Schottland, in der Ostsee, im Schwarzen Meer und in der Bering-See bekannt geworden sind. Deren Wachstumsbeginn wurde meist postglazial datiert, wobei sich unter günstigen Bedingungen in wenigen Jahrzehnten bis zu kopfgroße Massen abscheiden können. Allen diesen Bildungen ist die hohe Wachstumsgeschwindigkeit zu eigen, die mit zunehmender Wassertiefe und Landferne abzunehmen scheint. Der geringe Buntmetallanteil und die recht unterschiedliche

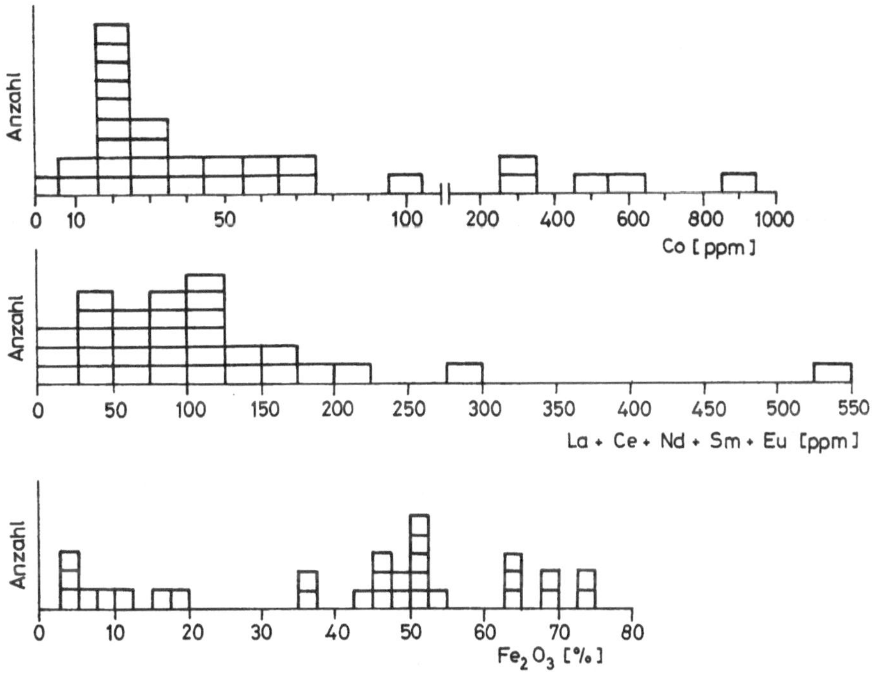

Abb. 4. Verteilung von Fe, Co und den seltenen Erden in einer Gruppe von analysierten Eisen—Mangan Abscheidungen aus glazialen Ablagerungen im Norden der DDR

Belegungsdichte machen eine wirtschaftliche Nutzung derzeit uninteressant. Diese Tatsache belegt Tab. 3 recht deutlich. Wir müssen uns vergegenwärtigen, daß die Wertmetalle in den zur Nutzung vorgesehenen Knollen der Tiefsee folgende mittlere Konzentration aufweisen und diese recht oft noch überschreiten: Fe (15,6%), Mn (16,2%), Cu (0,26%), Ni (0,5%), Co (0,3%).

Es wurde bereits darauf hingewiesen, daß die Gehalte an Co, Fe und den seltenen Erden eine erste Möglichkeit der genetischen Zuordnung bilden. Abbildung 4 zeigt die

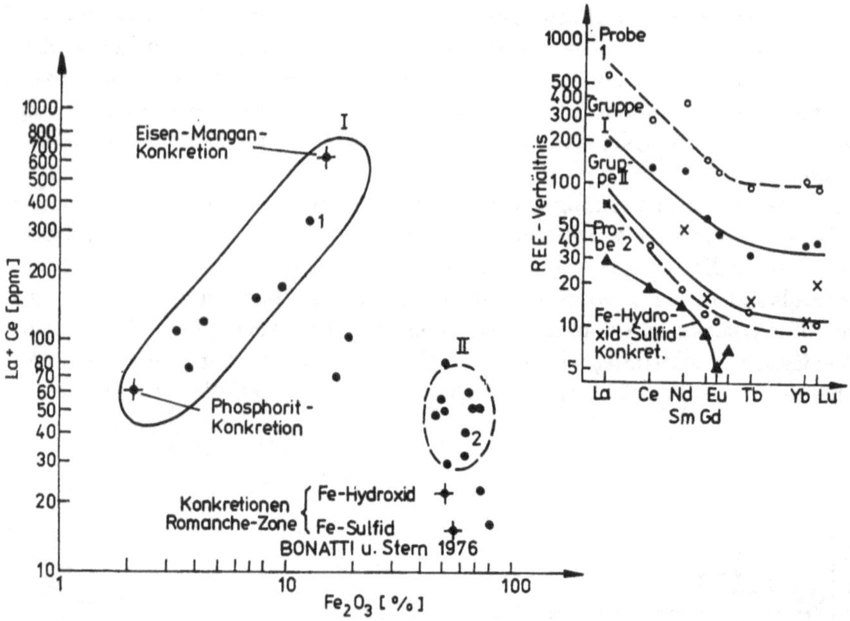

Abb. 5. Verteilung von Fe und La + Ce in einer Gruppe von Mangan—Eisen-Abscheidungen aus dem Norden der DDR — für die beiden unterschiedenen Gruppen wurden die auf Chondrite normierten REE-Verteilungen mit eingezeichnet

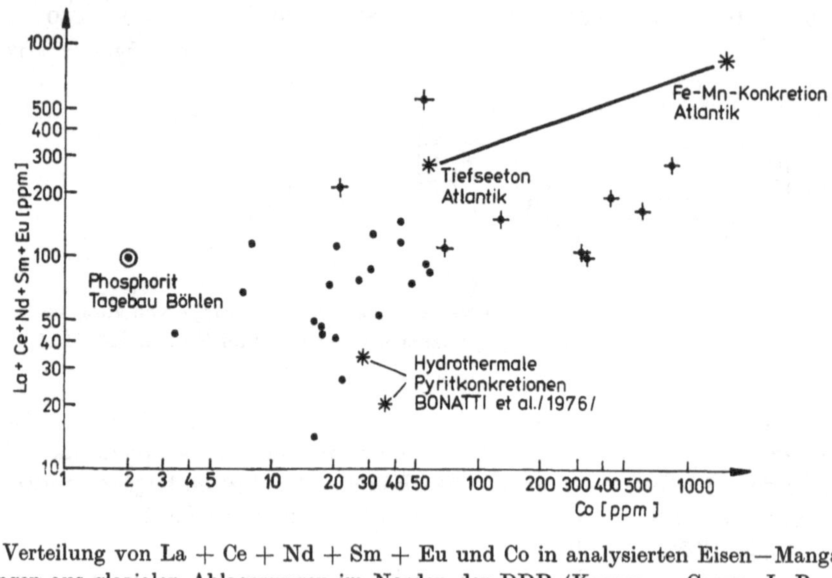

Abb. 6. Verteilung von La + Ce + Nd + Sm + Eu und Co in analysierten Eisen—Mangan-Abscheidungen aus glazialen Ablagerungen im Norden der DDR (Kreuze = Gruppe I; Punkte = Gruppe II)

Verteilung dieser Elemente in einer Serie glazialer Bildungen. Die höchsten Gehalte an den Wertelementen wurden in den Knollen und Krusten mit hohen Gehalten an REE, Co und geringen Gehalten an Fe gefunden.

Eine bessere Möglichkeit der Einordnung stellt Abb. 5 dar. Die leichten REE-Vertreter La und Ce in Verbindung mit dem Gehalt an Fe_2O_3 lassen sehr deutlich zwei Gruppen erscheinen. Während die Gruppe I von der Phosphoritkonkretion bis hin zur Manganknolle aus der Tiefsee reicht und zwischen diesen beiden Extremwerten durch Vertreter der glazialen Ablagerungen eine Verbindung angedeutet wird, konzentrieren sich die Vertreter der Gruppe II deutlich getrennt in einem Bereich, der auch durch hydrothermale Eisenabscheidungen im Bereich der tektonisch und magmatisch aktiven Romanche Zone (Bonatti u. Stern, 1976) belegt wird. Zur Verdeutlichung wurde die auf Chondriten normierte REE-Verteilungskurve mit eingezeichnet. Hier erscheinen die Mittelwerte der Gruppen I und II, sowie aus der Gruppe I die Probe mit der maximalen REE-Anreicherung, aus der Gruppe II die Probe mit der minimalen REE-Anreicherung, ferner die in der Romanche Zone gefundenen hydrothermalen Eisen-

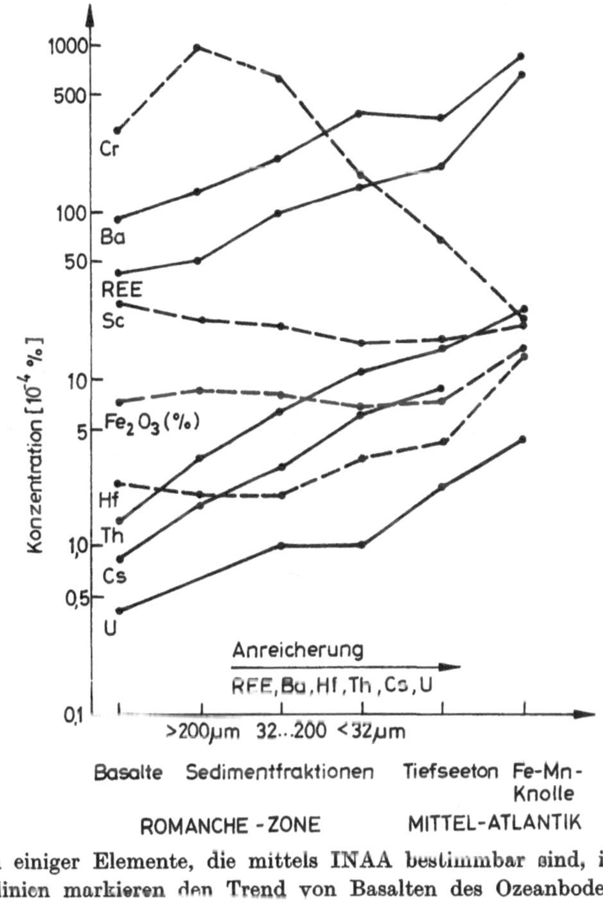

Abb. 7. Variation einiger Elemente, die mittels INAA bestimmbar sind, in marinen Proben. Die Verbindungslinien markieren den Trend von Basalten des Ozeanbodens über zugehörige Sedimentfraktionen bis hin zu Tiefseetonen und Manganknollen — sie sind nicht so zu interpretieren, daß aus Basalt auf direktem Wege Manganknollen entstehen

abscheidungen. Wir erkennen, daß in den Prozeß der marinen Knollenbildung eigentlich nur die Vertreter der Gruppe I eingeordnet werden können. Die Lage einer solchen Probe auf der Linie zwischen Phosphorit und Manganknolle (Tiefsee) könnte ein Maß für die Entstehungstiefe fossiler Konkretionen sein.

Abbildung 6 stellt die REE-Vertreter La, Ce, Sm, Nd, Eu zusammen mit Co dar. Auch hier deutet sich eine Tendenz vom Phosphorit zur Tiefseekonkretion an. Als Bindeglied wurde der Tiefseeton mit eingezeichnet, in dem die Tiefseeknolle entstanden ist. Wenn hier eine Deutung der Variationen verschiedener Elemente in marinen Ablagerungen, zu denen zweifelsfrei einige der gefundenen glazialen Bildungen gehören, gegeben werden soll, so bietet es sich an, die Bildungskette im marinen Bereich einmal zu überblicken.

Abbildung 7 stellt Analysenergebnisse vor, die von Proben aus dem Atlantik gewonnen werden konnten. Ausgehend von den Basalten des mittelatlantischen Riftsystems, über daraus gebildete Sedimente, die in größerer Entfernung vom Riftsystem abgelagerten Tiefseetone und die in ihnen lagernden Manganknollen wird die Variation einiger wichtiger Spurenelemente dargestellt. Für Ba, die Lanthaniden, Hf, Th, Cs, U finden wir eine hohe Anreicherungsrate in den Manganknollen der Tiefsee. Cr wird abgereichert, während Fe und Sc geringe Anreicherungstendenzen zeigen.

Der in vorliegender Arbeit eingeschlagene Weg, über die Verteilung der seltenen Erden in Verbindung mit den Elementen Co und Fe eine genetische Einordnung fossiler Knollen und Krusten aus dem Norden der DDR zu versuchen, hat daher eine durchaus reale Grundlage.

Literatur

Audley-Charles, M. G., A geochemical study of Cretaceous ferromanganiferous sedimentary rocks from Timor. Geochim. cosmochim. Acta **29** (1965) 1153–1173.

Bonatti, E., et al., Hydrothermal Pyrite Concretions from the Romanche Trench (Equatorial Atlantic): Metallogenesis in Oceanic Fracture Zones. Earth and Planetary Science Letters **32** (1976) 1–10.

Drittenbass, W., Sedimentologie und Geochemie von Eisen–Mangan führenden Knollen und Krusten im Jura der Trento-Zone (östliche Südalpen, Norditalien).

Germann, K., Mangan–Eisen führende Knollen und Krusten in jurassischen Rotkalken der nördlichen Kalkalpen., N. Jb. Geol. Paläont. (Mh.) (1971) 133–156.

Gulbrandsen, R. A., Reeser, D. W., (1969), An occurence of Permian manganese nodules near Dillon, Montana. Prof. Pap. U.S. geol. Surv. **650**-C (1969) 49–57.

Hallam, A., Sedimentology and palaeographic significance of certain red limestones and associated beds in the Lias of the Alpine region. Scott. J. Geol. **3** (1967) 195–220.

Just, G., Lauterbach, R., Loos, G., Radiometrische Untersuchungen an marinen und terrestrischen Sedimenten zur Darstellung rezent ablaufender Elementanreicherungen in ihren Beziehungen zur Bruchtektonik und zu lagerstättenbildenden Prozessen. Z. geol. Wiss., B erlin **9** 4 (1981) 375–386.

Lechner, K., Plöchinger, B. (1956), Die Manganerzlagerstätten Österreichs. In: Reyna, J. G. (Ed.): Symposium sobre yacimientes de manganeso, 5, Europa. — 20th int. geol. Congr. 1956, S. 299–313.

Sigal, J., Truillet, R., Etude micropaleontologique et illustration des filons-couches granoclasses du Capo Sant' Andrea (Sicile). Bull. Soc. geol. France (**7**), 8 (1966) 986–993.

Tucker, M. E., Ferromanganese Nodules from the Devonian of Montagne Noire (S. France) and West Germany. Geol. Rdsch. **62**/1 (1973) 137–153.

Geophys. u. Geol. Geophys. Veröff. d. KMU Leipzig Bd. III H. 2 S. 79—105 Berlin 1985

Zu einer Modellvorstellung über Zusammenhänge zwischen Vulkanismus und Plattentektonik mit besonderer Berücksichtigung von Paläovulkanismus und Intraplattentektonik in Mitteleuropa

H. RAST[1]

Zusammenfassung: Nach einer einleitenden Klassifikation und Charakterisierung der gegenwärtigen vulkanischen Erscheinungsformen unter plattentektonischen Gesichtspunkten werden die räumlichen und zeitlichen Zusammenhänge zwischen der vulkanischen und globaltektonischen Dynamik betrachtet. Als bedeutsamer Prozeß für die Auslösung unterschiedlicher Spannungszustände in kontinentalen Bereichen und den damit verbundenen Formen des Vulkanismus wird eine weitreichende subduktive Unterfahrung kontinentaler Lithosphäre durch ozeanische postuliert, wobei im kontinentalen Randbereich kompressive Beanspruchung mit einem Vulkanismus der „andesitischen Assoziation" auftritt, im kontinentalen Vorland aber Ausweitung, Krustenausdünnung und kontinentaler Riftvulkanismus, was bis zum kontinentalen Aufbrechen führen kann. Die Folge wäre ein ozeanischer Öffnungsprozeß mit ozeanischem Riftvulkanismus.

Ein Versuch, diese Prinzipien auf Paläovulkanismus und Intraplattentektonik in Mitteleuropa anzuwenden, ergibt folgendes Bild: Im Altpaläozoikum kam es als Fernwirkung der kaledonischen Orogenese im mitteleuropäischen Bereich auf überfluteter Schelfkruste zur Ausbildung kontinentaler Rifts mit vorwiegend submariner Förderung kontinentaler Riftvulkanite, die z. T. einer Spilitisierung unterlagen. Durch Erweiterung und Vertiefung dieser Rifts bildeten sich die variszischen Teilgeosynklinalen heraus. Die kaledonischdn Riftvulkanite übernahmen die Rolle der variszischen Initialite.

Postkaledonische subduktive Prozesse am Nordrand der Paläotethys mit weitreichender Unterfahrung kontinentaler durch ozeanische Lithosphäre lösten aus: Pressungsakte im Bereich der labilen Kruste im südlichen Teil Mitteleuropas (Variszische Gebirgsbildung) und subquenten Vulkanismus, im nördlichen Teil aber Dehnung und Senkenbildung mit schwachem tholeiitischen Vulkanismus vom Randbeckentyp. Der sich fortsetzende und zur alpidischen Gebirgsbildung überleitende subduktive Prozeß am Nordrand der Tethys löste im versteiften Krustenbereich im Vorland des sich herausbildenden alpidischen Orogens die Entstehung kontinentaler Rifts mit dem zugehörigen Vulkanismus aus.

Die sich seit den 60er Jahren in relativ kurzer Zeit entwickelte „Neue Globaltektonik" oder „Plattentektonik", deren mobilistische Grundkonzeption an die Kontinentaldrifthypothese von A. WEGENER (1912, 1915) anknüpft, führte zu einer fast dramatischen Abkehr von den bis dahin herrschenden fixistischen Vorstellungen in den Geowissenschaften. Obwohl anfangs zögernd aufgenommen und in Detailfragen ohne Zweifel noch mit den Mängeln einer Hypothese behaftet, hat sich die Neue Globaltektonik als eine Arbeitsgrundlage erwiesen, deren Anwendung zu weitreichenden neuen Erkenntnissen auf praktisch allen Gebieten der Geowissenschaften geführt hat.

[1] Anschrift des Verfassers:
Dr. sc. nat. H. RAST, WB Geophysik, Sektion Physik der Karl-Marx-Universität, DDR-7010 Leipzig, Talstraße 35.

Abb. 1. Plattentektonische Gliederung der Erde und Verteilung der rezent tätigen Vulkane

In der vorliegenden Arbeit sollen die Zusammenhänge zwischen dem globaltektonischen Geschehen und dem irdischen Vulkanismus einer speziellen Betrachtung unterzogen werden, insbesondere deshalb, weil es sich erwiesen hat, daß in der Globaltektonik dem Vulkanismus — und dem mit ihm verbundenen Intrusivmagmatismus — eine Schlüsselrolle zukommt. Es muß als ein besonderes Verdienst der Initiatoren der Neuen Globaltektonik gewertet werden, nachgewiesen zu haben, daß das globaltektonische Geschehen nicht aus der Sicht des Fixismus verstanden werden kann, sondern daß die

Lithosphäre aus einer Anzahl separater, aneinander grenzender Großschollen — „Platten" — besteht, die in einen dynamischen Prozeß einbezogen sind, indem sie in ozeanischen Riftzonen eine ständige vulkanisch-intrusivmagmatische Neubildung erfahren, in einen Spreadingprozeß einbezogen werden und in Subduktionszonen wieder dem Abbau anheimfallen. Besonders bedeutungsvoll ist die Erkenntnis, daß sich die vulkanischen Hauptprozesse an den Plattengrenzen konzentrieren. Dabei hat der Vulkanismus insofern eine völlig unerwartete Aufwertung erfahren, als sich gezeigt hat, daß sich der vor zwei Jahrzehnten noch fast unbekannte ozeanische Riftvulkanismus durch die weitaus größten Förderleistungen auszeichnet und sich als bedeutendstes lithosphärebildendes Phänomen erweist.

I. Klassifikation und Charakterisierung der vulkanischen Erscheinungsformen im Rahmen der Plattentektonik

In einigen Arbeiten (Rast 1978, 1980, 1981) sind vom Verfasser Fragen der Klassifikation und Charakterisierung der verschiedenen Erscheinungsformen des irdischen Vulkanismus und ihrer Zuordnung zu bestimmten Plattengrenzen oder Intraplattenbereichen erörtert worden. Als Grundlage für die folgenden Betrachtungen sollen sie hier in einem Überblick wiedergegeben werden. Detailfragen sind in den genannten Arbeiten behandelt.

Die Erscheinungsformen des irdischen Vulkanismus lassen sich vier Hauptgruppen zuordnen (Abb. 1 und 2, Tab. 1):

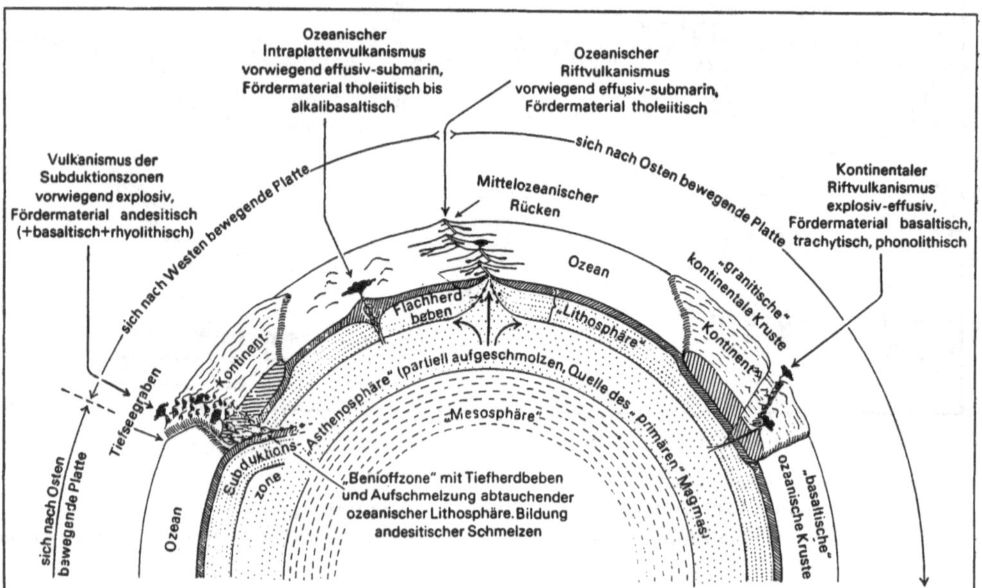

Abb. 2. Zusammenhänge zwischen den verschiedenen Erscheinungsformen des irdischen Vulkanismus mit Platten und Plattengrenzen (nach Press und Siever 1974, ergänzt)

Tabelle 1. Charakteristika der verschiedenen Erscheinungsformen des irdischen Vulkanismus und ihres plattentektonischen Milieus

	Ozeanischer Riftvulkanismus	Ozeanischer Intraplattenvulkanismus	Vulkanismus der Subduktionszonen	Kontinentaler Riftvulkanismus
Plattentektonische Charakteristik	Vulkanismus der ozeanischen Divergenzzonen („World Rift System“), ca. 70000 km Länge. Bedeutendstes irdisches lithosphärebildendes Phänomen	an tiefreichende Spaltenzonen der Tiefseebecken gebundener Vulkanismus	Vulkanismus der Plattenkonvergenzzonen, gekennzeichnet durch Tiefseegräben, embryonale oder entwickelte Inselbögen bzw. Kontinentalrandorogene	Vulkanismus kontinentaler Divergenzzonen, beginnendes Aufbrechen von Kontinenten, das zum ozeanischen Rifting überleiten kann
Morphologisches Formeninventar	in ihrer Medianachse von Rifts durchzogene „Mittelozeanische Rücken“, deren Morphologie von den Förder- und Spreadingraten abhängig ist	rückenferne ozeanische Inseln, Seamounts und Guyots, oft in Ketten senkrecht zu den Rücken angeordnet	vorwiegend Aufschüttungs- und Stratovulkane, Calderen, vulkanotektonische Depressionen, Maare, Lavaströme, Ignimbritdecken	weit aushaltende kontinentale Spalten- und Grabensysteme mit vulkanischen Einzelbergen und Vulkanberggruppen
Fördermechanismus (E = Explosivindex = %-Anteil an Lockerstoffen)	vorwiegend effusiv $E < 3$	vorwiegend effusiv $E < 3$	vorwiegend explosiv E expl. > 90 E gem. $\sim 40-70$	effusiv/explosiv $E \sim 40-60$
vulkanische Förderprodukte	Ozeanboden-Tholeiite Förderung $3-4\ km^3/a$	Ozeanboden-Tholeiite, in Richtung zu den Subduktionszonen bzw. bei Lithosphäreverdickung in Alkalibasalte übergehend	„Andesitische Assoziation“: vom äußeren zum inneren Inselbogen bzw. Kontinentalrandorogen: tholeiitische Inselbogenserie, Kalkalkaliserie, shoshonitische Serie (alle mit basischen bis sauren Gliedern unterschiedlichen Anteils)	hochvariabel, alkalisch bis peralkalisch, bimodal, (Tholeiite), Alkalibasalte, Phonolithe, Trachyte

Tabelle 1. (Fortsetzung)

	Ozeanischer Riftvulkanismus	Ozeanischer Intraplattenvulkanismus	Vulkanismus der Subduktionszonen	Kontinentaler Riftvulkanismus
Intrusivprodukte	Gabbros, Serpentinite, Peridotite	ähnlich dem ozeanischen Riftvulkanismus	Diorite, Tonalite, Granodiorite, Granite	Syenite, Nephelinsyenite, Karbonatite
Ableitung der Schmelzen	Erdmantel	Erdmantel	z. T. subduzierende ozeanische Lithosphärenplatte, Mantelkeil, anatektisches bzw. palingenes Krustenmaterial	Erdmantel und tiefere Erdkruste (z. T. Assimilate)
Besondere Bemerkungen zum Chemismus	K niedrig, Fe relativ angereichert, niedrige Gehalte an incompatiblen Elementen: Ba, Sr, Rb, Cs, Zr, Pb, Th, U, REE-Bild fast chondritisch, $^{87}Sr/^{86}Sr$ 0,702—0,704	ähnlich dem ozeanischen Riftvulkanismus, leichte Zunahme an K	von der tholeiitischen zur shoshonitischen Inselbogenserie Zunahme von K, Abnahme von Fe, erhebl. Zunahme incompatibler Elemente: Ba, Sr, Rb, Cs, Zr, Pb, Th, U, leichte Anreicherung der REE, $^{87}Sr/^{86}Sr$ 0,704—0,707	K relativ hoch, Fe angereichert, Anreicherung incompatibler Elemente: Ba, Sr, Rb, Cs, Zr, Pb, Th, U, Anreicherung der REE, $^{87}Sr/^{86}Sr$ 0,703—0,710
Wärmefluß (1 HFU = 1 cal/cm · s = 0,0418 W/m)	hoch, bis 7 HFU, z. B.: Juan de Fuca-R. ~ 5,5 Galapagos-R. ~ 5,0 Mittelatlant. R. ~ 2,5	abhängig von der vulkanischen Aktivität	an der ozeanischen Seite des Grabens niedrig, 0,5 HFU, an der Inselbogenseite des Grabens 2 HFU	Riftböden: 3,3—5,0 HFU, Riftflanken: 1,7—3,3 HFU

Tabelle 1. (Fortsetzung)

	Ozeanischer Riftvulkanismus	Ozeanischer Intraplattenvulkanismus	Volkanismus der Subduktionszonen	Kontinentaler Riftvulkanismus
Seismizität der zugehörigen Räume	häufige Flachherdbeben geringer Magnitude verbunden mit dem zentralen Rift und querenden Transformstörungen, Flanken vorwiegend aseismisch	Tiefseebecken vorwiegend aseismisch, jedoch verursachen Magmenaufstiege vor Eruptionen, z. B. auf Hawaii, Beben geringer Magnitude	in Inselbogen- und Kontinentalrandorogenbereichen höchste seismische Aktivität. Flach-, Mittel- und Tiefherdbeben in Abhängigkeit von der Tiefe der Benioffzone, max. Herdtiefe 700 km. Zahlreiche destruktive Beben höchster Magnitude	vorwiegend Flachherdbeben geringer bis mittlerer Magnitude an die Grabenzonen und deren Flanken gebunden
Gravimetrie, Magnetik	Schwerehoch, charakteristisches magnetisches Streifenmuster am Meeresboden spiegelbildlich beiderseits des Rifts	Inseln vorwiegend Schwerehochgebiete mit niedrigen Werten in den Randsenken	an der ozeanischen Seite des Grabens negative Schwerewerte, an der Inselbogenseite positive	Schwerehoch
Beispiele	Vulkanismus des Mittelatlantischen und anderer Mittelozeanischer Rücken und darauf gelegener Inseln, z. B. Island, Azoren, Tristan da Cunha	Hawaii, Kapverden, Kerguelen u. a.	Alle Vulkane des „Feuerkreises des Pazifik" (z. B. Mayon, Klučevskoj, Katmai, Mt. St. Helens, Westindiens (Mt. Pelée) und des Mittelmeeres (Vesuv, Ätna, Santorin)	Vulkane der ostafrikanischen Grabensysteme, Tibesti, Kamerunberg

1. Ozeanischer Riftvulkanismus

Diese Form des Vulkanismus ist an das die Axialzonen der Mittelozeanischen Rücken aufspaltende „*World rift system*" gebunden, das zugleich die „*konstruktiven*" *Plattengrenzen* bildet. Dieser ozeanische Riftvulkanismus spielt sich vorwiegend submarin in großen Meerestiefen ab und ist deshalb erst spät erkannt worden. Nur an den wenigen Stellen, wo die Mittelozeanischen Rücken die Meeresoberfläche als Inseln überragen, z. B. bei Island, den Azoren, Tristan da Cunha etc., ist er seit langem bekannt. Mit einer Förderleistung von 3—4 km^3 pro Jahr ist er die bedeutendste Form des irdischen Vulkanismus und erweist sich als primärer lithosphärebildender Mechanismus und Stofflieferant.

Die Förderprodukte werden aus geringen „Herdtiefen" — etwa 10—20 km — abgeleitet und erweisen sich als Manteldifferentiate. Es sind „*primitive*" *tholeiitische Schmelzen.* Die Förderung erfolgt effusiv. In Verbindung mit intrusiven Prozessen weist die ozeanische Lithosphäre eine $\pm$ ausgeprägte vertikale Gliederung auf. Unter der Sedimentschicht (Schicht 1) folgt die vorwiegend aus Pillowlaven und Dikes bestehende „Basaltschicht" (Schicht 2), unter ihr als intrusives Äquivalent die „Gabbroschicht" (Schicht 3), die ihrerseits von der bereits zum oberen Mantel gehörenden „Peridotitschicht" (Schicht 4) unterlagert wird. Die Gesamtheit wird als *Ophiolithfolge* bezeichnet. In die zwischen konvergierenden Platten zu Faltengebirgen vom Andenoder Himalajatyp zusammengeschobenen Sedimente sind häufig Ophiolithe als Zeugen geschlossener Ozeane eingeschuppt.

Neuere Untersuchungen haben ozeanische Riftzonen sowohl als Förderzonen hydrothermaler Erzlösungen als auch Bildungsstätten liquidmagmatischer Vererzungen, wie sie in kontinentalen Ophiolithen angetroffen werden, ausgewiesen.

2. Ozeanischer Intraplattenvulkanismus

Der ozeanische Vulkanismus ist nicht nur auf die Riftzonen beschränkt, sondern spielt sich auch in der von tiefen Brüchen durchsetzten ozeanischen Lithosphäre ab, die sich im Rahmen des Spreadingprozesses mit Beträgen von cm/a in Richtung zu den Subduktionszonen bewegt. Der Aufstieg und effusive Ausfluß basischer Mantelschmelzen führt zur Bildung von *Seamounts* und bei deren Hinauswachsen über die Meeresoberfläche zu *vulkanischen Inseln.* Ihre vorzugsweise Anordnung in Ketten, die besonders eindrucksvoll bei der Hawaii-Imperator-Kette demonstriert wird und bei denen der Vulkanismus meist nur noch an einem Ende aktiv ist, hat zur Vorstellung von stationären „*hot spots*" im oberen Erdmantel geführt, durch die der Vulkanismus ausgelöst wird und über die die sich bewegende ozeanische Lithosphäre hinweggleitet.

Mit zunehmender Entfernung von den Mittelozeanischen Rücken, verbunden mit einer Auskühlung, Verdichtung, aber auch intrusiven Prozessen nimmt die ozeanische Lithosphäre an Mächtigkeit zu, was mit einer zunehmenden Tiefe der Magmenbildung und mit einem daraus resultierenden Wandel des Magmatismus von tholeiitisch zu *alkalibasaltisch* verbunden ist. Eine Veränderung der basaltischen Lithosphäre erfolgt weiterhin durch Wasseraufnahme und metasomatische Austauschprozesse mit der „ozeanischen Lösung".

Hinsichtlich lagerstättenbildender Prozesse ist vorerst keine klare Abgrenzung vom ozeanischen Riftvulkanismus möglich.

3. *Vulkanismus der Subduktionszonen und mit ihnen verbundener Mikroplattenränder*

Dieser Vulkanismus ist mit dem Abbau ozeanischer Lithosphäre an *konvergenten Plattenrändern* verbunden. Der Abbau erfolgt durch Subduktion in Form eines schrägen Hinabschiebens einer ozeanischen Lithosphärenplatte unter eine entgegenstrebende, deren Rand mit einem *Inselbogen* oder *Kontinentalrandorogen* besetzt ist. Morphologisch kommt die beginnende Subduktion ozeanischer Lithosphäre durch die *Tiefseegräben* zum Ausdruck.

Der Subduktionsprozeß löst Aufschmelzungs- bzw. Stoffmobilisationsvorgänge aus, deren Entstehungs- und Wirkungsbereich z. T. problematisch ist. Zur Verfügung stehen dafür die abtauchende Lithosphärenplatte, die unter zunehmend höheren Druck und höhere Temperatur gerät, der „Mantelkeil" zwischen dieser und der darüber befindlichen nicht subduzierenden Platte und deren unterer Krustenbereich kontinentalen Charakters.

Die Subduktionsgürtel sind jene Bereiche, in denen ein zweiter bedeutungsvoller Differentiationsprozeß erfolgt, in dessen Ergebnis *kontinentale Lithosphäre* entsteht.

Die entstehenden Magmen gehören der *„andesitischen Assoziation"* an und lassen sich sowohl zeitlich als auch räumlich (von der äußeren zur inneren Seite eines Inselbogens oder Kontinentalrandorogens) in eine *tholeiitische Inselbogenserie*, eine *Kalkalkaliserie* (die den weitaus größten Anteil ausmacht) und eine *shoshonitische Serie* gliedern.

Wegen seines vorwiegend intermediären bis sauren Chemismus neigt dieser Vulkanismus zur Explosivität, so daß ein wesentlicher Teil oder auch die Gesamtheit der Förderprodukte Lockerstoffe sind und die Vulkanbauten Stratovulkane oder Aufschüttungskegel. Fast alle katastrophalen Vulkanausbrüche der historischen Zeit (z. B. Krakatau 1883, Mont Pelée 1902, Katmai 1912 etc.) gehören in diese Kategorie. Neben dem hochexplosiven Typ tritt auch ein gemischt explosiv-effusiver Typ („vulkanianisch") und ein gemäßigter mit Dauertätigkeit („strombolianisch") auf.

Eine Komplizierung erfährt die Situation in den Subduktionsgürteln der Erde dort, wo zwischen Inselbögen und Kontinentalrändern *Randmeere* (Back-arc basins) ausgebildet sind, wie das vor allem im westlichen Randbereich des Pazifik der Fall ist. Diese Randmeere verdanken ihre Existenz Rift-(Öffnungs-)Prozessen und weisen einen den ozeanischen Riftzonen ähnlichen tholeiitischen Vulkanismus auf.

Mit dem Vulkanismus der Subduktionsgürtel sind in den Inselbogen- bzw. Kontinentalrandorogen-Bereichen hydrothermale polymetallische Lagerstätten verbunden, die, besonders in den pazifischen Randzonen, oft eine deutliche Zonierung in Abhängigkeit von der Tiefe der abtauchenden Plattenzunge bzw. Benioffzone zeigen, z. B. eine Folge von einem „Kupfergürtel" über einen „Blei—Zink-Gürtel" zu einem „Zinn—Wolfram-Gürtel" etc. (Rona 1973, Baumann 1978).

4. *Kontinentaler Riftvulkanismus*

Dieser Vulkanismus ist eng mit einem kontinentalen Aufbrechen verbunden, wie es am eindrucksvollsten das Ostafrikanische Grabensystem zeigt. Im plattentektonischen Zyklus (Wilson-Zyklus) wird das *„kontinentale Rifting"* gewöhnlich als Ausgangssituation betrachtet, da sich kontinentale Rifts u. U. zu ozeanischen Rifts im Sinne eines ozeanischen Öffnungsvorganges weiterentwickeln können. Da jedoch die Förderprodukte nicht als primitive Manteldifferentiate bezeichnet werden können und aus weiteren noch zu erörternden Gründen wird der kontinentale Riftvulkanismus hier an letzte Stelle gesetzt.

Die Förderprodukte lassen sich teils aus Schmelzdifferentiaten des oberen Mantels, teils der unteren Kruste ableiten und bestehen aus einer vielgestaltigen Vergesellschaftung von vorwiegend *Alkalivulkaniten*, unter denen *Alkalibasalte*, *Phonolithe* und *Trachyte* eine bedeutsame Rolle spielen.

Der Fördermechanismus erfolgt explosiv-effusiv, das Formeninventar sind Spaltenvulkane mit Deckenergüssen und Stratovulkane. Von besonderem Interesse sind hydrothermale polymetallische erzlagerstättenbildende Prozesse, wie sie besonders im Gebiet des Saltonsees und des Roten Meeres bekannt geworden sind und wohl als eine Frühform entsprechender Prozesse im Bereich ozeanischer Riftzonen anzusehen sind.

II. Zur Frage der Beziehungen zwischen der plattentektonischen Dynamik und den damit verbundenen vulkanischen Erscheinungsformen

Der zeitliche Ablauf der plattentektonischen Prozesse ist von J. T. WILSON in Form des erwähnten Zyklus dargestellt worden (DEWEY 1969, SCHROEDER 1971, OLSZAK und THIERBACH 1973). Beginnend mit einem kontinentalem Aufbruch führt er zu einem ozeanischen Öffnungsprozeß („Opening"), welcher schließlich von einem erneuten ozeanischen Schließungsprozeß („Closing") und einer am Ende stehenden Kontinentschollenkollision abgelöst wird. Ein damit entstehender Großkontinent kann nach Überführung in das Tafelstadium erneut aufbrechen und eine Wiederholung des plattentektonischen Zyklus erfolgen. Wie auf Tab. 2 dargestellt ist, lassen sich die einzelnen Prozeßabschnitte durchaus in den Grundzügen mit dem von H. STILLE (1949) entwickelten „geotektonischen Zyklus" vergleichen, und beiden Zyklen sind auch vergleichbare magmatische Zyklen zuzuordnen.

Das ist die eine Seite der Betrachtung, bei der der Zeitfaktor die vordergründige Rolle spielt. Im Folgenden soll jedoch versucht werden, die verschiedenen plattentektonischen Prozesse und die zugehörigen magmatisch-vulkanischen Erscheinungen in ihrem möglichen räumlichen Zusammenhang zu erörtern, wobei die kontinentalen Intraplattenbereiche besondere Berücksichtigung finden sollen.

Der plattentektonische Bewegungsmechanismus erfordert einen Motor, der im allgemeinen in Konvektionsvorgängen im Erdmantel gesucht wird. Jedoch sind die Form und das Ausmaß der *Konvektionsströme* bis heute unklar. Teils wird damit gerechnet, daß unter der Lithosphäre große Konvektionszellen existieren, die den gesamten Erdmantel bis in 2900 km Tiefe erfassen, teils werden bedeutend kleinere Maßstäbe der Konvektionszellen angenommen. Im Rahmen plattentektonischer Vorstellungen wird oft ein Massenkreislauf nach Art eines Förderbandes postuliert, wobei Lithosphäreneubildung und -abbau durch einen Rückstrom im Bereich des oberen Mantels ergänzt werden.

Im Grunde genommen ist gegen diesen Motor der plattentektonischen Bewegungsmechanismen nichts einzuwenden. Dagegen zwingen die äußerst unterschiedlichen Größen und Formen der Lithosphäreplatten, die ungleiche Verteilung und Größe der Kontinente und Ozeane, der Rift- und Subduktionszonen, sowie auch die Auswirkungs-

Tabelle 2. Vergleich der Auffassungen über geotektonische und magmatische Zyklen im mobilistischen und fixistischen Sinne

Mobilismus		Fixismus	
Wilson-Zyklus	*Magmatischer Zyklus*	*Geotektonischer Zyklus*	*Magmatischer Zyklus*
Kontinentaler Riftprozeß	Kontinentaler Riftvulkanismus	(spätkratonisches Stadium = Tafelstadium) s. u.	(finaler Vulkanismus) s. u.
Aktivierung kontinentaler Schwächezonen Distraktives Tiefenbruchstadium Graben-Stadium Afar-Stadium	↓		
Ozeanischer Öffnungsprozeß	Ozeanischer Riftvulkanismus	Geosynklinalstadium*)	initialer Vulkanismus*)
Rotes-Meer-Stadium Golf-von-Aden-Stadium			
Atlantik- bzw. Indik-Stadium	Ozeanischer Intraplattenvulkanismus		
Ozeanischer Schließungsprozeß	Vulkanismus der Subduktionszonen	Orogenese	synorogener Magmatismus
Pazifik-Stadium Mittelmeer-Stadium	(im Plattenkonvergenzbereich)		
Kontinentaler Kollisionsprozeß	↓		
Übergang zum Tafelstadium		frühkratonisches Stadium	subsequenter Vulkanismus
(Kontinentaler Riftprozeß) s. o.	(Kontinentaler Riftvulkanismus) s. o.	spätkratonisches Stadium = Tafelstadium	finaler Vulkanismus

*) Wie im fixistischen Sinne der Begriff „Geosynklinale" in verschiedenen Formen erscheint (z. B. Eugeosynklinale, Parageosynklinale, Miogeosynklinale etc.), wird die in das mobilistische Begriffsinventar übernommene Bezeichnung auch hier unterschiedlich angewendet, z. B. auf den gesamten ozeanischen Raum, auf den weiteren Bereich der Tiefseegräben, auf die Randmeere oder auch auf ausgeweitete und vom Meer erfüllte Riftzonen auf kontinentalem Untergrund. In diesem Falle treten an die Stelle der ozeanischen Riftvulkanite bzw. Ophiolithe sog. Initialite in Form kontinentaler Riftvulkanite, häufig spilitisiert.

formen der globalen Tektonik und des Magmatismus — die zudem im Laufe der Zeit ständigen Änderungen unterliegen — zu dem Schluß, daß der in der Tiefe erfolgende Massenausgleich wesentlich komplizierter abläuft, als das in den oft mathematisch-geometrisch recht exakt dargestellten Modellen angenommen wird, viele Sonderwege einschlägt und dabei zur Ursache tektonischer und magmatischer Prozesse werden kann, über deren Auslösungsmechanismus nur sehr hypothetische Vorstellungen bestehen.

Abb. 3. Rekonstruktion der Lage der Südkontinente zur Zeit des beginnenden Aufbrechens Gondwanas mit Eintragung der Gondwaniden und der Flutbasaltgebiete (in Anlehnung an A. L. du Toit 1937, verändert und ergänzt)

Cox (1978), der sich eingehend mit den geologischen Verhältnissen Südafrikas, insbesondere der Karroo, befaßt hat, hat, um die tektonische und magmatische Entwicklung dieses Raumes zu interpretieren, eine interessante Vorstellung über globaltektonische Tiefenprozesse und deren denkbare Auswirkungen entwickelt. Sie schließt an eine bereits ältere Erkenntnis von du Toit (1937) an, daß längs des pazifischen Außenrandes Gondwanas ein paläozoischer Geosynklinalgürtel entwickelt war, die „*Samfrau-Geosynklinale*", aus der heraus sich ein Orogen entwickelte, allgemein als „*Gondwaniden*" bezeichnet (Abb. 3). Beim Aufbruch Gondwanas in die gegenwärtigen Südkontinente zerriß es in Teilstücke, die sich jetzt an den Rändern Südamerikas, Südafrikas, Antarktikas und Australiens befinden. Wie wir heute wissen, ist dieser Faltengürtel nicht nur das Ergebnis eines Faltungsaktes, sondern einer ganzen Folge von Anfaltungen, die sich episodisch bereits seit präkambrischen Zeiten im Ergebnis fortgesetzter Subduktion der Pazifischen Platte unter Gondwana bildeten.

Cox weist weiter darauf hin, daß das kontinentale Gondwaniden-Vorland der Platz mehrerer großer Becken auf kratonalem Untergrund ist, in denen es zur Ablagerung mächtiger kontinentaler Rotsedimentfolgen und zur Ausbildung der großen Flutbasaltprovinzen der Erde gekommen ist, insbesondere der Trappfolgen der Karroo, des Paranábeckens, sowie der Kirkpatrick- und Ferrarbasalte Antarktikas. Jede dieser Provinzen besteht aus einer extrusiven Phase mit einer voluminösen Folge doleritischer Sills, welche die unterlagernden Plattformsedimente durchsetzen. Die Dolerite Südafrikas und Antarktikas sind vorwiegend von jurassischem Alter und eruptierten kurz vor der Öffnung des Indik, mit der sie offensichtlich im Zusammenhang stehen, die Paranábasalte sind frühkretazisch und drangen vor der Öffnung des Südatlantiks auf. Ein geringer Rest davon befindet sich auf afrikanischer Seite im Gebiet des Kaokaveldes.

Schon DU TOIT wies nachdrücklich darauf hin, daß während des Perms und der Trias *im kontinentalen Gondwanidenvorland tensionale Bedingungen* herrschten, während gleichzeitig *im Gondwaniden-Faltengürtel Kompression* auftrat. Das heißt im Vorland des Kontinentalrandorogens (Kompressionsbereich!) senkte sich seit dem Perm ein Becken ein (Tensionsbereich!). Zahlreiche Dikeschwärme weisen auf die extensionelle Natur des dortigen Regimes hin.

Cox kommt nun zu einer bedeutsamen Feststellung, die auch für die folgenden Betrachtungen von Interesse ist:

Die subduzierende Lithosphäre (der pazifischen Platte) wird nach Aufheizung im tieferen Mantelbereich relativ zum umgebenden Gesteinsmilieu einen Zustand des „Schwimmens" erreichen und sich in eine Serie von Diapiren trennen, die in den darüber befindlichen Mantel und in die Lithosphäre aufsteigen. Die verbleibende verarmte Schicht ist ihrem Chemismus nach unterschiedlich von der Umgebung und, abgesehen von einer gewissen Homogenisierung im Mantel ist es unwahrscheinlich, daß sie im tieferen Teil der Benioffzone ihre Identität verliert. Ein Streifen von einigen tausend Kilometern Breite der pazifischen Ozeankruste mag seit Beginn des Mesozoikums subduziert worden sein und die Feststellung älterer Orogenesen im Gondwanidenbereich weist darauf hin, daß dieser Prozeß auch schon lange vorher wirksam war.

Unter Anerkennung plattentektonischer Prinzipien muß folglich mit dem subduktiven Einschub immenser Volumen ozeanischer Lithosphäre unter den Kontinent gerechnet werden.

Cox vertritt also die Auffassung, daß das Aufhören der Erdbebentätigkeit in maximal 700 km Tiefe nicht notwendigerweise bedeutet, daß auch das subduzierende Material aufhört, als ein definierbarer Körper zu existieren, sondern es wird sich durch Bewegung, Temperatur und Chemismus vom umgebenden Material auch noch weiterhin unterscheiden.

Der fortgesetzte Einschub solcher „schwimmender" Lithosphäre weit unter die Kontinente wird von Cox *als verantwortlich für die Vorlandphänomene angesehen und der Diapirismus letztlich nicht nur für die Dehnung, Ausdünnung und weiträumige Einsenkung der Kruste und Riftbildung sowie den damit verbundenen Vulkanismus, sondern schließlich sogar — ältere Schwächezonen nutzend — für den Aufbruch Gondwanas.*

In diesem Zusammenhang sei noch auf ein weiteres Phänomen verwiesen, und zwar auf das der schon erwähnten *Randmeere*, wie sie besonders im westlichen Randbereich des Pazifik angetroffen werden. Die besonderen Probleme ihrer Genese sind in den letzten Jahren vor allem durch KARIG (1971), SLEEP und TOKSÖZ (1971), OXBURGH und PARMENTIER (1977) und UYEDA (1981) diskutiert worden.

Wie schon bei der Charakterisierung des Vulkanismus der Subduktionszonen dargelegt wurde, erweisen sich die Randmeere in diesem Rahmen als ein besonderes Problem, indem sie durch einen Riftprozeß und damit verbundene Tension gebildet worden sind und auch der dort auftretende tholeiitische Vulkanismus eher eine Verwandtschaft zu dem der ozeanischen Riftzonen als dem der Subduktionszonen zeigt. Auch hier befinden sich also hinter den kompressiven, mit Inselbögen besetzten Plattenkonvergenzbereichen solche der Tension. Über Ursache und Ablauf der Randmeerbildung haben die genannten Autoren Modellvorstellungen entwickelt. Zwei interessante Varianten sollen erwähnt werden:

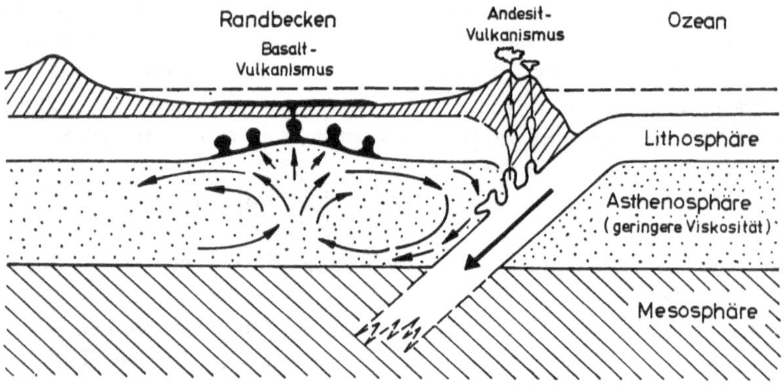

Abb. 4. Entstehung eines Riftrandbeckens in einem Back-arc-Milieu (nach der Auffassung von Sleep und Toksöz 1971)

Nach Sleep und Toksöz (Abb. 4) verursacht die subduzierende ozeanische Plattenzunge ein Störungsfeld in der Asthenosphäre zwischen der starren Lithosphäre und der ebenfalls relativ starren Mesosphäre. Die Materie der Asthenosphäre wird geschleppt und in Bewegung versetzt und dringt diapirisch in die Back-arc-Lithosphäre ein. Sie verursacht deren Dehnung, Ausdünnung und schließlich ein Rifting.

Uyeda unterscheidet zwei Subduktionstypen je nach Steilheit des Abtauchwinkels der subduzierenden Platte und damit auch hinsichtlich der Kopplung der konvergierenden Plattenränder. Subduktion vor Kontinenträndern oder Inselbögen vom Pazifiktyp ist vermutlich ein ständig oder zumindest sehr langzeitlich wirkender — wenn auch mit unterschiedlichen Geschwindigkeiten ablaufender — Prozeß, damit verbundene Gebirgsbildung aber ein episodischer. Nach Uyeda verursacht eine steile Subduktion keine Orogenese, sondern löst Riftprozesse im Back-arc-Milieu aus („Marianentyp"). Durch Tension verbreitert sich das Randbecken, Inselbogen und Tiefseegraben verlagern sich ozeanwärts, und die Subduktion verflacht. Damit aber verstärkt sich die Kopplung der konvergierenden Plattenränder, die Folge ist erhöhte Kompression und Tektogenese (Subduktion von „Kordillerentyp"). Der Fortgang des Prozesses wäre eine Verlagerung und Neuformierung der Subduktion vom Marianentyp.

Diese Mechanismen würden aber letztlich auch einen Tensionsbereich mit Krustenausdünnung, Beckenbildung, Manteldiapirismus und kontinentalem Riftvulkanismus im Vorland eines Kontinentalrandorogens erklären können, wobei entsprechend dem vorgefundenen Krustenbau, vorgezeichneten Schwächezonen, Brüchen und dem Spielraum, der den tektonischen Kräfteäußerungen im globalen plattentektonischen Gesamtsystem zur Verfügung steht, jedes Becken eine individuelle Ausgestaltung erfahren wird.

Versuchen wir, diese Vorstellungen in einem plattentektonischen Gesamtmechanismus anzuwenden, so ergeben sich bemerkenswerte Zusammenhänge bzw. Abhängigkeiten. *Langandauernde und weitreichende Subduktion ozeanischer Lithosphäre unter einen Kontinent würde folgende Prozesse auslösen:*

a) Im kontinentalen Randbereich unter gegebenen Bedingungen (z. B. verflachende Subduktion im Sinne von UYEDA) episodisch verstärkte Kompression und Orogenese vom andinen Typ. Bei Wiederholung solcher Vorgänge kann es — wie im pazifischen Randbereich — zu einer Staffelung mehrerer Orogensysteme verschiedenen Alters kommen.

   Mit den Subduktionsvorgängen im Kompressionsbereich ist ein Vulkanismus der „andesitischen Assoziation" (Vulkanismus der Subduktionszonen) verbunden.

b) Im kontinentalen Vorland des Kompressionsbereiches aber erfolgt Dehnung und Beckenbildung. Mit den damit verbundenen tensionalen Bedingungen kommt es zum Aufreißen tiefer Brüche, zum Manteldiapirismus und zum kontinentalen Riftvulkanismus, der sich bis zum Ausfluß von Flutbasalten steigern kann.

   Unter Umständen kann es zur Erweiterung kontinentrandparalleler Rifts, zur Abspaltung kontinentaler „Späne" als Kerne „entwickelterer Inselbögen" (Beispiele wären Japan, Kamtschatka etc.) und zur Randmeerbildung kommen, bei der sich ein tholeiitischer ozeanischer Riftvulkanismus einstellt.

c) Ein kontinentales Aufbrechen in Verbindung mit einer Dom-Triple-Junction-Entwicklung setzt möglicherweise empfindlichere Schwächezonen vom Typ kontinentaler Narben voraus. Eine solche Abhängigkeit läßt sich z. B. bei der Bindung des Nordatlantik an die kaledonische (bzw. Japetus-)Narbe oder beim Ostafrikanischen Grabensystem an den Randbereich des Faltengürtels von Mozambique erkennen.

Damit aber zeichnen sich letzten Endes im Sinne der Neuen Globaltektonik enge Zusammenhänge zwischen den verschiedenartigen plattentektonischen Prozessen ab. Der Subduktionsmechanismus, verbunden mit dem Einschub immenser Volumen ozeanischer Lithosphäre unter die Kontinente, löst weiterführende Prozesse aus: orogene Pressungsakte im unmittelbaren Kontinentalrandbereich bzw. „reifen" Inselbogenbereich, in deren Vorland aber Beckenbildung (Randmeere oder kontinentale Becken) und schließlich kontinentales Rifting, das bis zum kontinentalen Aufbrechen führen kann.

III. Versuch einer Interpretation der Zusammenhänge zwischen Paläovulkanismus und Intraplattentektonik für Mitteleuropa

Im Gegensatz zu den ozeanischen Räumen mit ihrer relativ jungen Lithosphäre bereitet eine plattentektonische Interpretation der in vielen geotektonischen Zyklen gebildeten, magmatisch und metamorph überprägten und in starkem Maße den exogenen Kräften unterworfenen Kontinente erhebliche Schwierigkeiten. Das gilt für das komplizierte Schollenmosaik Mitteleuropas im besonderen. So ist es schon aus diesem Grunde fast verständlich, daß für dieses Gebiet eine breite Palette plattentektonischer Interpretationsversuche vorliegt. Sie reichen von der Annahme eines prävariszischen „Mitteleuropäischen Ozeans" bis zu einer variszischen Orogenese auf älterem sialischen Untergrund und von einer einstigen Zugehörigkeit großer Teile Süd- und Mitteleuropas zu Gondwana bis zu extrem fixistischen Vorstellungen.

Wenn im folgenden versucht wird, Gedanken zu einer Verbindung zwischen dem Paläovulkanismis und einer Intraplattentektonik darzulegen, so kann das vorerst auch nur in einer *Modellvorstellung* geschehen. Die Betrachtung bezieht sich auf den phanerozoischen Zeitraum. Der Verfasser geht dabei von folgenden *Prämissen* aus, für die ein Erklärungsversuch anzubieten ist:

1. Für einen sich schließenden „Mitteleuropäischen Ozean", der die Rolle einer variszischen Geosynklinale spielte, gibt es keine überzeugenden Beweise. Echte Ophiolithe sind nicht sicher nachweisbar.
2. Viele Fakten sprechen dafür, daß das variszische Tektogen Mitteleuropas auf sialischem Untergrund entstand.
3. Es sollte eine Erklärung dafür gegeben werden, weshalb im Südteil Mitteleuropas in variszischer Zeit kompressive, im Nordteil aber distraktive Beanspruchung herrschte.
4. Es sollte weiterhin eine Erkläıung dafür gegeben werden, warum im Südteil Mitteleuropas an Stelle von Ophiolithen basische Initialite vom kontinentalen Rifttyp auftreten, in Nordmecklenburg, auf Rügen und in Dänemark aber in der Subsequenzperiode basische Intrusiva und Effusiva vom ozeanischen Rifttyp.
5. Es sollte ein Vorschlag für die Magmengenese der verbreiteten subsequenten Kalkalkalivulkanite unterbreitet werden.
6. Weiterhin bedarf der postvariszische alkalibasaltische bis alkalisch-intermediäre kontinentale Riftvulkanismus einer genetischen Interpretation.
7. Schließlich sollte der Versuch unternommen werden, Aussagen über Mechanismen zu treffen, welche die Auslösung der vulkanischen und tektogenetischen Prozesse verursacht haben.

Bezieht man die im vorangegangenen Abschnitt betrachteten Prozesse unter gleichzeitiger Berücksichtigung der hier genannten Prämissen in eine plattentektonische Interpretation Mitteleuropas im phanerozoischer Zeit ein, so ergäbe sich folgendes Bild:

A. Postkaledonisch-frühvariszische kontinentale Riftvulkanite

An der Wende Silur/Devon kam es zur Schließung eines „*Protoatlantiks*" oder „*Japetus-Ozeans*", wobei im Ergebnis der Kollision Nordamerikas und Grönlands mit Europa als „Schweißnaht" das *Kaledonische Gebirgssystem* entstand. Dieser Kollision vorausgehend und auch während des Kollisionsvorganges noch Auswirkungen zeigend, subduzierte die gesamte ozeanische Lithosphäre unter die sich einander nähernden Kontinente.

Nimmt man mit Wright (1976) an, daß dieser Japetus-Ozean wenigstens 500—600 Millionen Jahre existierte und während dieser Zeit in einem zentralen Rift ozeanische Lithosphäre gebildet wurde, so läßt sich ermessen, daß erhebliche Volumen davon am Subduktionsprozeß beteiligt waren. Es gibt bisher keine plausiblen Vorstellungen darüber, wie sich ein solcher Masseneinschub ozeanischer Lithosphäre unter kontinentale Bereiche bzw. in den darunter befindlichen oberen Mantel auswirkt. Zweifellos wird diese Lithosphäre in ein Kreislaufsystem im globalen Sinne einbezogen werden. Es ist aber völlig unwahrscheinlich, daß solche Masseneinschübe in den subkontinentalen

Mantel ohne merkliche Auswirkung auf die von Brüchen und andersartigen Schwächezonen durchsetzte kontinentale Lithosphäre im Vorland des Kollisionsorogens bleiben.

Mit dem Subduktionsprozeß und der sich anbahnenden Orogenese war in dem kompressiv beanspruchten Kontinentalrandbereich ein typischer Inselbogen- bzw. Kontinentalrandorogenvulkanismus andesitischen Typs verbunden (FITTON u. a. 1982). In den kontinentalen Vorländern aber kam es zur Bildung ausgedehnter flacher Becken, die mehr oder minder mächtige Abtragungssedimente vom Oldred-Typ aufnehmen konnten (MATTHEWS 1978) — wenn man einen bildlichen Vergleich mit den Darlegungen von COX ziehen darf, eine „kaledonische Karroo".

Im weiteren kontinentalen Vorland aber — und zwar im mitteleuropäischen Bereich — erstreckte sich ein von Inseln und Hochschollen gegliedertes Meer über weiten Teilen einer labilen kontinentalen Kruste, die schon zu jener Zeit eine lange Entwicklungsgeschichte hinter sich hatte und ein kompliziertes Mosaik mehr oder minder miteinander verschweißter Schollen unterschiedlichen Gesteinsbestandes und unterschiedlicher Genese gewesen sein dürfte. Diese Kruste wurde ebenfalls in die Fernwirkungen des Subduktionsprozesses mit einem Höhepunkt in der kaledonischen Orogenese einbezogen, wobei die Beanspruchung weniger in einer horizontalen Fortpflanzung des kompressiven Impulses bestanden haben mag, sondern eher in einer „Schleppung" an der Lithosphärenbasis durch die weiträumige Unterfahrung der subduzierten ozeanischen Lithosphäre bzw. von dieser in Bewegung gesetzte Mantelmaterie. Diese Unterfahrung ist zugleich als Ursache von Stoffmobilisationen anzusehen.

Diese Beanspruchung der kontinentalen Lithosphäre äußerte sich im Vorland des Kontinentalrandbereiches in einer Dehnung, in der Richtungstendenz zwar ± senkrecht zur kaledonischen Front, jedoch auch in Abhängigkeit von der Verteilung starrer Blöcke und Schwächezonen. Die Folge war ein *kontinentales Rifting*, aber *unter submarinen Bedingungen*. Es kam zur Ausbildung submariner Dehnungsbrüche und Grabenzonen mit einem *kontinentalen Riftvulkanismus*, wie er z. B. von KRAMER (1977), RÖSLER und WERNER (1978) und anderen Autoren beschrieben worden ist, wobei die basaltischen Förderprodukte, soweit sie nicht intrusiv erstarrten, einer Spilitisierung anheimfielen. Diese Rifts tieften sich unterschiedlich ein und erweiterten sich. Durch Schwellenbereiche getrennt, wurden sie schließlich zu den variszischen Teilgeosynklinalen, deren besondere Stellung ja von jeher betont wird.

Damit aber soll zum Ausdruck gebracht werden: *Die postkaledonischen Riftvulkanite übernahmen zugleich die Rolle der variszischen Initialite.*

In entsprechendem Sinne äußert sich z. B. auch MATTHEWS (1978), der, wie eine Reihe weiterer Autoren, die variszische Tektonik als eine Intraplattentektonik zwischen dem Rand eines fennoskandisch-osteuropäischen Tafelgebietes und dem kaledonischen Orogen versteht und schreibt: „Es besteht kaum ein Zweifel, daß sich im Vorland der Kaledoniden die Auswirkungen der kaledonischen Orogenese und die Frühstadien der variszischen Vorgänge überlagern".

In ähnlicher Weise äußern sich auch SAWKINS und BURKE (1980), welche die Auffassung vertreten, daß Alter und Ausbildung massiver Sulfiderzlagerstätten des Devons in Mitteleuropa und Südwestiberien mit entsprechenden Riftprozessen in Zusammenhang gebracht werden können, die mitteleuropäischen mit einem Rifting, das in Reaktion auf die kaledonische Kollision erfolgte, die iberischen mit einem entsprechenden Rifting in Verbindung mit der darauf folgenden akadischen Kollision.

B. Subsequente Kalkalkalivulkanite

Mit der kaledonischen Kollision war ein nördlicher Großkontinent — Laurussia — entstanden, der von Asien vorerst noch durch das Uralmeer getrennt war. Mit der Schließung des Japetus-Ozeans ließ jedoch nunmehr die von dort aus wirkende Druckspannung bzw. der Einschub ozeanischer Lithosphäre nach und hörte schließlich auf. Ein neuer Kräfteplan mit einem fast senkrecht dazu wirkenden Spannungsfeld begann sich zu formieren. Gondwana, vorerst noch als intakter Großkontinent, und Laurussia (bzw. Euramerika) begannen sich unter Einengung der Paläotethys aufeinanderzu zu bewegen. Es begann eine verstärkte Subduktion ozeanischer Lithosphäre unter den Nordkontinent, wobei erhebliche Volumen allein unter den europäischen Abschnitt eingeschoben wurden. Die Hauptsubduktion dürfte sich im mediterranen — d. h. dem späteren alpidischen — Bereich abgespielt haben (Abb. 5). Es kam zu kompressiven Prozessen, die im Süden ihren Anfang nahmen und sich mit dem weiträumigen Unterschub ozeanischer Lithosphäre bzw. der damit verbundenen subkrustalen zähen Gegen-

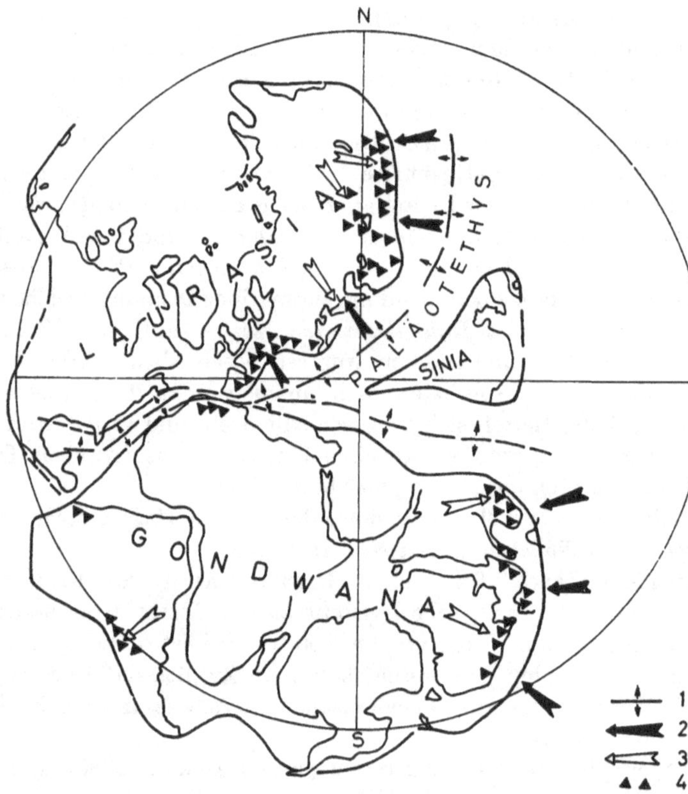

Abb. 5. Verteilung der Kontinente und Ozeane und Anordnung von Spreadingachsen und Subduktionszonen im späten Karbon und frühen Perm (nach Zonenshejn, Kuzmin und Moralev 1976, umgezeichnet und vereinfacht)

1 = Spreadingachsen, 2 = Subduktion ozeanischer Lithosphäre, 3 = Überschiebungsrichtung kontinentaler Plattenränder über ozeanische Kruste, 4 = vulkanisch-plutonische Komplexe aktiver Kontinentalränder

strömung unter den sich zugleich nach Süden bewegenden Kontinent in nördlicher Richtung fortpflanzte. *Die variszischen Teilgeosynklinalen — die ehemaligen kaledonischen Rifts — wurden ausgefaltet.* Dabei erwiesen sich starre Schollen von Altbausubstanz als Widerlager und wurden von den sich bildenden Faltensträngen „umflossen". Mit einem solchen Mechanismus ließe sich auch das „Wandern der Faltung" in variszischer Zeit in nördlicher Richtung erklären.

Die mit der sich verflachenden Subduktion verbundene erhebliche Reibung an der Lithosphärenbasis erzeugte eine so große Wärmemenge, daß es im Bereich der Benioffzone, des Mantelkeils und wohl auch der unteren Kruste zu Stoffmobilisationen und Aufschmelzungen kam, wodurch ein umfangreicher und ausgedehnter — subsequenter — Kalkalkalivulkanismus vom Inselbogen- bzw. Kontinentalrandtyp ausgelöst wurde.

Es kommt ein Bewegungsbild zustande, wie es in ähnlicher Weise z. B. auch Brause (1978) sieht. Auch der von ihm verwendete Begriff „Closingwärme" für die Auslösung des synorogenen bis subsequenten Magmatismus verträgt sich durchaus mit der hier vertretenen Auffassung. Brause weist darauf hin, daß dieser Magmatismus nicht nur in der Nähe der Driftfront verbreitet ist, sondern weiträumig auch außerhalb des Tektogens.

Er postuliert weiter: „Eine zusätzliche Komponente für den permischen Vulkanismus kann die Herausbildung einer Paläobenioffzone gewesen sein. Eine solche Benioffzone müßte sich nach dem rezenten ostasiatischen Modell am Rande der Paläotethys südlich von (Mittel-)Europa eingestellt haben. Sie müßte von dort aus nach Norden einfallen. Das Vulkanitzentrum bildete sich im modellentsprechenden Abstand nördlich der Bewegungsfront des Schelfbereiches aus. Der Schwerpunkt der Vulkanitförderung liegt ganz normal auf der Nordflanke des Tektogens und ist „extraorogen". Daß dabei tiefreichende Spalten bevorzugte Aufstiegswege darstellen und wiederum Abhängigkeiten zwischen Durchschnittschemismus und regionalen Krustenbauunterschieden bestehen, ist selbstverständlich".

So wird auch von Bearbeitern der permosilesischen Vulkanite mehrfach darauf hingewiesen, daß sich die außerordentlich großen lokalen Variationen in den Gesteinstypen der komplizierten Krustenfelderung dieses Raumes, lineamentären Zonen und der unterschiedlichen geotektonischen Position einzelner Krustenschollen zuschreiben lassen (z. B. Röllig und Schirmer 1979, Benek 1981). So werden von Benek besonders zwei stofflich-genetische Hauptformationen ausgeschieden: eine Rhyolith-Andesit-Formation mit einer relativ kurzen Aktivität und einer hohen, insbesondere ignimbritischen, Förderrate, die an Bereiche mit posttektogener oder älterer Hebungstendenz gebunden ist, und eine Rhyolith-Andesit-Basalt-Formation mit oft langzeitiger bzw. wiederholter Aktivität in Zonen mit stärkerer und z. T. lang anhaltender Senkungstendenz.

Auf solche stoffliche Unterschiede der Kruste, die durch Lineamente und Tiefenstörungen in simatisch und sialisch betonte Blöcke gegliedert ist, die sich im Laufe einer langzeitlichen Entwicklung seit präkambrischen Zeiten entwickelt haben und den Chemismus des späteren magmatischen Geschehens beeinflußt haben, wies für das böhmische Gebiet auch Zeman (1980) hin.

Ohne eine Alternative vorweisen zu können, wird von manchen Geologen an einer Verknüpfung des mitteleuropäischen subsequenten Vulkanismus mit subduktiven Prozessen Zweifel gehegt. Dem sei entgegengehalten, daß es auf der gesamten Erde kein Beispiel gibt, wo sich aktuogeologisch ein Vulkanismus der andesitisch-rhyolithischen

Assoziation außerhalb der Subduktionsgürtel abspielt. Auch durch eine zuweilen ins Feld geführte mitteleuropäische „hot spot"-Entwicklung würde nicht nur eine Hypothese durch eine andere ersetzt, sondern eine solche Entwicklung würde nach unserer derzeitigen Kenntnis zu einer Dom-Tripel-Junction-Entwicklung und in deren Gefolge zu einem kontinentalen bzw. ozeanischen Riftvulkanismus führen.

C. Tholeiite der Subsequenzperiode

Im kontinentalen Vorland des kompressiven Bereiches — im nördlichen Teil Mitteleuropas — aber kommt es wiederum zu einem Becken- bzw. Senkenbildungsprozeß mit jenen zeitlich aufeinanderfolgenden Phasen, wie sie z. B. von Schwab, Söllig und Teschke (1980) beschrieben worden sind, d. h. mit dem Taphrogenstadium im höchsten Siles bis Autun und dem im Saxon einsetzenden Hauptabsenkungsstadium.

In diesem Bereich — und zwar in Nordmecklenburg, auf Rügen und in Dänemark — treten Vulkanite auf, die nicht nur hinsichtlich ihrer zeitlichen Einordnung in das Perm, sondern auch wegen ihres Chemismus eine Sonderstellung einnehmen, auf die insbesondere von Korich (1968), Kramer (1977) u. a. aufmerksam machten. Es sind Tholeiitbasalte vom ozeanischen Typ, die sich merklich von den alkalibetonten Basiten im mittleren und südlichen Teil Mitteleuropas unterscheiden (Abb. 6).

Wenn man den Beginn des Senkenbildungsprozesses in die von Sleep, Toksöz, Uyeda u. a. weiter vorn dargelegten Zusammenhänge stellt, d. h., darin eine spezielle Variante eines Randbeckens im kontinentalen Vorland des von der variszischen Orogenese betroffenen kompressiven Bereiches sieht, dann würden auch die tholeiitischen Vulkanite bzw. Intrusiva verständlich. Für eine solche Rand- bzw. Vorlandsenke würde auch sprechen, daß wir es mit einer Hochlage des Mantels, einer entsprechenden Ausdünnung der Kruste und auch einer thermischen Anomalie zu tun haben.

Für die anscheinend etwas weite Entfernung dieser Senke von der Hauptsubduktionsfront und des gerade dort auftretenden Mantelanstaues ließen sich auch noch weitere Argumente ins Feld führen. Einesteils handelte es sich um den Grenzbereich zwischen dem stabilen fennosarmatischen Altkontinent und dem labilen Mitteleuropa. Diese Grenze erweist sich schon seit frühesten Zeiten als eine Schwächezone. Zum anderen aber läßt sich die Asthenosphäre an der Lithosphärenbasis Mitteleuropas

Abb. 6. Beziehungen zwischen Ursprungsort basischer Magmen im Mantel und der Krustenmächtigkeit im Permosiles Nordmecklenburgs und Schonens (nach Kramer 1977, umgezeichnet)

seismisch einigermaßen gut nachweisen, nicht aber in gleicher Weise unter der Osteuropäischen Tafel. Auch dieser Umstand würde den Stau eines sich in nördlicher Richtung bewegenden Substrates begünstigen.

Schließlich sei noch ein Hinweis von SCHROEDER (1981) zitiert: „The cause for the deviating character of Upper Palaeozoic mafic rocks in the coastal region is not fully clear. After chemical criteria they correlate partly with oceanic tholeiites (KRAMER 1977), but must be classified according to their geological position as components of a continental intra-plate magmatism. In any case extension tectonics, perhaps with some features of quasi-continental rifting (e.g. crustal thinning), was active in post-Variscan time, but obviously did not reach opening processes. From present knowledge an interpretation of parts of the Central European depression as sphenochasm is to be excluded for post-Proterozoic times."

D. Postvariszische kontinentale Riftvulkanite

Als letzte Auswirkung des intraplattentektonischen Geschehens in Mitteleuropa ist ein weit verbreiteter *kontinentaler Riftvulkanismus* zu verzeichnen, der den gesamten postvariszischen Zeitraum bis in die Gegenwart umfaßt. Erinnern wir uns an dieser Stelle nochmals an die Feststellungen von COX und DU TOIT, daß während des Perms und der Trias im kontinentalen Gondwaniden-Vorland tensionale Bedingungen herrschten, während gleichzeitig im Gondwaniden-Faltengürtel Kompression auftrat.

Auch in Mitteleuropa kommt es zu ähnlichen Prozessen, wenngleich unter den hier bestehenden speziellen krustalen Bedingungen. Und die hier auftretenden Riftprozesse sind durchaus nicht, wie oft dargestellt wird, eine lediglich an das Tertiär gebundene vulkanische Erscheinung, sondern der alkalibasaltische bis alkalisch-intermediäre kontinentale Riftvulkanismus setzt bereits in der Endphase der variszischen Gebirgsbildung in deren nördlichem Vorland im höchsten Siles ein, setzt sich im Perm fort, erstreckt sich mit gelegentlich stärkeren Impulsen durch das Mesozoikum hindurch und erreicht, wieder in Verbindung mit verstärktem Einschub ozeanischer Lithosphäre unter den Kontinent und einem dadurch verstärktem Manteldiapirismus in das brüchige Kontinentdach, während der alpidischen Gebirgsbildung Höhepunkte im Tertiär und Quartär, nun aber in umfassender Weise auch auf das inzwischen variszisch bzw. postvariszisch konsolidierte Mesoeuropa übergreifend.

Silesischer bis permischer Riftvulkanismus findet sich z. B. im Midland Valley, im Nordseegebiet, in Sunnhordland und im Oslogebiet. Ein bedeutenderes Beispiel für mesozoischen Riftvulkanismus wurde erst in jüngerer Zeit im Viking-Graben in der Nordsee in Verbindung mit der Erdöl-Erdgas-Erkundung entdeckt. Tertiär-quartärer Riftvulkanismus ist in Mittel- und Westeuropa weit verbreitet, z. B. in der Auvergne, im Oberrheintalgraben, in den Hessischen Gräben, dem Ohřegraben und in anderen Gebieten (Abbn. 7 und 8).

Daß über die zeitliche Aktivierung und Verbreitung des kontinentalen Riftvulkanismus in Mitteleuropa noch merkliche Kenntnislücken bestehen, läßt sich daraus ermessen, daß in die Sedimentfolge des Deckgebirges mehrfach Lagen veränderter *vulkanischer Aschen* eingeschaltet sind, die sich nur z. T. bestimmten Eruptionszentren oder -akten zuordnen lassen.

Tabelle 3. Versuch einer Darstellung der Beziehungen zwischen Paläovulkanismus und Intraplattentektonik in Mitteleuropa während des Phanerozoikums

Zeitliche Zuordnung	Typ des Vulkanismus	Stoffliche Charakteristik	Ursache	Auslösender Faktor	Mögliche Verbindung mit Orogenesen	Beispiele
Siles bis Gegenwart, Höhepunkte im Perm, Jura und Tertiär	Kontinentaler Riftvulkanismus („finaler“ Vulkanismus nach STILLE)	alkalibasaltisch bis alkalisch-intermediär Mantelschmelzen	Unterströmung labiler kontinentaler Lithosphäre des sich nach S bewegenden Kontinents durch ozeanische Lithosphäre bzw. in Bewegung gesetzte Mantelmaterie, verbunden mit Diapirismus	langlebige subduktive Prozesse an der Plattengrenze Tethys/Laurasien (ab ob. Jura Tethys/Eurasien)	postvariszisch/alpidisch Formierung und Schließung der mesozoischen Tethys	Alkalibasalte, Phonolithe, Trachyte und Tiefenäquivalente z. B. Oslograben, Vikinggraben, Rheintalgräben, Hessische Gräben, Ohřegraben
Perm	Vulkanismus der Randbecken = spezielle Form des ozeanischen Riftvulkanismus	tholeiitisch relativ schnell aufdringende wenig veränderte Mantelschmelze	Unterströmung labiler kontinentaler Lithosphäre des sich nach S bewegenden Kontinents durch ozeanische Lithosphäre bzw. in Bewegung gesetzte Mantelmaterie, Ausbildung einer Mantelhochlage, Krustendehnung und Beckenbildung	subduktive Prozesse an der Plattengrenze Tethys/Laurasien	Zeit der ausklingenden variszischen Orogenesen Tension und Beckeneinsenkung im nördlichen Mitteleuropa	tholeiitische Basalte z. B. Nordmecklenburg, Rügen, Dänemark

Oberkarbon und Perm	Vulkanismus der Subduktionszonen („subsequenter“ Vulkanismus nach STILLE)	kalkalkalisch Schmelzenbildung in tieferen kontinentalen Krustenbereichen	Unterströmung labiler kontinentaler Lithosphäre durch ozeanische, enge Kopplung der konvergierenden Platten, Orogenese	subduktive Prozesse an der Plattengrenze Thetys/Laurasien	Spätstadium der variszischen Orogenese	Andesite, Rhyolithe z. B. Sachsen, Gebiet von Halle, Thüringer Wald, Brandenburg, Mecklenburg, Saar-Nahe-Gebiet, Schwarzwald u. a.
Spätes Präkambrium bis frühes Karbon, Höhepunkt im Devon	Kontinentaler Riftvulkanismus („initialer“ variszischer Vulkanismus nach STILLE)	alkalibasaltisch bis alkalisch-intermediär, unter submarinen Bedingungen spilitisch Mantelschmelzen	Unterströmung der labilen kontinentalen Kruste West- und Mitteleuropas durch ozeanische Lithosphäre des Japetus-Ozeans, verbunden mit Diapirismus	langlebige subduktive Prozesse an der Plattengrenze Japetus-Ozean/Nordwesteuropa	Zeit — insbesondere Spätstadium + des kaledonischen Zyklus	altpaläozoische — insbesondere devonische — Basite (Diabase, Spilite etc.) z. B. Rhenoherzynikum, Saxothuringikum

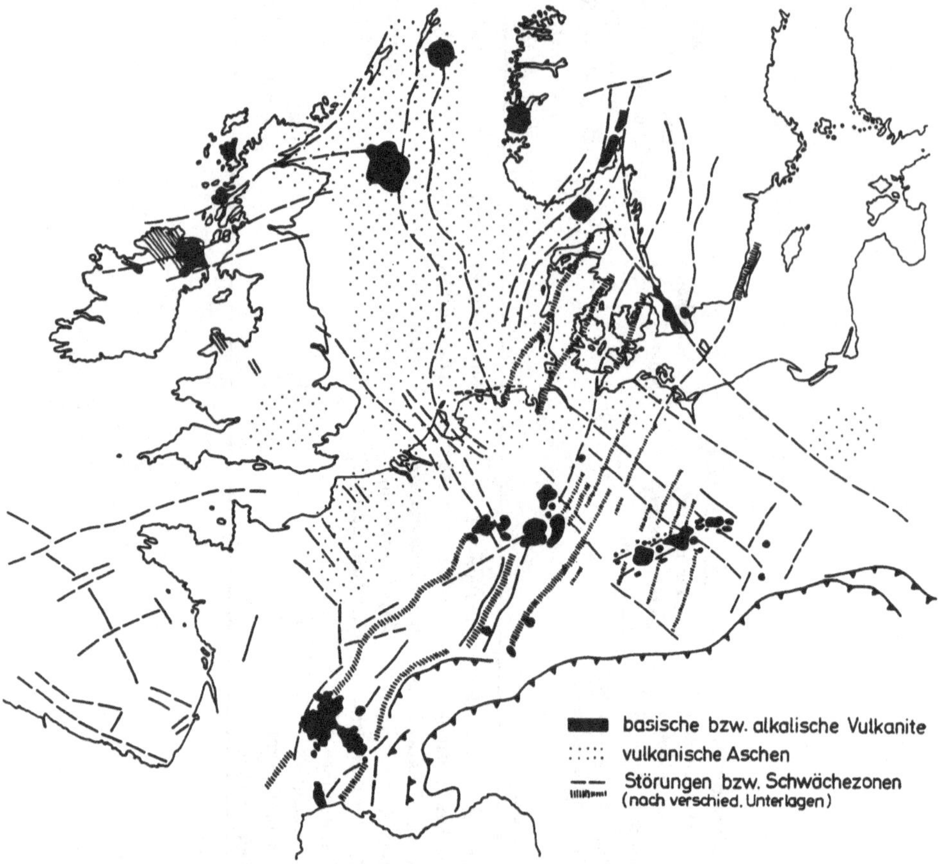

Abb. 7. Verbreitung des postvariszischen alkalibasaltischen bis alkalisch-intermediärem Riftvulkanismus in Mittel- und Westeuropa

Noch wesentlich größere Kenntnislücken aber gibt es über die zweifellos umfangreiche *Intrusivkomponente*, deren Existenz oft nur indirekt aus positiven magnetischen und gravimetrischen Anomalien, außergewöhnlichen Inkohlungsraten oder hydrothermalen Vererzungen im Dachbereich oder anderen Anzeichen erschlossen werden kann (z. B. Bramscher Massiv, Lingener Massiv u. a.). Nur selten dringen Bohrungen durch Zufall in größere Intrusivkörper ein, wie z. B. im Offshore-Gasfeld von Zuidvaal/Niederlande, oder durchörtern Basaltgänge.

Daß dieser Riftvulkanismus sich über einen so langen Zeitraum erstreckt läßt sich damit erklären, daß am Südrand Laurasiens die Subduktionsprozesse ozeanischer Lithosphäre mit der variszischen Gebirgsbildung keinen Abschluß fanden, sondern eine vorübergehende Abschwächung bzw. Neuformierung erfuhren, indem sich zwischen Laurasien und Gondwana nunmehr die mesozoische Tethys formierte und die Ausklänge der variszischen Orogenese von den Vorläufern der alpidischen abgelöst wurden.

Das bedeutendste kontinentale Rift aber, das Laurasia durchzog und sich bereits seit dem Perm abzeichnete, wies einen außerordentlich kräftigen Manteldiapirismus und Riftvulkanismus auf. Im Jura brach es schließlich völlig auf und begann sich in der Folgezeit zum Nordatlantik auszuweiten. Auch hier war, wie von Wilson (1966) gezeigt werden konnte, eine vorgezeichnete Schwächezone, etwa der kaledonischen Naht folgend, bedeutsam.

Abschließend sei nochmals darauf verwiesen, daß dieser Versuch, Zusammenhänge zwischen den verschiedenen Erscheinungsformen des irdischen Vulkanismus und der plattentektonischen Dynamik auf den Paläovulkanismus und eine Intraplattentektonik Mitteleuropas auszudehnen, als ein Modell zu werten ist. In Tab. 3 wurde das im Abschnitt III dargelegte paläovulkanische Geschehen Mitteleuropas unter Zugrundelegung plattentektonischer Prinzipien in einer Übersicht dargestellt.

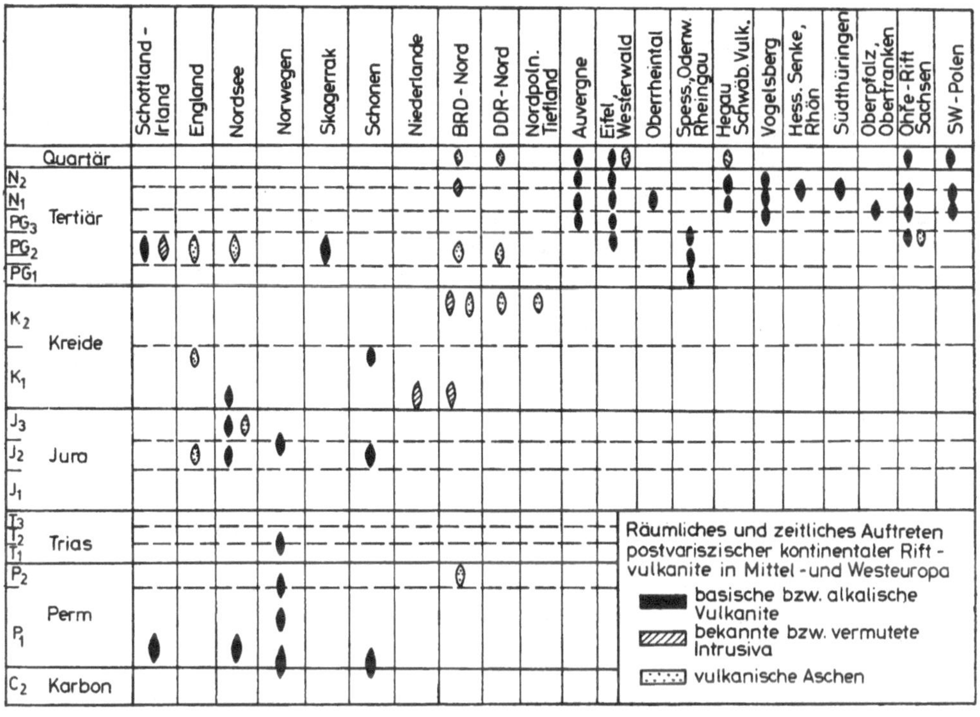

Abb. 8. Räumliches und zeitliches Auftreten von kontinentalen Riftvulkaniten in Mittel- und Westeuropa

Literatur

Baumann, L., Zur Bedeutung der Plattentektonik für die Metallogenie-Minerogenie. Z. geol. Wiss. 6 (1978) 1357–1377.

Benek, R., Zur geologischen Korrelation von Vulkaniten insbesondere nach stofflichen Merkmalen. Z. geol. Wiss. 9 (1981) 347–360.

Brause, H., Tektonische Zyklen Mitteleuropas – mobilistisch interpretiert. – Z. geol. Wiss. 6 (1978) 1379–1390.

Cox, K. G., Flood basalts, subduction and the break-up of Gondwanaland. Nature **274** (1978) 47–49.

Dewey, J. F., Evolution of the Appalachian/Caledonian Orogen. Nature **222** (1969) 124–129.

Du Toit, A. L., Our Wandering Continents. Oliver & Boyd, London 1937.

Fitton, J. G., M. F. Thirlwall u. D. J. Hughes, Volcanism in the Caledonian orogenic belt of Britain. In: R. S. Thorpe (Ed.): Andesites. J. Wiley & S., Chichester 1982.

Karig, D. E., Origin and Development of Marginal Basins in the Western Pacific. Journ. Geoph. Res. 76 (1971) 2542–2561.

Korich, D., Petrographische, petrochemische und vulkanologische Untersuchungen an subsequenten permosilesischen Magmatiten in Nordost-Mecklenburg. Diss. EMA-Universität Greifswald 1968.

Kramer, W., Vergleichende geochemisch-petrologische Untersuchungen an permosilesmschen basischen Magmatiten der Norddeutsch-Polnischen Senke und ihre geotektonische Bedeutung. Z. geol. Wiss. **5** (1977) 7–20.

Matthews, S. C., Caledonian Connexions of Variscian Tectonism. Z. deutsch. geol. Ges. **129** (1978) 423–428.

Olszak, G. u. Thierbach, H., Einige geologisch-geophysikalische Strukturelemente der Norddeutsch-Polnischen Senke und ihre möglichen Beziehungen zu Tiefenbau und Entwicklung dieses Krustenabschnittes. – Z. geol. Wiss. **2** (1973) 155–172.

Oxburgh, E. R. u. Parmentier, E. M., Compositional and density stratification in oceanic lithosphere – causes and consequences. J. Geol. Soc. London **133** (1977) 343–355.

Press, F. u. Siever, R., Earth. Freeman & Co., San Francisco. 1974.

Rast, H., Die Erscheinungsformen des Vulkanismus im Rahmen der Plattentektonik. – Z. geol. Wiss. **6** (1978) 1345–1355.

Rast, H., Vulkane und Vulkanismus. B. G. Teubner, Leipzig 1980.

Rast, H., Die Erscheinungsformen des Vulkanismus aus der Sicht der Neuen Globaltektonik. Diss. Prom. B, KMU, Leipzig 1981.

Rona, P., Plate tectonics and mineral ressources. Sci. Amer. **229** (1973) 86–95.

Röllig, G. u. Schirmer, B., On the petrological evolution and formational division of the Variscian volcanism in the southern part of the GDR. Veröfftl. Zentralinst. Physik der Erde, Potsdam (1979) S. 229–239.

Rösler, H.-J. u. Werner, C. D. (1978): Zur stofflichen und strukturellen Stellung variszischer Initialmagmatite in Mitteleuropa. Z. geol. Wiss. **6** (1978) 967–983.

Sawkins, F. J. u. K. Burke, Extensional Tectonics and Mid-Paleozoic Massive Sulfide Occurences in Europe. Geol. Rundsch. **69** (1980) 349–360.

Schroeder, E., Das Bewegungsbild der ozeanischen Kruste und Aspekte globaler Tektonik. Ber. deutsch. Ges. geol. Wiss. **A 16** (1971) 413–434.

Schroeder, E., Main features of the geologic development of the G.D.R. In: Ophiolithes and Initialites of Northern Border of the Bohemian Massif, Vol. 1, Acad. of Sci. G.D.R., Centr. Inst. Phys. of the Earth and Polish Acad. of Sci., Inst. of Geol. Sci., Potsdam/Freiberg 1981.

Schwab, G., A. Söllig, u. H.-J. Teschke, Zur Entwicklung der Spannungsverteilung im Tafeldeckgebirge der Mitteleuropäischen Senke. – Z. geol. Wiss. 8 (1980) 315–322.

Sleep, N. u. Toksöz, M. N., Evolution of Marginal Basins. Nature **233** (1971) 548–550.

Stille, H., Das Leitmotiv der geotektonischen Erdentwicklung. DAdW, Vortr. u. Schr., H. 32 (1949).

Uyeda, S., Subduction Zones and Back-arc Basins. A Review. Geol. Rundsch. **70** (1981) 552–560.

Wedepohl, K.-H., The contribution of chemical data to assumptions about the origin of magmas from the Mantle. Fortschr. Min. Stuttgart **52** (1975) 141–172.

Wegener, A., Die Entstehung der Kontinente. Peterm. Geogr. Mitt. **58** (1912) 185–195, 235–256, 303–308.

Wegener, A., Die Entstehung der Kontinente und Ozeane. Verlag Vieweg, Braunschweig (1915). Weitere Auflagen 1920, 1922, 1929.

Wilson, J. T., Did the Atlantic close and then reopen? Nature **211** (1966) 676–681.

Wright, A. E., Alternating subduction direction and the evolution of the Atlantic Caledonides. — Nature **264** (1976) 156–160.

Zeman, Z., Die Krustenentwicklung im präkambrisch und paläozoisch mobilen Europa außerhalb der Osteuropäischen Tafel. Z. geol. Wiss. 8 (1980) 393–404.

Geophys. u. Geol. Geophys. Veröff. d. KMU Leipzig Bd. III H. 2 S. 107–117 Berlin 1985

Beiträge zur geophysikalischen und historischen Untersuchung archäologischer Objekte in Kayna (Kreis Zeitz, DDR)

J. LAUTERBACH und R. SCHMITT[1]

Zusammenfassung: Kayna, ein Dorf in der Nähe von Zeitz, das im Mittelalter Burgward und Königshof war, ist seit den sechziger Jahren Gegenstand geophysikalischer und historischer Untersuchungen. Nach einem historischen Überblick werden Ergebnisse der geomagnetischen, geoelektrischen und radiometrischen Untersuchungen im Ortskern und vom Rand der Ortslage vorgestellt.

Kayna gehört zu der großen Anzahl von Orten, für die im Mittelalter Aufenthalte der deutschen Könige bezeugt sind, und wird demzufolge auch in einer repertorienartigen Zusammenstellung der „Pfalzen, Königshöfe und übrigen Aufenthaltsorte der Könige im deutschen Reich des Mittelalters" (ZOTZ 1982, S. 178)[2] Berücksichtigung finden. Kleinere heimatgeschichtliche Veröffentlichungen der letzten hundert Jahre haben für Kayna eine „Kaiserpfalz" oder gar „Barbarossapfalz" postuliert[3] und letztlich die folgenden Untersuchungen initiiert.

Inzwischen haben die seit den mittleren 50er Jahren laufenden, intensiven Diskussionen unter Mediävisten und Archäologen unsere Vorstellungen von Pfalzen und verwandten Objekten erheblich konkretisieren können (Literatur in Anmerkung 1). Danach wird eine Pfalz vor allem durch königliche Besitzrechte am Ort, entsprechend aufwendigere Baulichkeiten (wie Thronsaal, heizbarer Wohnraum und Kapelle) sowie die Häufigkeit und Rangigkeit der jeweiligen Königsaufenthalte charakterisiert (ZOTZ 1982, S. 184–191). Auf Kayna angewandt würde dies bedeuten: Die frühesten urkundlichen Erwähnungen von 1064 (MGH DH IV 133)[4] und 1069 (MGH DH IV 228) zeigen königlichen Besitz in Kayna an; dieser wurde jedoch von Heinrich IV. bzw. seiner Mutter in unterschiedlichem Umfang an die Kirche verschenkt, nicht aber der Burgward Kayna, wie die Urkunde von 1069 – eine nachträgliche Fälschung des Originals im späten 13. Jh. (ROSENFELD 1925, S. 65) – glauben machen will. Als administrativer Mittelpunkt einer königlichen Verwaltungseinheit, des Burgwardes, ist Kayna also gesichert. Es bleibt wohl, ohne daß sich dies im einzelnen belegen ließe, weiterhin in königlichem Besitz, so daß die für 1146 (MGH SS XVI, S. 81, 187, 327; MGH SS XXIII, S. 146) und 1179 (MGH SS XVI, S. 262; Dobenecker II Nr. 554 und 555) erwähnten

[1] Anschriften der Verfasser:
Dipl.-Geophys. JOHANNES LAUTERBACH, DDR-7030 Leipzig, Dohnaweg 3; Dipl.-Phil. REINHARD SCHMITT, DDR-4020 Halle (Saale), Friesenstr. 13.

[2] Aus der Überfülle an Literatur zum Thema „Pfalz": Deutsche Königspfalzen 1963, 1965 und 1979; JANKUHN 1964; GRIMM 1958, 1961 und 1968; GAUERT 1978. Speziell von mediävistischer Seite zu Kayna: SCHLESINGER 1962 und SCHWINEKÖPER 1975.

[3] TRÜBENBACH 1877; ZERGIEBEL 1894; BRINKMANN 1896; GEISSLER-HASERICK 1935.

[4] Diese Schenkung wurde 1171 nicht bestätigt: BODE 1893 Nr. 268. Dazu auch SCHLESINGER 1952, S. 99 Anm. 3. MGH vgl. Literatur: Monumenta Germaniae Historica.

Aufenthalte der Könige Konrad III. und Friedrich I. auf eigenem Besitz erfolgt sein dürften. Das Kayna dieser chronikalischen und urkundlichen Überlieferung wurde schon frühzeitig mit dem im Südosten des Kreises Zeitz gelegenen Ort identifiziert (MASCOVIUS 1753, S. 369). 1179 erwarb Friedrich I. außerdem Güter in Kayna von Graf Sigfrid III. von Orlamünde, wobei die Herkunft derselben nicht zurückzuverfolgen ist (Dobenecker II Nr. 555). Daß daraus ein längerer Besitz des „kaiserlichen Hofes Kaina" seitens der von 1046 bis 1067 als Markgrafen von Meißen fungierenden Grafen von Orlamünde herzuleiten wäre, wie Limmer (1834, S. 258) annimmt, ist wenig wahrscheinlich. Bereits 1133 überließen jedoch Markgraf Heinrich von Groitzsch und seine Frau Bertha anläßlich der Gründung des Klosters Thalbürgel dem Naumburger Bischof Udo I. einen Ministerialen Adelbert mit 9 Hufen in Kayna („in villam Koina"). Das könnte dafür sprechen, daß sich die Markgrafen von Meißen bereits früh innerhalb des Reichsbesitzes um Kayna Güter angeeignet hatten, womit jedoch nicht die königliche Burg selbst gemeint gewesen sein dürfte (Dobenecker I Nr. 1271; dazu Leo 1900, S. 36 und 54). Auch die Güter Sigfrids von Orlamünde deuten eine frühe Aufsplitterung des Besitzes in und um Kayna an.

Für 1219, 1277, 1284, 1282/86, 1287 und 1288 November 22 liegen dann wieder Urkunden vor, die sich allerdings mit größter Wahrscheinlichkeit auf Groß- und Klein-Kayna südwestlich von Merseburg beziehen (KEHR 1899 Nr. 165, 428; DOBENECKER IV Nr. 2364; KEHR 1899 Nr. 476; DOBENECKER IV Nr. 2809; KEHR 1899 Nr. 519). Aus den Urkunden von 1277 und 1287 geht hervor, daß aus der größeren Besitzmasse des Landsberger Markgrafen (wozu zu diesem Zeitpunkt auch Kayna bei Zeitz gehörte) jedoch vorrangig Orte im Raum nördlich, westlich und nordöstlich vom Zeitzer Raum verschenkt wurden, nicht aber das Gebiet des Gerichtsbezirkes „Rotegrabe", zu dem Kayna zählte (Dobenecker IV Nr. 2525; Kutscher 1979, S. 57–67)[5]. Letzteres wurde 1286 von Markgraf Friedrich Tuta an Bischof Bruno von Naumburg verkauft (Dobenecker IV Nr. 2524 und 2525)[6]. Dieses Gebiet hatte sich Markgraf Dietrich von Meißen um 1210 angeeignet (CDS I/3 Nr. 156), obwohl es seit 995 (ROSENFELD 1925 Nr. 13) bis auf einigen Reichsbesitz (u. a. den Burgward Kayna) von Kaiser Otto III. an das Bistum Naumburg verschenkt war. Am 24. Januar 1288 sparte derselbe Bischof im Rahmen einer größeren Belehnung an den Landgrafen Albrecht von Thüringen die Burg Kayna (municio Kayne) aus und gestattete nur das Jagen in deren Gebiet (Dobenecker IV Nr. 2841). Mittels der gefälschten Urkunde von 1069 versuchte der Bischof vermutlich zu diesem Zeitpunkt, sich durch königliche Schenkung als rechtmäßiger Besitzer auszuweisen, was indes Zweifel an seinen Ansprüchen aufkommen läßt. Nach erneutem Vertragsbruch seitens des Landgrafen war das Naumburger Besitzrecht an der Burg Kayna seit 1294 unbestritten (Domkapitelarchiv Naumburg: Liber privilegiorum fol. 134v, nach: HERRMANN 1970, S. 175).

Obwohl 1286 zum Zeitpunkt der Beurkundung als markgräflicher Besitz erscheint, ist nicht sicher zu entscheiden, ob dies bereits seit ca. 1210 der Fall war. Nun erwähnt jedoch der Sachsenspiegel Eike von Repgows nach 1221 als einen königlichen Bannforst die „Heide zu Kayna" (Kap. II.61 § 2), was dafür sprechen könnte, daß sich die königlichen Rechte noch bis ins erste Viertel des 13. Jh. erhalten haben und die Mark-

[5] Zur archäologischen Situation von Groß- bzw. Klein-Kayna: Grimm 1958, S. 249 Nr. 325.

[6] Die Mehrzahl der in der Urkunde angeführten Orte befindet sich im Raum Zeitz/Meuselwitz und setzt sich ziemlich deutlich von den 1287 genannten Besitzungen ab.

grafen erst im Laufe des mittleren 13. Jh. in den Besitz der Burg Kayna gekommen sind[7]. In Kayna ansässige Ministeriale werden seit 1216 genannt: Sybodo de Choyne (1216: CDS II/8 Nr. 3; dazu Schieckel 1956, S. 110), Ulricus de Choine (1227 und 1259: Mühlmann 1880, S. 404–405, 409–411; Kayna bei Zeitz oder Groß-Kühnau bei Dessau?), Fridericus de choune (1253: Stiftsarchiv Zeitz, Liber divisionum statutorum juramentorum fol. 58v) und Cunradus de Koine (1290: Schieckel 1960 Nr. 1612)[8]. Letzterer wird mit großer Wahrscheinlichkeit ein bischöflich-naumburgischer Ministerialer gewesen sein. Nach längerem Schweigen der Quellen erscheint 1387 mit Nickel von Ende eine Familie, die Kayna als naumburgischen Lehnsbesitz inne hatte.

Um auf obige Fragestellung zurückzukommen: Für die Zeit der Königsaufenthalte muß mit königlichem Besitz in und um Kayna gerechnet werden, was für eine Pfalz sprechen könnte. Die noch vom Sachsenspiegel angeführte „Heide zu Kayna" sowie der Forst Mahlen in unmittelbarer Nachbarschaft (Schlesinger 1962, S. 15 und 56; Emmerich 1968, S. 265–266) würden zur Deutung eines für die Zwecke der Jagd besonders geeigneten Aufenthaltsortes Kayna gut passen, nur wenige Kilometer von der bevorzugten Pfalz Altenburg entfernt. Demgegenüber zeugt die lediglich zweimalige Anwesenheit eines Königs (soweit quellenmäßig faßbar!) eher von einem minder bedeutenden Ort (Zotz 1982, S. 188–189), also wohl einem königlichen Wirtschaftshof, wofür auch der lateinische Terminus „curia" als Bezeichnung des aufgesuchten Ortes zu plädieren scheint. Was die Bedeutung der Königsbesuche anbetrifft, so feierte 1146 Konrad das Osterfest und hatte zudem den schlesischen Herzog Wladislaw II. zu Gast, der aus seinem Herrschaftsbereich vertrieben worden war und Asyl suchte, während für den August 1179 in Kayna ein Hoftag anberaumt war, auf dem der sächsische Herzog Heinrich der Löwe vor Gericht erscheinen sollte (dies als konstitutiver Bestandteil eines Prozesses, der zu seiner Amtsenthebung und Verbannung führte: Aus der reichhaltigen Literatur Claude 1975, S. 155–157).

Die beiden letztbesprochenen Aspekte zusammengesehen, kann die Bedeutung Kaynas dennoch nicht allzu hoch veranschlagt werden, was eher für einen in königlichem Besitz befindlichen Wirtschaftshof sprechen würde, der indes über die für einen Aufenthalt des königlichen Hofes nötigen Baulichkeiten verfügen mußte, die freilich bescheidener als z. B. in Altenburg, Merseburg oder Tilleda gewesen sein dürften.

Da mit archäologischen Untersuchungen in absehbarer Zeit nicht gerechnet werden kann, entschloß man sich, in Kayna mittels geophysikalischer Meßmethoden vorab die sog. „Grüne Insel" im Ortszentrum (Auerbach 1930, S. 57; Brinkmann 1896; Grimm 1958, S. 320 Nr. 680) sowie einige Kelleranlagen im Weichbild des Ortes zu untersuchen. Diese Arbeiten laufen bereits seit den 60er Jahren, intensiviert seit 1977.

Die tief im Tal des Schnauderbaches gelegene „Grüne Insel" wird indes für die Lage des Burgwardmittelpunktes und Königshofes nicht in Anspruch zu nehmen sein; dafür könnte viel eher der westlich gelegene und in Richtung der Insel spornartig auslaufende

[7] Leider ist den Urkunden nicht mit Sicherheit zu entnehmen, um welchen Besitzumfang es sich in Kayna im jeweiligen Fall handelte. Bereits für 1133 und 1179 mußte fremder Besitz im Ort festgehalten werden. Ob 1286 mit dem „Choyne" primär die Burg gemeint war (1288 betont: municio Kayne) oder noch weitere Besitzanteile inbegriffen waren, dürfte nicht mehr zu klären sein.

[8] Die originale Schreibweise übermittelte freundlicherweise Dr. Hartstock vom Staatsarchiv Dresden (26. 9. 1977).

Bergrücken (vgl. Pfalz Tilleda) in Frage kommen, zumal von ihm inzwischen auch hochmittelalterliche Keramik vorliegt. Wie in diesem Zusammenhang die Formulierung der Urkunden und Chroniken des 12. Jh. „Hof bei Kayna" (apud Koyne) zu interpretieren ist, bleibe offen. Vielleicht deutet dieses „bei" auf einen auch sprachwissenschaftlich zu fassenden, älteren slawischen Siedlungsbereich (EICHLER 1965, S. 151 bis 152[9]), an den sich der frühdeutsche Burgward und spätere Königshof anlehnte. Auf der „Grünen Insel" wird man eine jüngere Burganlage aus der bischöflich-naumburgischen Zeit vermuten dürfen. Sie wird von Anfang an von einem mit dem Schnauderbach verbundenen Wassergraben umgeben gewesen sein. Das nördlich gelegene Rittergut könnte in seiner „gebogenen, dem Burgplatz folgenden Form" (GRIMM 1958, S. 320 Nr. 680) als eine Vorburg genutzt worden sein.

An einigen erhaltenen und aufgemessenen Kelleranlagen des späten Mittelalters und der Neuzeit wurde des weiteren versucht, den Befund mit einem geophysikalischen Meßbild zu vergleichen — eine günstige Gelegenheit, die Möglichkeiten und Grenzen dieser Methode abzutasten.

Zu den geophysikalischen Arbeiten:

Seit den 60er Jahren werden in Kayna bei Zeitz geophysikalische Untersuchungen im Rahmen der Arbeiten eines FDJ-Forschungszirkels unter Leitung von R. A. KOCH durchgeführt. Gegenstand der geomagnetischen Relativ-Messungen waren die hier zahlreich vertretenen und in ihren Formen dem späten Mittelalter und der Neuzeit zuzuordnenden Kelleranlagen. Dabei fanden mechanische Magnetometer (Feldwaagen) zur Messung von Δz Verwendung. Das Verfahren basiert auf der Bestimmung der Vertikalintensität z des geomagnetischen Feldes über eine mechanische Messung der durch die magnetische Induktion hervorgerufenen Kraft an einem bestimmten Ort. Die Einheit des Meßergebnisses, bislang γ genannt, trägt nun die dem SI-System zugehörige Bezeichnung Nano-Tesla (nT). Die Intensität geomagnetischer Anomalien ist abhängig von der Suszeptibilität und dem Volumen magnetisch wirksamer Strukturen sowie von ihrer Lage zum Meßpunkt. Lokale Anomalien können Amplituden von einigen 100 nT bis zu einigen 1000 nT besitzen. Die bereits erwähnte magnetische Suszeptibilität des Bodenmaterials läßt sich auch gut zum für archäologische Fragestellungen interessanten Nachweis fossiler Böden nutzen. ALBERT (1958) bestimmte die Suszeptibilität an Proben, die im Aufschluß an den in Abb. 1 angegebenen Linien und in Tiefenschritten von 0,2 m entnommen wurden. Meßinstrument war dabei eine speziell vorbereitete Feldwaage. Die Abbildung zeigt, daß sich der fossile Boden durch ein Maximum in der bereits gemittelten Kurve abbildet. Dabei besitzen die Suszeptibilitätswerte durchgängig mindestens 2/3 der Höhe der entsprechenden Werte des rezenten Bodens. Nach NEUMEISTER und PESCHEL (1968) ist dieser Effekt durch den Humusgehalt der Böden bedingt, dem die Suszeptibilität proportional ist. Ursache dafür ist die unter Humuseinfluß stattfindende Neubildung von Magnetit.

In der zweiten Hälfte der 70er Jahre wurden die Arbeiten auf den Bereich der „Grünen Insel" im Zentrum des Ortes ausgedehnt. Die „Grüne Insel" läßt die Existenz einer Wasserburg in diesem Bereich auch heute noch vorstellbar erscheinen. Daher war sie

[9] Dazu freundliche Mitteilung von Prof. Dr. E. EICHLER, Leipzig vom 21. 10. 1977. — Auch diese slawische Siedlung wird man kaum auf der „Grünen Insel" lokalisieren wollen; völlig offen ist, ob diese eine dörfliche Ansiedlung oder gar eine Burg war.

der Ansatzpunkt für den von den Autoren in Zusammenarbeit mit der Zirkelarbeitsgruppe unternommenen Versuch, hier Reste einer Bebauung aus mittelalterlicher Zeit zu erfassen.

Im Interesse eines größeren Meßfortschrittes sowie zur Einengung der Mehrdeutigkeit geophysikalischer Meßwerte, die mittels nur eines Meßverfahrens gewonnen werden, fanden Messungen des scheinbaren spezifischen elektrischen Widerstandes sowie der radiometrischen γ-Impulsdichte Verwendung. Dabei fiel der geoelektrischen Wider-

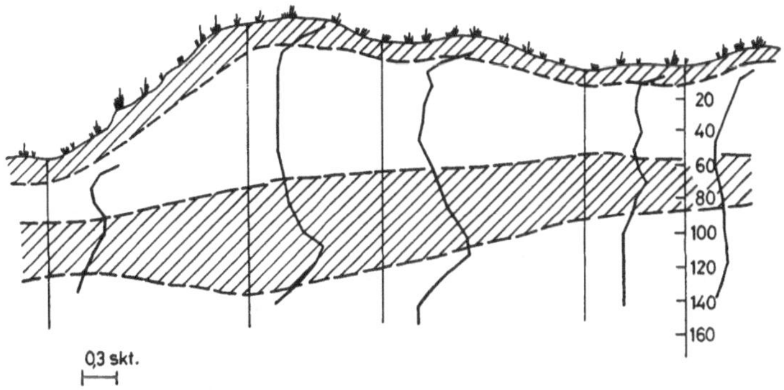

Abb. 1. Schematische Darstellung der geglätteten Suszeptibilitätsprofile über einem fossilen Boden (nach W. Albert 1958)

standsmessung die Aufgabe zu, radiometrische Indikationen für Baureste oder Gräben in ihrer Tiefenlage zum Niveau des Erdbodens festzulegen. Zu diesem Zweck wurden Messungen mit verschiedenen Wirkungstiefen vorgesehen.

Grundlage für die Messung der natürlichen γ-Strahlung in diesem Zusammenhang ist die Existenz von Uranium und seinen Tochterelementen in fast jedem Gestein. Darüberhinaus ist auch seine Migrationsfreudigkeit in wässriger Lösung von Bedeutung. Außerdem ist hier auch noch das stark verbreitete Kaliumisotop ^{40}K zu berücksichtigen, welches einen beträchtlichen Anteil der natürlichen γ-Strahlung liefert.

Besonders die Uran-Bildungen sind im wässrigen Milieu an die Feinstkornfraktion gebunden. Dies führt zu der relativ starken Radioaktivität (β, γ-Strahlung) von Ziegeln aller Art, die diese Eigenschaft der Tone auch durch den Brandprozeß nicht verlieren.[10]

Für archäologische Zwecke können diese Umstände Bedeutung erlangen, da sich z. B. in Gräben von Befestigungsanlagen naturgemäß ein sehr feinkörniges Material absetzt. Kuhn (1961) konnte in Tilleda auf diese Weise Gräben der Wallanlage der Pfalz nachweisen. Schließlich kann Mauerwerk aus gewöhnlich sehr geringaktiven Quarziten als Minimalzone im Anomaliebild in Erscheinung treten.

Was die geoelektrische Widerstandsmessung betrifft, so ist hier der scheinbare spezifische elektrische Widerstand die wirksame Kenngröße. Da die Hauptgemengteile der meisten Gesteine praktisch Isolatoren sind, muß der an ebendiesen Gesteinen in natürlicher Lagerung gemessene, vergleichsweise niedrige scheinbare spezifische elektrische

[10] Eine ausführlichere Darstellung der anzunehmenden geochemischen Verhältnisse bei Migration und Adsorption der hier interessanten Isotope wird bei R. A. Koch, J. Lauterbach und L. Stammler (1982) gegeben.

Widerstand durch einen weiteren Bestandteil bedingt sein. Dieser Bestandteil ist das in Poren und Klüften enthaltene, mehr oder minder mineralisierte Wasser.

Auch hier läßt sich unschwer ein Bezug zu archäologisch interessanten Fragestellungen erkennen. Das eben schon im Zusammenhang mit der radiometrischen Impulsdichte erwähnte feinkörnige Material (die Trübe-Fraktion in Gräben) besitzt gegenüber dem umgebenden Material ein sehr gutes Wasserhaltevermögen. Daher ist in den meisten Fällen in Grabenbereichen mit niedrigen scheinbaren spezifischen Widerständen zu rechnen. Andererseits bilden sich Wälle häufig mit erhöhten Widerständen ab, da die Korngrößen des Wallmaterials diejenigen der Grabenfüllungen übertreffen.

Zu den Meßergebnissen zunächst Abb. 2:

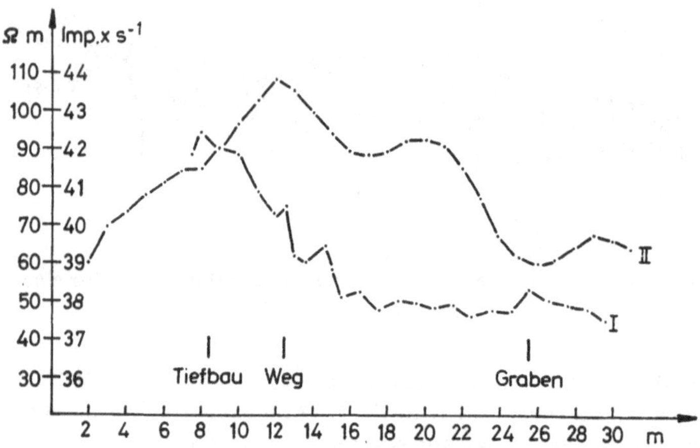

Abb. 2. Variation von radiometrischer γ-Impulsdichte (Kurve I) und scheinbarem spezifischem elektrischem Widerstand (Kurve II) über einem Profil auf der „Grünen Insel"

Abb. 2 zeigt das Ergebnis der Aufnahme der γ-Impulsdichte sowie des scheinbaren spezifischen Widerstandes auf einem Profil, das im Süden des Landambulatoriums beginnend, die gesamte „Grüne Insel" quert. Kurve I zeigt die Verteilung der gemittelten γ-Impulsdichtewerte über diesem Profil. Dabei sind drei Bereiche von Interesse. Zum einen ist dies das Maximum zwischen Ambulatorium und Weg. Nach bisherigen Erfahrungen, die durch die freundliche Mitteilung des Lehrers HEINRICH SPÄTE aus Kayna bestätigt wurden, tritt hier eine jüngere Veränderung im Untergrund (umfangreichere Bautätigkeit im Zusammenhang mit der Abwasserführung) in Erscheinung. Zum zweiten zeigt sich hier der Weg auf der Flanke des Hauptmaximums. Außerdem wurde gegen Ende des Profils noch ein relatives Maximum angetroffen. Nach den bereits zitierten bisherigen Erfahrungen deutet sich hier ein Graben an.

Zur Kurve II: Sie bildet offenbar ebenfalls die bereits erwähnten Erd- und Bauarbeiten ab, wobei sich im zentralen Teil schon der zur Ebnung des Geländes eingetragene Bauschutt bemerkbar macht. Interessanter ist der letzte Teil der Kurve, der nämlich gerade über dem radiometrischen Maximum ein Minimum anzeigt. Dies ist als Hinweis auf die Existenz eines weiteren Grabens zu betrachten. Die Wiederholung des dargestellten Effektes auf den Nachbarprofilen (jeweils um 1 m parallel versetzt) bekräftigt den Hinweis. Abschließend ist zu diesem Bereich festzustellen, daß sich in den

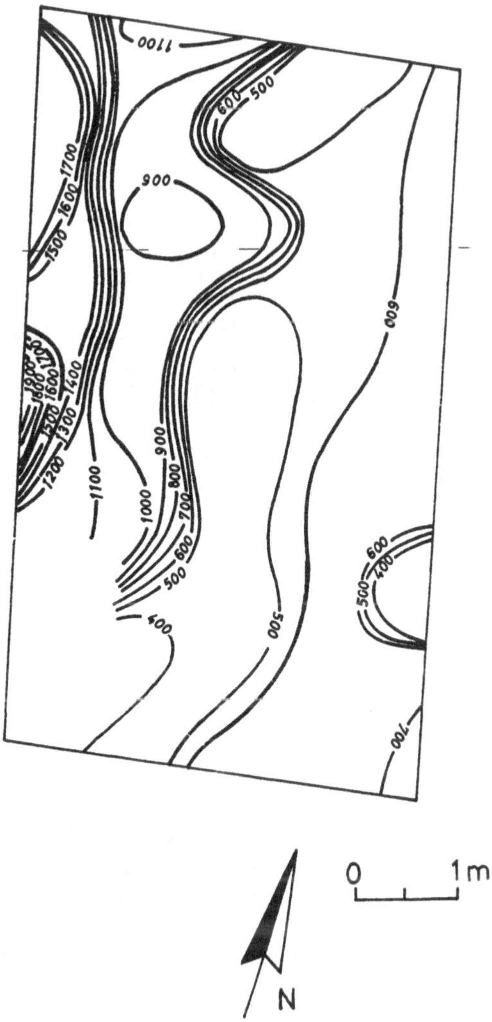

Abb. 3. Ergebnis der geomagnetischen Relativmessungen über dem Keller „Am Schafstall“. Aufnahme von Δz. Abstand der Isanomalen 100 nT

zentralen Teilen, auch im Vergleich mit dem geoelektrischen Meßbild, überwiegend die oberflächennahe Materialverteilung, u. a. also auch der schon erwähnte, zur Ebnung des Geländes verwendete Ziegelschutt abbildet.

Abb. 3 zeigt das Ergebnis der geomagnetischen Relativmessungen über dem Keller am Schafstall, der sich, wie die Aufmessung zeigt, auch noch unter der Straße erstreckt. Dargestellt ist die Aufnahme der Vertikalintensität Δz mit einem Abstand der Isanomalen von 100 nT. Interessant sind das Intensitätsmaximum $>$ 1900 nT, es könnte eine metallische Armierung der Kellerdecke oder ähnliches andeuten, sowie die Auslenkung der Isanomalen im Bereich des Kellers.

Abb. 4 zeigt das Ergebnis der radiometrischen γ-Impulsdichteaufnahme im gleichen Bereich (etwas beschnitten in N und S). Hier bildet sich sehr deutlich die oberflächen-

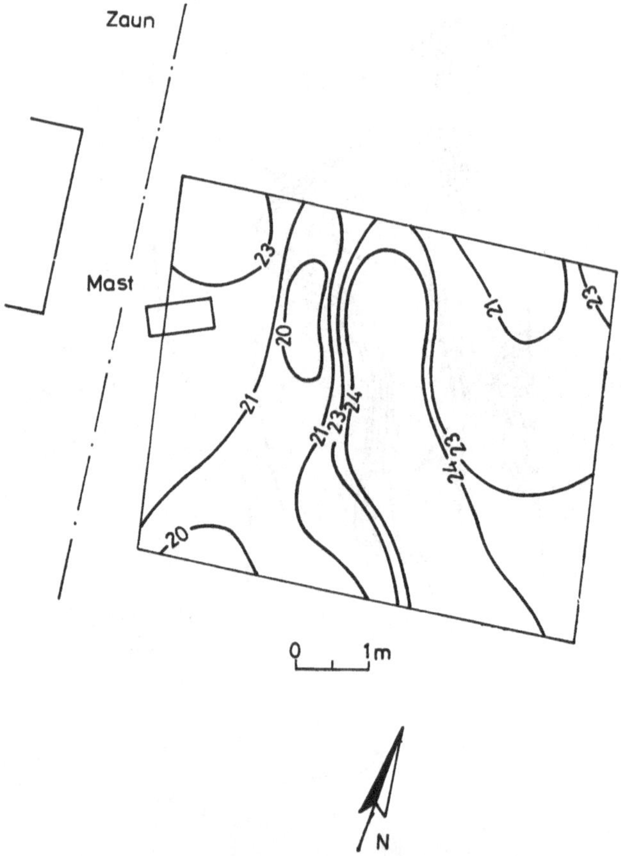

Abb. 4. Ergebnis der radiometrischen γ-Impulsdichteaufnahme im gleichen Bereich wie in Abb. 3, geglättet (Imp. $\times$ 100)

nahe Materialverteilung ab, wie das schon für den Bereich der „Grünen Insel" angesprochen wurde.

Abb. 5 zeigt noch immer ein radiometrisches Ergebnis. Nun wurden aber die eben gezeigten, geglätteten γ-Impulsdichtewerte von den Originalmeßwerten subtrahiert. Diese Bearbeitung ergab zwei deutlich unterschiedene Bereiche, die nach der theoretischen Betrachtung sowie dem Vergleich mit dem Ergebnis der Aufmessung durch das Kollektiv der TH Leipzig, dem Hohlraum (Minimum) sowie der Wandmauerung (Maximum) zuzuordnen sind. Zur Mächtigkeit der Überdeckung liegen keine Angaben vor. Daher wird bei der Abschätzung der Mächtigkeit von einer Größenordnung im Bereich eines Meters ausgegangen. Elektrische Widerstandsmessungen zur Klärung des Problems waren hier, der starken Beeinflussung durch Energiefreileitungen wegen, nicht möglich.

Die Ergebnisse der bisherigen Arbeiten in Kayna brachten sowohl praktische als auch methodische Hinweise für weitere Arbeiten. Sie zeigten aber auch die Bedeutung der Zusammenarbeit zwischen Geophysiker und Archäologen für ein Forschungsgebiet, in dem mit zielgerichteter Interpretation und entsprechender Technik sowohl gute Ergebnisse als auch zusätzliche Zeit gewonnen werden können.

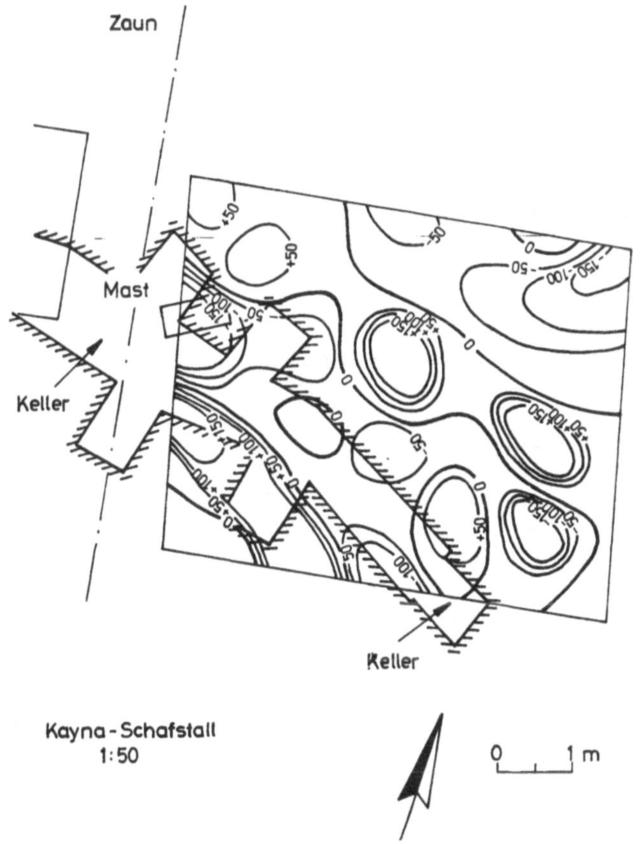

Abb. 5. Ergebnis der Subtraktion der geglätteten radiometrischen γ-Impulsdichteverteilung von der Originalmeßwertverteilung im Vergleich mit der Lage des Kellers („Am Schafstall")

Literatur

ALBERT, W., Die magnetische Suszeptibilität von Böden der DDR. Unveröff. Diplomarbeit, Math.-Nat. Fakultät, Karl-Marx-Universität, Leipzig 1958.

AUERBACH, A., Die vor- und frühgeschichtlichen Altertümer Ostthüringens, Jena 1930.

BODE, G., Urkundenbuch der Stadt Goslar und der in und bei Goslar gelegenen geistlichen Stiftungen. Erster Theil (922—1250), Halle 1893 (Geschichtsquellen der Provinz Sachsen und angrenzender Gebiete 29).

BRINKMANN, A., Die Burganlagen bei Zeitz in tausendjähriger Entwicklung, Halle 1896.

CLAUDE, D., Geschichte des Erzbistums Magdeburg bis in das 12. Jahrhundert. Teil II, Köln/Wien 1975 (Mitteldeutsche Forschungen 67/II).

Codex diplomaticus saxoniae regiae, Leipzig. 1. Hauptteil, Band 3, 1998; 2. Hauptteil, Bd. 8, 1868 (abgekürzt: CDS).

Deutsche Königspfalzen. Beiträge zu ihrer historischen und archäologischen Erforschung, Göttingen, Bd. 1, 1963, Bd. 2, 1965, Bd. 3, 1979 (Veröffentlichungen des Max-Planck-Institutes für Geschichte 11/1—3).

DOBENECKER, O., Regesta diplomatica necnon epistolaria historiae Thuringiae, Jena. Bd. I, 1896; Bd. II, 1900; Bd. IV, 1939.

EICHLER, E., Studien zur Frühgeschichte slawischer Mundarten zwischen Saale und Neisse, Berlin 1965 (Deutsch-Slawische Forschungen 19).

EMMERICH, W., Die siedlungsgeschichtlichen Grundlagen. — PATZE, H.; W. SCHLESINGER (Hrsg.), Geschichte Thüringens Bd. I: Grundlagen und frühes Mittelalter, Köln/Graz 1968, S. 265—266 (Mitteldeutsche Forschungen 48/I).

GAUERT, A., Handwörterbuch zur deutschen Rechtsgeschichte 2 (1978), Sp. 1044—1055 s. v. Königspfalzen.

GEISSLER-HASERICK, G., Kayna, eine vergessene Kaiserpfalz Friedrich Barbarossas. Altenburger Heimatblätter (Beilage zur Altenburger Zeitung) Juni/Juli 1935, S. 53—56.

GRIMM, P., Die vor- und frühgeschichtlichen Burgwälle der Bezirke Halle und Magdeburg, Berlin 1958 (Deutsche Akademie der Wissenschaften. Schriften der Sektion für Vor- und Frühgeschichte 6).

GRIMM, P., Tilleda. Eine Königspfalz am Kyffhäuser. Teil 1: Die Hauptburg, Berlin 1968 (Deutsche Akademie der Wissenschaften. Schriften der Sektion für Vor- und Frühgeschichte 24).

HERRMANN, B., Die Herrschaft des Hochstifts Naumburg an der mittleren Elbe, Köln/Wien 1970 (Mitteldeutsche Forschungen 59).

JANKUHN, H., Die mittelalterlichen Königspfalzen als archäologisches Forschungsproblem (erläutert am Beispiel sächsischer Pfalzen). — Varia archaeologica. Wilhelm Unverzagt zum 70. Geburtstag dargebracht, Berlin 1964, S. 323—335 (Deutsche Akademie der Wissenschaften. Schriften der Sektion für Vor- und Frühgeschichte 16).

KEHR, P., Urkundenbuch des Hochstifts Merseburg. Erster Theil (962—1357), Halle 1899 (Geschichtsquellen der Provinz Sachsen und angrenzender Gebiete 36).

KOCH, R. A., LAUTERBACH, J. u. STAMMLER, L., Radiometrische und mikromagnetische Meßergebnisse in Baudenkmälern. Z. geol. Wiss. Berlin 10, 9 (1982) 1229—1239.

KUHN, S., Über die Anwendung geophysikalischer Methoden in der Vor- und Frühgeschichte. Unveröff. Seminararbeit, Math.-Nat. Fakultät, Karl-Marx-Universität, Leipzig 1961.

KUTSCHER, R., Geschichte Landsbergs 10.—14. Jahrhundert, Landsberg 1979.

LEO, H., Untersuchungen zur Besiedelungs- und Wirtschaftsgeschichte des thüringischen Osterlandes in der Zeit des früheren Mittelalters, Leipzig 1900 (Leipziger Studien aus dem Gebiet der Geschichte 6, 3).

LIMMER, K., Entwurf einer urkundlich-pragmatischen Geschichte des Markgrafenthums Osterland, Ronneburg 1834.

MASCOVIUS, J. J., Commentarii de rebus Imperii sub Conrado III, Leipzig 1753.

Monumenta Germaniae Historica. Scriptorum Tomus XVI, Hannover 1859, Tomus XXIII, 1874 (abgekürzt: MGH SS XVI und XXIII).

Monumenta Germaniae Historica. Diplomatum regum et imperatorum Germaniae VI/1 (Heinricus IV), Weimar 1953 (abgekürzt: MGH DH IV).

MÜHLMANN, F. TH., Urkunden der Commende des deutschen Ritterordens zu Dansdorf im ehemaligen Kursächsischen Amte Belzig. — Neue Mittheilungen aus dem Gebiet historisch-antiquarischer Forschungen 15 (1880) 403—430.

NEUMEISTER, H. u. PESCHEL, G., Die magnetische Suszeptibilität von Böden und pleistozänen Sedimenten in der Umgebung Leipzigs. Albrecht-Thaer-Archiv 12 (1968) 1055—1072.

ROSENFELD, F., Urkundenbuch des Hochstifts Naumburg. Teil 1 (967—1207), Magdeburg 1925 (Geschichtsquellen der Provinz Sachsen, Neue Reihe Bd. 1).

Sachsenspiegel. Landrecht, hrsgg. von K. A. ECKHARDT, Göttingen 1955.

SCHIECKEL, H., Herrschaftsbereich und Ministerialität der Markgrafen von Meißen im 12. und 13. Jahrhundert. Untersuchungen über Stand und Stammort der Zeugen markgräflicher Urkunden, Köln/Graz 1956 (Mitteldeutsche Forschungen 7).

SCHIECKEL, H., Regesten der Urkunden des Sächsischen Landeshauptarchivs Dresden Bd. I (948—1300), Berlin 1960.

SCHLESINGER, W., Die Anfänge der Stadt Chemnitz und anderer mitteldeutscher Städte. Untersuchungen über Königtum und Städte während des 12. Jahrhunderts, Weimar 1952.

SCHLESINGER, W., Kirchengeschichte Sachsens im Mittelalter Bd. II, Köln/Graz 1962 (Mitteldeutsche Forschungen 27/II).

SCHWINEKÖPER, B., Provinz Sachsen Anhalt (hrsgg. von B. SCHWINEKÖRPER), Stuttgart 1975, S. 236 s. v. Kayna (Handbuch der historischen Stätten Deutschlands 11).

TRÜBENBACH, H., Kurze Chronik des Marktfleckens Kayna, Kayna 1877.

ZERGIEBEL, E., Chronik von Zeitz und den Dörfern des Zeitzer Kreises Bd. III, Zeitz 1894, S. 308—312.

ZOTZ, TH., Vorbemerkungen zum Repertorium der deutschen Königspfalzen. — Blätter für deutsche Landesgeschichte 118 (1982) 177—203.

Geophys. u. Geol. Geophys. Veröff. d. KMU Leipzig Bd. III H. 2 S. 119–124 Berlin 1985

Stand und Entwicklung der statistischen Interpretation geophysikalischer Daten

F. M. GOL'CMAN, F. JACOBS und H. MEYER[1]

Zusammenfassung: In den letzten Jahren wurden gemeinsame Untersuchungen auf dem Gebiet der statistischen Interpretationstheorie zwischen der Leningrader Universität, Physikalisches Institut, Laboratorium Dynamik elastischer Medien und der Karl-Marx-Universität Leipzig, Sektion Physik, Wissenschaftsbereich Geophysik durchgeführt. Es werden die wichtigsten Resultate und zukünftigen Entwicklungsrichtungen bezüglich der komplexen Problemstellung, Algorithmierung und Effektivitätseinschätzung dargelegt.

Summary: In the last years common investigations in the field of statistical interpretation theory were carried out by the Leningrad State University, Physics Institute, Laboratory of Dynamics of Elastic Media, and by the Karl-Marx-Universität Leipzig, Sektion Physik, Wissenschaftsbereich Geophysik.

Some results and developments regarding the statement of problems, complex algorithms, and estimations of effectiveness will be discussed.

Резюме: В последние годы между лабораторией Динамики Упругих Сред НИИ Физики Ленинградского университета и геофизическим отделом секции Физики Лейпцигского университета проводились совместные работы в области статистической теории и методов комплексной интерпретации наблюдений. В статье приводятся основные результаты касаюшиеся постановки, алгоритмирования и оценку эффективности решений обратных геофизических задач.

1. Problemstellung

Es seien $\boldsymbol{U}$ ein Vektor experimenteller Daten, $\boldsymbol{F}$ ein auf diese Daten bezogenes Modellfeld, $\boldsymbol{\varrho}$ der Vektor der gesuchten unbekannten Parameter, γ diskrete unbekannte Zustände des Objekts und $\boldsymbol{n}$ der Vektor der störenden unbekannten Parameter. Die Komponenten des Vektors $\boldsymbol{U}$ entsprechen verschiedenen Meßreihen physikalischer, chemischer, geologischer oder anderer Natur.

Früher unterschied man zwei Arten von nichtadditiven Grundmodellen für 1. quantitative oder 2. qualitative Interpretation:

$$1.\quad \boldsymbol{U} = \boldsymbol{F}(\boldsymbol{\varrho}, \boldsymbol{n}), \tag{1}$$

$$2.\quad \boldsymbol{U} = \boldsymbol{F}(\gamma, \boldsymbol{n}). \tag{2}$$

[1] Anschriften der Verfasser:
Prof. Dr. F. M. GOL'CMAN, Leningrader Universität, Physikalisches Institut, Laboratorium für Dynamik elastischer Media.
Dr. sc. F. JACOBS und Dr. rer. nat. H. MEYER, Karl-Marx-Universität, WB Geophysik, Sektion Physik der Karl-Marx-Universität, DDR-7010 Leipzig, Talstr. 35.

Am häufigsten wurde der Spezialfall der additiven Modelle betrachtet:

$$1.\quad \boldsymbol{U} = \boldsymbol{f}(\varrho) + \boldsymbol{n}, \tag{3}$$

$$2.\quad \boldsymbol{U} = \boldsymbol{f}(\gamma) + \boldsymbol{n}. \tag{4}$$

Die störenden Parameter $\boldsymbol{n}$ kann man als Rauschen von äußeren Fremdquellen betrachten.

Heute geht man meistens von den beiden nichtadditiven Grundmodellen aus. Es gibt aber noch allgemeinere Modelle, die auch diskrete experimentelle Daten $\hat{\mu}$ in die Betrachtungen einbeziehen (Gol'cman 1982). Die Diskretisierung des beobachteten Materials erlaubt es, auch verschiedene qualitative nichtformalisierte geologische, physikalische und andere Beurteilungen zu betrachten, zum Beispiel solche Merkmale wie Tongehalt ($\hat{\mu} = \hat{1}$ – gering; $\hat{\mu} = \hat{2}$ – mittel; $\hat{\mu} = \hat{3}$ – hoch; $\hat{\mu} = \hat{4}$ – sehr hoch) oder die Führung von Kohlenwasserstoffen in einer Struktur ($\nu = 1$ – Gas; $\nu = 2$ – Gas + Öl; $\nu = 3$ – Gas + Öl + Wasser; $\nu = 4$ – Wasser).

Jetzt wollen wir an Hand eines Beispieles die Zufälligkeit des experimentellen Materials erläutern. Wir wählen das einfache additive Modell $\boldsymbol{U} = f(\varrho) + \boldsymbol{n}$. Dabei sind in $\boldsymbol{U}$ die genauen Meßwerte enthalten, $\boldsymbol{n}$ und ϱ sind unbekannte Größen. Deshalb gehört zu jedem $\boldsymbol{n}$ ein ganz bestimmtes ϱ. Da $\boldsymbol{n}$ unbestimmt ist, muß eine Menge von $\boldsymbol{n}$ Werten angenommen werden. Diese Menge ist nur dann verwendbar, wenn eine Gewichtsfunktion für sie existiert. Nicht jede Zahl $\boldsymbol{n}$ hat dadurch die gleiche Existenzberechtigung. Dasselbe gilt für ϱ.

Die Gewichtsfunktion muß je nach Sachverhalt dem Problem angepaßt werden. In der statistischen Interpretationstheorie betrachtet man die Gewichtsfunktion als eine Wahrscheinlichkeitsverteilung. Sie gründet sich auf unsere Vorstellungen von der Häufigkeit und Stationarität des untersuchten Objektes. In diesem Falle müssen wir $\boldsymbol{n}$ und ebenso $\boldsymbol{U}$ als zufällig ansehen. Es erscheint sinnvoll, parallel zur statistischen Interpretationstheorie die Regularisierungstheorie in die Überlegungen einzubeziehen (Tikhonov und Arsenin 1975). Sehen wir uns das einfachste Modell für einzelne direkte Messungen an:

$$U = \varrho + n. \tag{5}$$

Für n sei die Dispersion σ^2 bekannt. Im allgemeinen existieren auch einige Vorstellungen ϱ^* über den unbekannten Parameter ϱ. Diese ϱ^* bekommen wir aus den Experimenten, so daß die ϱ^* als zufällig zu betrachten sind:

$$\varrho^* = \varrho + \Delta\varrho, \tag{6}$$

wobei ϱ den wahren, aber unbekannten Parameter und $\Delta\varrho$ die Differenz zwischen wahrem und erwartetem Wert darstellen. Für $\Delta\varrho$ sei die Dispersion D bekannt. Die statistische Theorie liefert uns nun eine Schätzung $\hat{\varrho}$ für das unbekannte ϱ in folgender Form:

$$\min_{\varrho} \left[(U - \varrho)^2 + \frac{\sigma^2}{D} (\varrho^* - \varrho)^2 \right] \Rightarrow \hat{\varrho}. \tag{7}$$

Dagegen ergibt sich aus der Regularisierungstheorie

$$\min_{\varrho} \left[(U - \varrho)^2 + \alpha(\varrho^* - \varrho)^2 \right] \Rightarrow \hat{\varrho}. \tag{8}$$

Man bezeichnet α als Regularisierungsparameter. Der Vergleich von (7) und (8) zeigt die Ähnlichkeit beider Ausdrücke. An die Stelle von σ^2/D tritt in der Regularisierungstheorie der Parameter α. Er ist variabel, um die Schätzungen stabil zu machen. Man erreicht das durch Vergrößerung von α. Gleichzeitig aber wird dadurch das Gewicht des 1. Gliedes in (8) kleiner, so daß die Bedeutung des experimentellen Anteils zurückgedrängt wird. Wird α sehr groß, dann folgt $\hat{\varrho} = \varrho^*$, und wir erhalten keine neuen Informationen aus den experimentellen Daten U.

Die statistische Theorie verbietet uns ebenfalls, die Parameter α bzw. $\frac{\sigma^2}{D}$ beliebig zu verändern, da das Verhältnis der Dispersionen konstant ist. Falls Instabilität zu verzeichnen ist, muß neues experimentelles Material den Daten hinzugefügt werden.

Besonders wichtig für das leichte Aufstellen und Lösen der Algorithmen ist die Formulierung zusätzlicher, linearer Bedingungen. Für das allgemeine Modell $\boldsymbol{U} = F(\varrho, \boldsymbol{n})$ existieren sowohl lineare deterministische (nichtzufällige) Bedingungen für die gesuchten Parameter ϱ:

$$\boldsymbol{A}\varrho = \boldsymbol{a}, \tag{9}$$

$\boldsymbol{A}$ — Matrix, $\boldsymbol{a}$ — Vektor,
als auch lineare zufällige Bedingungen für die erwarteten Parameter ϱ^*:

$$\boldsymbol{A}\varrho^* = \alpha, \tag{10}$$

$\boldsymbol{A}$ — nichtzufällige Matrix, α — Zufallsvektor, mit bekanntem Mittelwert $\bar{\alpha}$ und der Matrix $\boldsymbol{Q}$.

Im folgenden wird ein magnetisch und gravimetrisch wirksames Objekt als Beispiel herangezogen:

$$\boldsymbol{U}_{\mathrm{m}} = \boldsymbol{F}_{\mathrm{m}}(h_{\mathrm{m}}) + \boldsymbol{n}_{\mathrm{m}}, \tag{11}$$

$\boldsymbol{U}_{\mathrm{m}}$ — magnetisches Feld, h_{m} — unbekannter, gesuchter Parameter (z. B. Tiefe des magn. Störkörpers), $\boldsymbol{n}_{\mathrm{m}}$ — störender Parameter oder Rauschen.

Die erwartete Tiefe h_{m}^* unterscheidet sich von der wahren Tiefe:

$$h_{\mathrm{m}}^* = h_{\mathrm{m}} + \Delta h_{\mathrm{m}}. \tag{12}$$

Gleichzeitig erzeugt das Untersuchungsobjekt ein Gravitationsfeld:

$$\boldsymbol{U}_{\mathrm{gr}} = \boldsymbol{F}_{\mathrm{gr}}(h_{\mathrm{gr}}) + \boldsymbol{n}_{\mathrm{gr}}, \tag{13}$$

$$h_{\mathrm{gr}}^* = h_{\mathrm{gr}} + \Delta h_{\mathrm{gr}}. \tag{14}$$

Zwischen den magnetisch und gravimetrisch erwarteten Tiefen h_{m}^* und h_{gr}^* besteht eine zufällige Differenz

$$h_{\mathrm{m}}^* - h_{\mathrm{gr}}^* = \alpha. \tag{15}$$

Aus (15) folgt

$$\boldsymbol{A} = \|1, -1\|.$$

Falls $\alpha = 0$, dann existiert zwischen h_{m}^* und h_{gr}^* kein systematischer Unterschied, d. h., positive und negative Abweichungen sind gleichwahrscheinlich. Die Matrix Q

enthält unsere A-priori-Vorstellungen über die Dispersionen gemäß (15) und wird bei der optimalen Schätzung von h_m und h_{gr} mit Hilfe der Gleichungen (11) bis (15) benötigt.

2. *Algorithmen*

Wir unterscheiden optimale und heuristische Algorithmen. Während sich früher die statistische Theorie meist mit optimalen Algorithmen beschäftigte, hat heute die Bedeutung der heuristischen Algorithmen zugenommen. Wir sind jetzt in der Lage, die Effektivität beider Arten von Algorithmen zu schätzen. Außerdem besitzen wir inzwischen Möglichkeiten, beliebige heuristische Algorithmen zu optimieren.

Die Verwendung von Effektivitätskriterien ist nur dann möglich, wenn Modelle für die experimentellen Daten vorgegeben sind. Wir trennen jetzt die Algorithmen nicht in optimale oder heuristische, sondern in Algorithmen zur Schätzung (Unbekannte ϱ) oder zur Erkennung (Unbekannte γ).

Das Problem der Algorithmierung läßt sich folgendermaßen darstellen:

Schätzung oder Erkennung	→	typische mathematische Prozeduren	→	konkrete geophysikalische Aufgaben

Betrachten wir zunächst einige typische mathematische Prozeduren, von denen die meisten aus Kombinationen des Erkennens und Schätzens bestehen.

1. Inversion linearer Transformationen (z. B. inverse Filterung als eindimensionale Transformation, Potentialfeldtransformation als dreidimensionale Aufgabe und Holographie als vierdimensionale Transformation) (Robinson 1967; Žežel und Peschel 1977; Rösler 1980);
2. Auflösung von Interferenzen (Trojan 1982; Siegel u. a. 1977);
3. Lineare, flächenhafte oder räumliche Approximation (z. B. durch Splines/Trojan 1982);
4. Prognosen (Extrapolation, Interpolation, Korrekturen) (Gol'cman 1982; Neumann und Lange 1975);
5. Bestimmung der Momente komplizierter Quellenverteilungen (Gol'cman und Kalinina 1983);
6. Verfolgung von Besonderheiten und deren Klassifikation (Gol'cman 1981; v. Hoyningen u. a. 1975);
7. Komplexierung der experimentellen Datenmenge (Gol'cman und Kalinina 1983);
8. Statistische Modellierung.

Aus verschiedenen Kombinationen der typischen mathematischen Prozeduren lassen sich konkrete Algorithmen zur Lösung geophysikalischer Aufgaben ableiten. Gegenwärtig können eine Vielzahl dieser Aufgaben mit Hilfe der Interpretationstheorie als gelöst angesehen werden. Im folgenden beschränken wir uns auf einige Beispiele.

1. Trennung seismischer Interferenzfelder (Aurass und Grässl 1975);
2. Bearbeitung von CDP-Daten zur Erzeugung von Zeit- und Tiefenschnitten (Berkhout 1982);

3. Anomaliensuche für beliebige Merkmale (z. B. lithologische Fallen, Kimberlitschlote, geologische Rhythmen) (Karajev und Lukasin 1982; Patzer und Pröhl 1980);
4. Gravimetrisch-magnetische Komplexinterpretation (Gol'cman und Kalinina 1983);
5. Konturierung von Lagerstätten;
6. Interpretation elektromagnetischer Sondierungen (Salad 1982);
7. Lokalisierung der optimalen Charakteristika geologischer Objekte (z. B. Bohransatzpunkte).

3. *Effektivität*

Die gegenwärtigen Vorstellungen über Effektivitätsbeziehungen lassen sich in einem Schema vereinigen:

$$
\left.\begin{array}{r}
\boldsymbol{B} \\
\uparrow \\
\text{Schätzung} \rightarrow p(\hat{\theta}) \\
\\
\text{Erkennung} \rightarrow P(\hat{\wp}) \\
\downarrow \\
A^{-}
\end{array}\right\}
\begin{array}{l}
\nearrow \text{ökonomischer Gewinn} \rightarrow \text{Nutzen} \\
\text{— Informationsmenge} \\
\searrow \text{andere Kriterien}
\end{array}
$$

Wir erhalten $\hat{\theta}$ und $\hat{\wp}$ als zufällige Größen, da sie Funktionen der zufälligen experimentellen Daten sind. Einzige und vollständige Charakteristika der Effektivität sind für Schätzungen die Wahrscheinlichkeitsdichtefunktionen $p(\hat{\theta})$ und für Erkennungen die Wahrscheinlichkeiten $P(\hat{\wp})$.

In der Praxis erhalten wir statt $p(\hat{\theta})$ nur die Kovarianzmatrix $\boldsymbol{B}$ mit den Dispersionen des Vektors $\hat{\theta}$ als Diagonalelemente und statt $P(\hat{\wp})$ die Unbestimmtheit A^{-}, die mittlere Fehlerwahrscheinlichkeit. Als nächsthöhere Stufe der Effektivität der Schätzungen interessiert uns der ökonomische Gewinn (mittleres Risiko).

Um den Gewinn ermitteln zu können, müssen wir Schlußfolgerungen (Maßnahmen) aus unseren Entscheidungen festlegen. Jede Maßnahme ist mit ökonomischen Kosten verbunden. Das mittlere Risiko ergibt sich als Resultat aus den Maßnahmekosten und den Wahrscheinlichkeiten der Entscheidungsfehler.

Die auf das mittlere Risiko folgende nächsthöhere Stufe ist der Nutzen. Zwischen ökonomischem Gewinn und Nutzen besteht kein linearer Zusammenhang. Im allgemeinen kann man sagen, daß sich mit wachsendem Absolutbetrag des Gewinnes der Nutzen asymptotisch einem Festwert nähert.

Parallel zur Ermittlung des Gewinnes bzw. des Nutzens muß man auch die gewonnene Informationsmenge als selbständiges Maß der Effektivität betrachten. Es existieren Fälle geringen Informationszuwachses bei hoher Genauigkeit und Zuverlässigkeit der Entscheidungen und umgekehrt. Für die Einschätzungen der vollen Effektivität müssen weitere allgemeine und unabhängige Kriterien herangezogen werden, z. B. die Kompliziertheit und Realisierbarkeit der Algorithmen.

Es ist abzusehen, daß für diese Zwecke weitere Untersuchungen durchgeführt werden müssen. Diese sollten vorrangig folgende Probleme einer Lösung näherführen:

1. Weiterentwicklung und Vervollkommnung der Modellvorstellungen,
2. Entwicklung und Nutzung der Effektivitätsprognose,
3. rationelle Auswahl der Modelle und der experimentellen Daten im Hinblick auf ihre Entropien.

Literatur

AURASS, H., GRÄSSL, S., Eine spektrale Methode zur Untersuchung geophysikalischer Zeitreihen. Geophys. u. Geol. I, 2 (1975) 91–120.

BERKHOUT, A. J., Seismic migration. Elsevier, Amsterdam 1982.

GOL'CMAN, F. M., Statistische Algorithmen zur Erkennung und Klassifikation. Fiz. Zemli 4 (1981) 58–71.

GOL'CMAN, F. M., Physikalisches Experiment und statistische Einführungen (russ.). Leningrad 1982.

GOL'CMAN, F. M., KALININA, T. B., Statistische Interpretation magnetischer und gravimetrischer Anomalien (russ.). Leningrad 1983.

GRÄSSL, S., Signalbearbeitungsverfahren zur Erhöhung der Aussagekraft reflexionsseismischer Messungen. Unveröff. Diss. (B), KMU Leipzig 1978.

v. HOYNINGEN, W., GRÄSSL, S., JACOBS, F., Anwendung mehrdimensionaler Datenreduktionsverfahren zur Informationsverdichtung bei der geophysikalischen Interpretation. Z. geol. Wiss. 3, 4, (1975) 495.

KARAEV, N. A., LUKAŠIN, JU. P. u. a., Reflexionsseismische Methode in Erzgebieten (russ.). Leningrad 1982.

NEUMANN, W., LANGE, E., Zur Beschreibung geophysikalischer Karten. Z. geol. Wiss. 3, 4, (1975) 461–473.

PATZER, U., PRÖHL, S., Ein praktisches Beispiel für die Nutzung der Reflexionsseismik zum Direktnachweis von Kohlenwasserstofflagerstätten. Geophys. u. Geol. II, 2 (1980) 107–115.

ROBINSON, E. A., Multichannel time series analysis with computer programms. Holden Day, San Francisco 1967.

RÖSLER, R., Inverse Aufgaben in der Geophysik. Geod. Geoph. Veröff. R III, H. 45 (1980) 4–14.

SIEGEL, V., TROJAN, V. N., CHAKIMOV, D. G., Algorithmen zur Trennung interferierender seismischer Wellen. Z. geol. Wiss. 5 11/12, (1977) 1381–1392.

TIKHONOV, A. N., ARSENIN, V. YA., Lösungsmethoden nichtkorrekter Aufgaben (russ.). Moskau 1974.

TROJAN, V. N., Statistische Bearbeitungsmethoden seismischer Informationen bei der Erkundung komplizierter Medien (russ.). Moskau 1982.

ŽEŽEL, YU. P., PESCHEL, G., Alternativinterpretation bei der Lösung der umgekehrten Aufgabe der Magnetik. Z. geol. Wiss. 5, 9 (1977) 1105–1112.

Geophys. u. Geol. Geophys. Veröff. d. KMU Leipzig Bd. III H. 2 S. 125—136 Berlin 1985

Anregung seismischer Wellen in sehr geringen Tiefen

H. RISCHE[1]

Zusammenfassung: Es wird untersucht, ob bei Energieanregung in der Langsamschicht es möglich ist, ein auch für nahseismische Zwecke ausreichend breites Frequenzband zu erzeugen. Im Ergebnis zahlreicher Tests bei unterschiedlichen Oberflächenverhältnissen mit bis zu 50 m Langsamschichtmächtigkeit konnte experimentell bewiesen werden, daß mit sehr geringen Ladungsmengen in wenigen Meter Tiefe eine derartige Anregung zu brauchbaren Meßergebnissen führen kann. Dabei stellt die Ladungsmenge einen kritischen Parameter dar. Somit kann die Schußseismik als Alternativvariante für nahseismische Aufgaben eingesetzt werden, ohne daß sich der Aufwand bei der Energieanregung zu stark erhöht.

Problemstellung

Für die Energieanregung in der Seismik mittels Schuß wird eine bewährte Faustregel genutzt: Die Ladung muß unterhalb der Langsamschicht gezündet werden, bei Verdacht auf ghost-Wellen ein Viertel der Wellenlänge unterhalb der Langsamschichtbasis. Diese in der Praxis immer wieder bewährte Regel stößt jedoch dann auf Grenzen, wenn die Erkundungstiefe nicht sehr groß ist, wenn also die Effektivität der Seismik nicht vorrangig an ihrer Aussage, sondern ebenso an ihrem Aufwand gemessen werden muß. In solchen Fällen liegen Ladungstiefen, die bei einem Meßtrupp den Einsatz mehrerer Bohrgeräte erfordern würden, meist außerhalb des zulässigen Aufwandsbereichs.

Als Konsequenz wurde bisher in solchen Fällen, z. B. bei der Braunkohlenerkundung, aus ökonomischen Gründen auf einen Einsatz der Schußseismik völlig verzichtet. Jedoch sind genügend Erkundungssituationen bekannt, bei denen die nach etwa 10 Jahren Erprobung und Bewährung bereits „klassisch" zu nennenden nahseismischen Verfahren Transversalwellenseismik und Vibrationsseismik auf Grund von Störeinflüssen versagen können. Die bisherige Verfahrensweise, vor Aufnahme von Erkundungsarbeiten erst umfangreiche Versuchsmessungen durchzuführen, ergab eine wesentliche Verzögerung im Erkundungsablauf oder auch den Abbruch der seismischen Arbeiten. Solche Störeinflüsse oder Probleme können sein:

— sehr große Langsamschichtmächtigkeit, die bei der Vibrationsseismik die Interferenz der Reflexion von der Langsamschichtbasis mit den Zielreflexionen zur dominierenden Störgröße werden läßt,
— größere Erkundungstiefe, die mit der Transversalwellenseismik nicht und mit der eingesetzten Vibrationsseismik nur bei sehr hohem Stapelgrad erfaßt werden kann,

[1] Anschrift des Verfassers:
Prof. Dr. habil. HANS RISCHE, WB Geophysik, Sektion Physik der Karl-Marx-Universität, DDR-7010 Leipzig, Talstraße 35.

— stark variierende Oberflächenbedingungen, die ein genügend sicheres Vorausbestimmen von Anregungsparametern und Beobachtungssystem verhindern,
— Wald- und Sumpfgebiete, in denen der Vibrator nicht eingesetzt werden kann und Transversalwellen ausreichender Qualität nicht empfangen werden.

Für derartige Probleme ist demnach ein Alternativverfahren erforderlich. Dafür bietet sich die Schußseismik an, da sie infolge der Art der Energieanregung gegenüber den oberflächennahen Einflüssen am wenigsten störanfällig ist, die erforderliche Tiefenreichweite kaum ein Hemmnis darstellt und in besonderen Fällen, z. B. in sumpfigen Gebieten, die Ladung mittels tragbarer Ausrüstung gesetzt werden kann.

Allerdings kann es sich dabei nur um eine solche Variante handeln, bei der von vornherein auf große Ladungstiefen verzichtet wird, auch oder gerade dann, wenn die Langsamschichtsituation solche erfordern würde. Somit ergibt sich die Frage, ob eine Anregung seismischer Wellen mittels Schuß auch dann noch zu brauchbaren Ergebnissen führt, wenn die Ladung nur in einer aufwandsmäßig noch vertretbaren Tiefe gezündet wird, und das ist in den meisten Fällen in der Langsamschicht.

Diese Frage kann auch anders gestellt werden: Gibt es eine Möglichkeit, die ökonomischen Vorteile einer Anregung seismischer Wellen an der Erdoberfläche mit den energetischen Vorteilen einer Anregung durch Schuß unterhalb der Langsamschicht in Form eines Kompromisses so zu verbinden, daß bei Inkaufnahme der bekannten Nachteile — Aufwand pro Einzelanregung größer als bei Oberflächenquellen, Energieausbeute geringer als bei Schuß unter der Langsamschicht — ein kostengünstiges Alternativverfahren zur seismischen Nahbereichserkundung entwickelt werden kann.

Erfahrungen mit Gruppenschüssen

Für eine Anregung seismischer Wellen in der Langsamschicht liegen bereits Erfahrungen aus der Erdöl-/Erdgaserkundung vor. Bei Verzicht auf die Erkenntnisse unter Extrembedingungen, so in der Sahara (POMMIER und RICHARD 1957) oder in Rub'Al-Khali (ROBINSON, AL-HUSSEINI 1982) können die methodischen Ergebnisse wie folgt zusammengefaßt werden:

— Falls mit hoher Gruppierung gearbeitet wird, können in der Langsamschicht seismische Wellen angeregt werden, die interpretierbare reflektierte Wellen ergeben. Meist wird mit 20 bis 50 Einzelladungen pro Schuß gearbeitet (LEVJANT 1965, MINKOVSKI u. a. 1981).

— Diese hohe Anzahl von Einzelladungen ist auch erforderlich, um die intensiven Störwellen (i. allg. Oberflächenwellen) ausreichend zu unterdrücken. Deshalb kommt die Flächengruppierung zur Anwendung. LEVJANT (1965) gibt als Beispiel, daß in dem von ihm betrachteten Untersuchungsgebiet etwa gleichwertig sind:

9 Bohrungen je 80 m tief mit je 2,5 kg Sprengstoff,
50 Bohrungen je 5 m tief mit je 2,5 kg Sprengstoff.

Dadurch kann der Bohraufwand pro Schuß erheblich reduziert werden.

— Die Mächtigkeit der Langsamschicht begrenzt die Möglichkeiten zur Anregung seismischer Wellen nicht. Es werden Meßergebnisse vorgelegt, die bei Mächtigkeiten bis zu 100 m (z. B. MINKOVSKI u. a. 1981) erhalten wurden und welche die Lösung geologischer Erkundungsaufgaben ermöglichen.

— Für die Ladungsmenge liegen recht unterschiedliche Angaben vor. In letzter Zeit ist ein Trend zu geringeren Ladungsmengen erkennbar:

LEVJANT (1964)	Ladungsmenge	= 0,4 bis 10 kg
LEVJANT (1965)		= 2,5 kg
BANAS (1965)		= 0,6 kg
CHARAZ u. a. (1980)		= 0,4 bis 0,8 kg
MINKOVSKI u. a. (1981)		= 0,05 bis 0,2 kg

— Systematische Untersuchungen über den Einfluß der Ladungsmenge auf Amplitude und Frequenz der verschiedenen Wellen erfolgten nur summarisch und nicht spektral. Oft wird aus Versuchsmessungen die anzuwendende Ladungsmenge durch visuellen Vergleich der Ergebnisse bestimmt. Nur in wenigen Fällen (z. B. CHARAZ u. a. 1980) wird ein quantitativer Amplitudenvergleich vorgelegt. Für das Ergebnis ist charakteristisch, daß die Zunahme der Amplituden mit zunehmender Ladungsmenge bei kleinen Ladungen am größten ist und daß sie nach größeren Ladungen zu immer mehr abnimmt. Ein Beispiel für solche Untersuchungsergebnisse enthält Abb. 1.

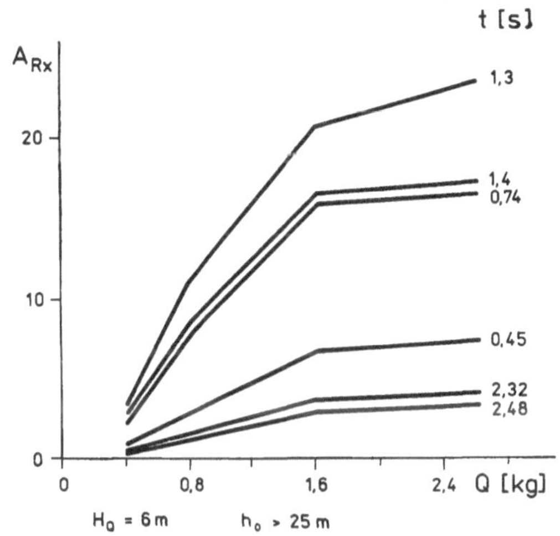

Abb. 1. Amplituden reflektierter Wellen in Abhängigkeit von der Ladungsmenge Q. Langsamschichtmächtigkeit etwa 25 m, Ladungstiefe 6 m, Gruppierung zwanzigfach (nach CHARAZ u. a. 1980)

— Die Ladungstiefe wird in den meisten Arbeiten als unkritisch hingestellt. Ihr Einfluß auf das Schwingungsbild sei gering, so daß auf eine Untersuchung der Anregungsbedingungen meist verzichtet wird. Die Ladungstiefe soll so groß sein, daß kein Auswurf entsteht, keine Schallwelle störend auftritt und die Zone der landwirtschaftlichen Auflockerung durchteuft ist. Aus diesen Forderungen folgen Ladungstiefen zwischen 1,2 m und 2 m. Dieser postulierte unkritische Einfluß der Ladungstiefe auf das Ergebnis wird als ein wesentlicher Vorteil dieser Methode herausgestellt, da im Gegensatz zur Anregung unter der Langsamschicht keine Untersuchungen zur Langsamschichtsituation erforderlich seien. Im Gegensatz zu diesen international vorherrschenden Auffassungen zeigen ältere Ergebnisse von Ladungstiefenuntersuchungen (LEVJANT

1964 und 1965), daß durchaus eine Abhängigkeit der Amplituden von der Ladungstiefe bestehen kann. Als optimale Ladungstiefen werden hier 4 m bis 6 m angegeben. Ein Beispiel für solche Versuchsergebnisse ist in Abb. 2 dargestellt.
— Die im Seismogramm erkennbare scheinbare Frequenz f_0, abgeleitet aus der Schwingungsdauer der Wellen, wird beim Übergang zur Anregung in der Langsamschicht generell niedriger. Allerdings scheint diese Abnahme bei den ohnehin sehr niedrigen Frequenzen, die bei den beschriebenen Untersuchungen erfaßt wurden, nicht sehr groß zu sein. LEVJANT (1964) berichtet über Frequenzen zwischen 15 und 30 Hz, die durch die Anregung in der Langsamschicht auf etwa 75% reduziert wurden. MINKOVSKI u. a. (1981) demonstrieren Amplitudenspektren mit Vorzugsfrequenzen um 12 Hz und einer 5%-Bandbreite bis 35 Hz.

Es muß nochmals betont werden, daß diese Ergebnisse bei Gruppenschüssen mit hoher Elementeanzahl gewonnen wurden. Hinzu kommt, daß zur Erfassung des interessierenden Laufzeitbereichs zwischen 0,5 s und 2,5 s meist recht hohe Ladungsmengen verwendet werden mußten. Damit liegen die erhaltenen Frequenzen weit unter denen, die für eine akzeptable Auflösung in geringen Tiefen erforderlich sind. Deshalb können die erhaltenen Erkenntnisse nicht ohne Einschränkungen auf die Nahbereichserkundung übertragen werden. Trotzdem ergeben sie wesentliche Anhaltspunkte für zielgerichtete weitere Untersuchungen.

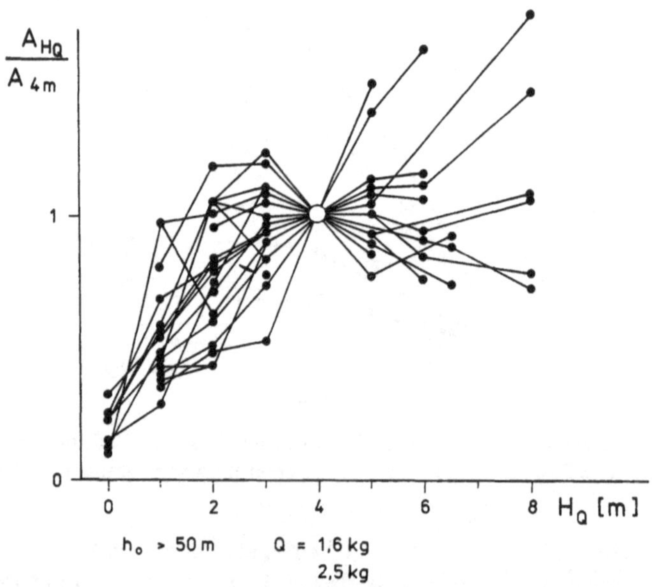

Abb. 2. Amplituden reflektierter Wellen in Abhängigkeit von der Ladungstiefe H_Q. Langsamschichtmächtigkeit etwa 50 m, Ladungsmenge 1,6 und 2,5 kg (nach LEVJANT 1964)

Einzelschuß in der Langsamschicht

Da in der Nahseismik ein Gruppenschuß wegen der Aufwandsproblematik von vornherein auszuschließen ist, interessiert zunächst die Frage, ob auch mit Einzelschuß und recht geringer Ladungsmenge ein ausreichendes Energieniveau erzeugt werden kann und ob die zu erwartende Frequenzreduzierung noch hingenommen werden kann. Ein für den Einzelschuß typisches Ergebnis ist in Abb. 3 dargestellt. Hier fällt besonders auf, daß

— das Amplitudenniveau im Bereich der ersten Einsätze und der reflektierten Wellen sich an der Langsamschichtbasis kraß ändert, so daß bei Anregung in der Langsamschicht diese Wellen kaum identifiziert werden können,
— die scheinbare Frequenz f_0 bei geringen Ladungstiefen deutlich abnimmt,
— bei Reduzierung der Ladungstiefe immer stärker Oberflächenwellen mit sehr geringer scheinbarer Frequenz auftreten, besonders gut erkennbar zwischen 0,29 s und 0,38 s.

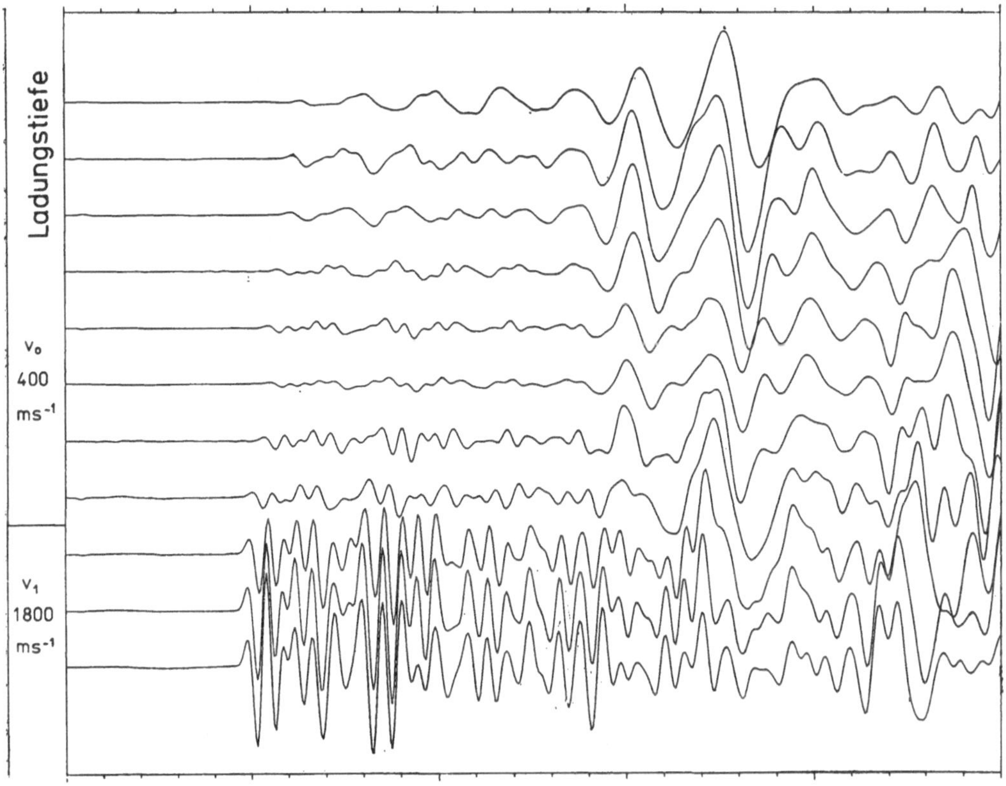

Abb. 3. Veränderung des Schwingungsbildes einer seismischen Spur bei Variation der Ladungstiefe in und unterhalb der Langsamschicht. Jede Spur ist auf die Maximalamplitude des dargestellten Laufzeitbereichs normiert

Dieses sehr ungünstig erscheinende Ergebnis erhält jedoch ein anderes Aussehen, wenn nur der Laufzeitbereich vor den Oberflächenwellen in geeigneter Weise dargestellt wird (Abb. 4). Infolge der Normierung ohne Einfluß von Oberflächenwellen ist jetzt zu erkennen, daß

— der Amplitudensprung an der Langsamschichtbasis für praktische Belange bedeutungslos sein kann,

— reflektierte Wellen auch bei geringeren Ladungstiefen mit recht guter Qualität auftreten,
— bei zu starker Verringerung der Ladungstiefe (besonders offensichtlich bei der oberen Spur) die scheinbare Frequenz deutlich abnimmt, wobei nicht auszuschließen ist, daß hier andere, niederfrequente Wellen überlagern.

Das Amplitudenspektrum unterstreicht diese Feststellungen und enthält weitere Hinweise. Während bei zu geringer Ladungstiefe (obere Spur) nur ein Frequenzmaximum um 26 Hz erscheint, das sich nach größeren Anregungstiefen zu mit 32 Hz fortsetzt und an der Langsamschichtbasis ausklingt, wird bereits bei der zweiten Spur das generelle Frequenzmaximum von reichlich 70 Hz erreicht. Die höheren Frequenzen ab 100 Hz sind bei Anregung unterhalb der Langsamschicht bis zu 50% vertreten, jedoch verschwinden sie bei Anregung in der Langsamschicht nicht vollständig.

Damit kann zunächst aufgezeigt werden, daß auch beim Einzelschuß durchaus Vor-

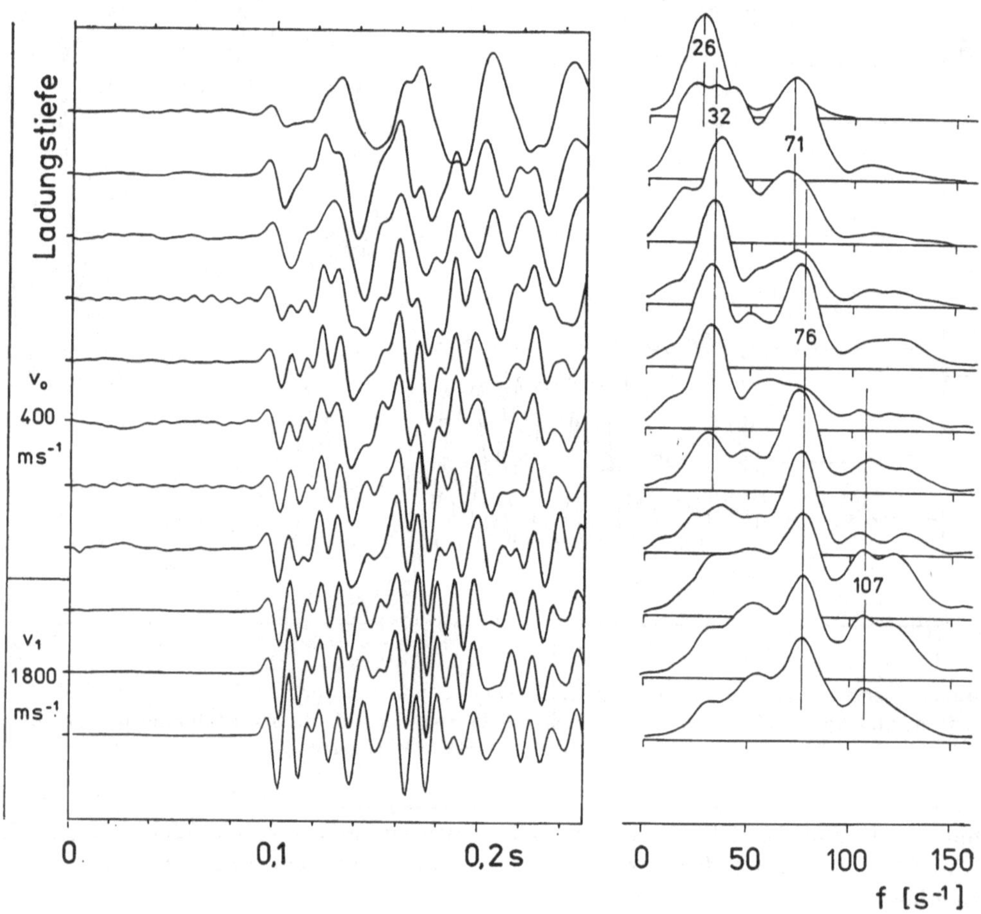

Abb. 4. Laufzeitbereich 0—0,25 s der Spuren von Abb. 3 und Amplitudenspektren dieses Bereichs. Jede Spur ist auf die Maximalamplitude des dargestellten Laufzeitbereichs normiert

aussetzungen gegeben sein können, Meßergebnisse mit ausreichend hohen Frequenzen zu erhalten, wenn man sich auf den Laufzeitbereich außerhalb des Oberflächenwellenfächers beschränkt.

Ladungstiefe

Die Langsamschicht erscheint in ihrem Aufbau oft recht homogen, wenn man nur die Geschwindigkeit der Longitudinalwellen betrachtet. Da bei Erkundungsarbeiten ohne zusätzlichen Aufwand kaum zusätzliche Parameter (z. B. Geschwindigkeit der Transversalwellen, Absorptionskoeffizienten) erhalten werden, können nur spezielle Versuche zur Energieanregung Auskunft über günstige Ladungstiefen geben. Dabei sind vor allem zwei Parameter zu betrachten, die Gesamtamplitude und die spektrale Amplitudenverteilung.

Zunächst muß die Gesamtamplitude eine gewisse Mindestgröße, bezogen auf das Rauschen, aufweisen. Diese Forderung ist in den meisten Fällen unproblematisch zu erfüllen. Dazu soll Abb. 5 ein Beispiel geben. Dargestellt sind die Maximalamplituden aller Schwingungen einer registrierten seismischen Spur bei unterschiedlichen Ladungstiefen. Es ist zu erkennen, daß die Amplituden der reflektierten Wellen deutlich über

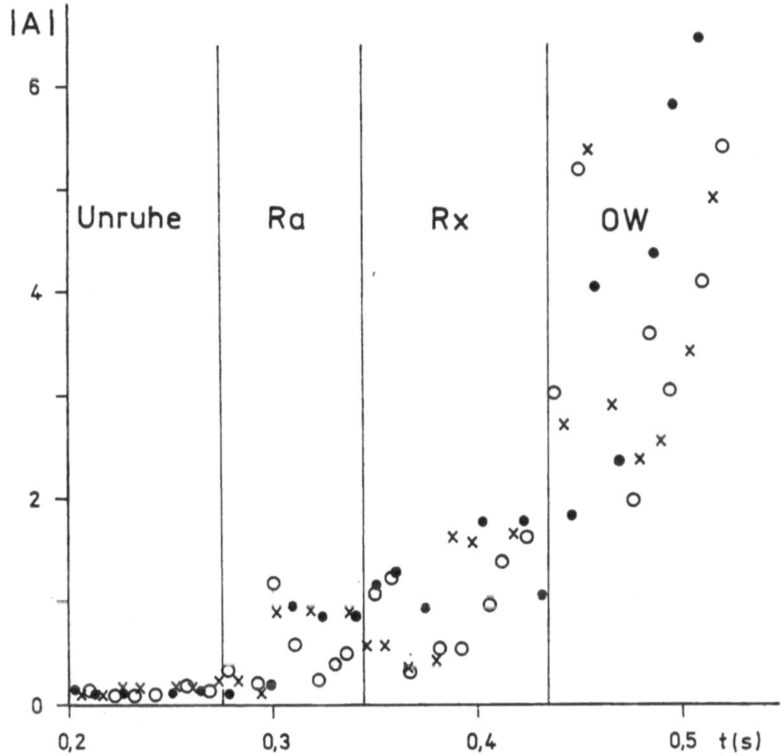

Abb. 5. Maximalamplituden einer Spur bei Anregung mit geringer Ladungsmenge in verschiedenen Ladungstiefen (●, ∅, ∘) innerhalb der Langsamschicht. *Ra* = gebrochene Wellen (erste Einsätze), *Rx* = reflektierte Wellen, *OW* = Oberflächenwellen

der schußunabhängigen Unruhe liegen, kein ausgeprägter Zusammenhang zwischen Ladungstiefe und Amplitude erscheint und daß die Amplituden der Oberflächenwellen die der reflektierten Wellen um ein Mehrfaches übersteigen. Aus diesem und weiteren Versuchsergebnissen lassen sich ableiten:

- Es ist bereits mit sehr geringen Ladungsmengen (teilweise schon mit Zünderschuß) möglich, reflektierte Wellen mit ausreichender Gesamtamplitude im interessierenden Laufzeitbereich zu erhalten.
- Das Amplitudenniveau der Oberflächenwellen liegt etwa um das Zehnfache (und mehr) über dem der reflektierten Wellen, so daß eine Unterdrückung durch Interferenzsysteme und spezielle Filterverfahren sehr problematisch bis unmöglich wird.
- Zwischen Amplitude, Longitudinalwellen-Geschwindigkeit und Ladungstiefe ist kein eindeutiger Zusammenhang erkennbar.

Liegen ausreichende Gesamtamplituden vor, so erscheint die spektrale Amplitudenverteilung als der wesentliche Indikator. Abbildung 4 zeigt dies recht gut an. Während bei zu geringer Ladungstiefe (obere Spur) nur niedrige Frequenzen auftreten, wird bereits bei der folgenden Spur eine recht gute Bandbreite erreicht, die in diesem Falle sogar als ein Optimum (im Bereich der geringen Ladungstiefen) angesehen werden kann.

Die Division der normierten Spektren läßt einen quantitativen Vergleich zu (Abb. 6). So verschiebt sich der Verhältniswert 1 von 37 Hz bei zu geringer Ladungstiefe auf etwa 70 Hz bei optimaler Tiefe und rund 50 Hz bei den anderen Tiefen. Zwischen 100 und 150 Hz sinkt das Amplitudenverhältnis bei zu geringer Ladungstiefe auf 0,07, bei optimaler Tiefe nur auf 0,35. Es sollte betont werden, daß das Bezugsspektrum bei Anregung unter der Langsamschichtbasis erhalten wurde.

Somit kann geschlossen werden, daß bereits bei recht geringen Ladungstiefen Wellenformen und Amplitudenspektren erhalten werden, die sich nach größeren Anregungstiefen zu (innerhalb der Langsamschicht) kaum wesentlich ändern. Diese Aussagen gelten auch für größere Langsamschichtmächtigkeiten, sie wurden bisher bis maximal 50 m Mächtigkeit experimentell bestätigt.

Ladungsmenge

Wie bereits betont, ist es oft schon mit recht geringen Ladungsmengen möglich, reflektierte Wellen ausreichender Amplitude zu erhalten. Deshalb liegt auch bei der Suche nach optimalen Ladungsmengen das Augenmerk auf dem spektralen Amplitudenverhalten. Die Seismogramme in Abb. 7 sollen das unterstreichen. Bei allen drei Ladungen sind im Bereich der Oberflächenwellen keine reflektierten Wellen erkennbar, außerhalb dieses Bereichs dagegen treten sie recht deutlich auf. Sie werden jedoch überlagert von Schwingungen, deren Phasenachsen etwa parallel zu den ersten Einsätzen liegen und deren Intensität mit der Ladungsmenge deutlich zunimmt, wobei sich die Schwingungsdauer merklich verlängert. Somit muß für die Ladungsmenge, zunächst nur aus Erfahrungswerten abgeleitet, gefordert werden, daß sie so gering als möglich zu wählen ist, um derartige Störeffekte weitgehend zu vermeiden. Gleichzeitig kann damit die Bandbreite bei den reflektierten Wellen deutlich erweitert werden.

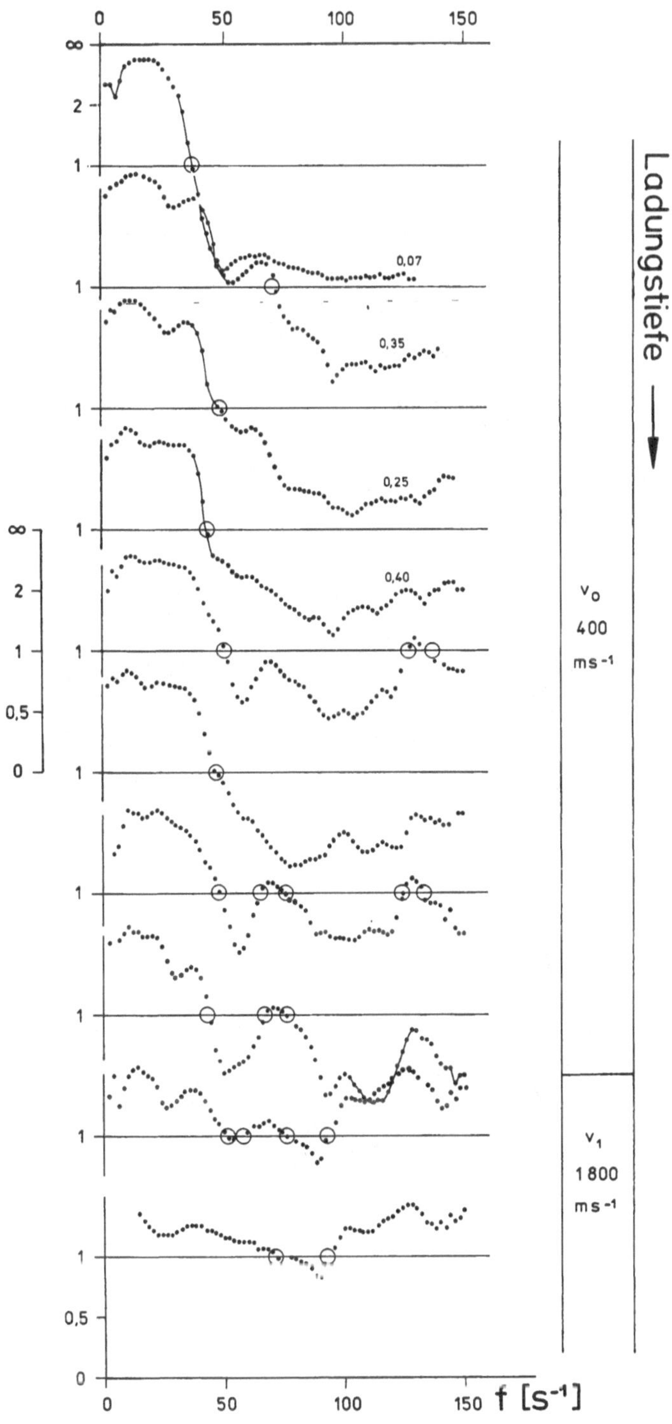

Abb. 6. Division normierter Spektren von Schüssen in unterschiedlichen Ladungstiefen. Bezugsspektrum bei Anregung unterhalb der Langsamschichtbasis, Spuren und Amplitudenspektren in Abb. 4 dargestellt

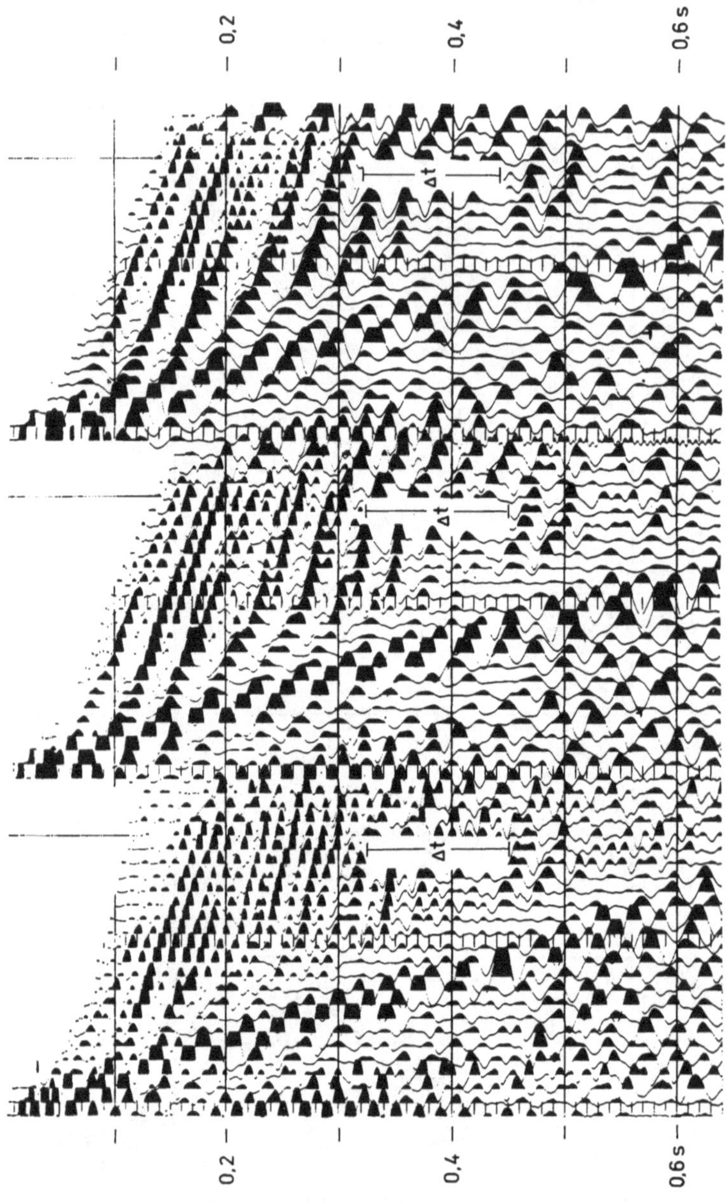

Abb. 7. Seismogrammvergleich von Ladungsmengenversuchen in der Langsamschicht; links: Ladungsmenge sehr gering, jedoch ausreichend, rechts: Ladungsmenge zu hoch

Im Ergebnis dieser Untersuchungen gelang es, die Aussagen zur Ladungsmenge und spektralen Amplitudenverteilung auch quantitativ zu fassen. Die Ergebnisse dieser Betrachtung werden demnächst in einer gesonderten Arbeit vorgelegt.

Anwendung bei Erkundungsarbeiten

Erste Anwendungsbeispiele dieser Art der Energieanregung liegen vor (Gaertner, Rische, Fischer 1983). Sie beweisen, daß das Grundanliegen erreicht wurde, es steht ein Alternativverfahren für die Nahbereichserkundung zur Verfügung, das besonders bei problematischen Oberflächenbedingungen genutzt werden kann. Das bedeutet jedoch nicht, daß nun alle denkbaren Probleme ausreichend gut gelöst werden können.

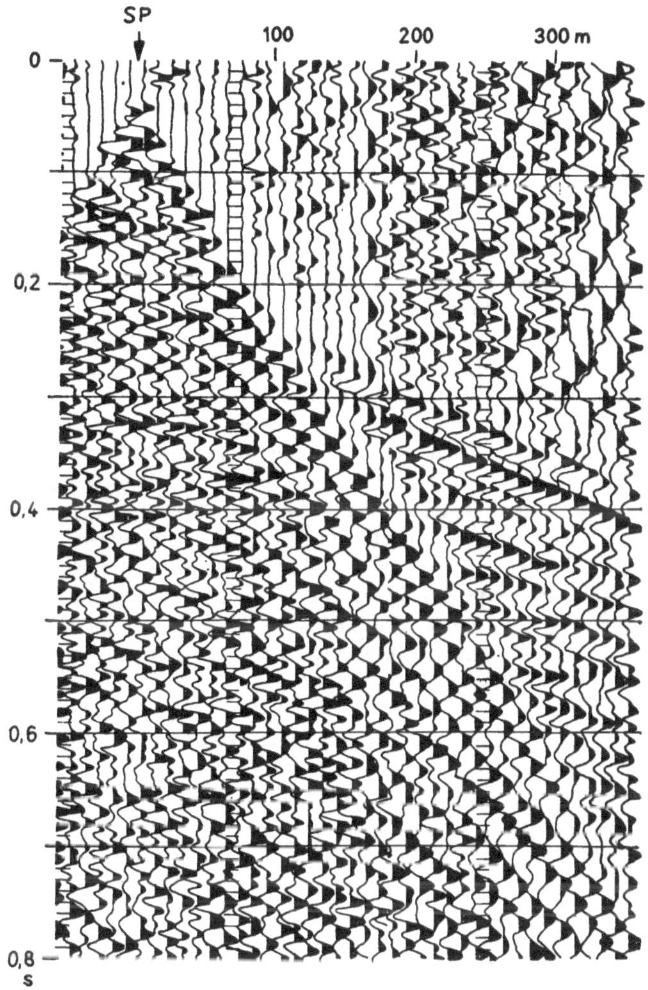

Abb. 8. Seismogramm bei großer Langsamschichtmächtigkeit (> 35 m) und Anregung in geringer Tiefe. Reflektierte Wellen können erst ab 200 m Beobachtungsentfernung erkannt werden

Diese einschränkende Aussage soll an Abb. 8 erläutert werden. Sehr große Langsamschichtmächtigkeiten ergeben eine größere Laufzeitverzögerung bei den reflektierten Wellen, während die Oberflächenwellen ohne eine solche Verzögerung einsetzen. Dadurch verschiebt sich der Bereich, in dem reflektierte Wellen außerhalb des Oberflächenwellenfächers auftreten, vom Schußpunkt weg nach größeren Empfangsentfernungen zu. Damit wird aber für reflektierte Wellen von Schichtgrenzen in geringeren Tiefen, etwa kleiner als 100 m, die Laufzeitdifferenz zu den an der Langsamschichtbasis geführten Wellen immer geringer, so daß infolge Überlagerung mit Nachphasen der ersten Einsätze kein ausreichendes Signal/Störverhältnis mehr zur Verfügung steht, bzw. beide Wellen verschmelzen miteinander.

Trotz solcher Einschränkungen ist es möglich, diese Art der Energieanregung für Erkundungszwecke zu nutzen, wenn die Grenzen richtig beachtet und die zweckmäßigsten Anregungsparameter, ganz besonders die Ladungsmenge, immer wieder kritisch überprüft und präzisiert werden.

Die hier vorgelegten Ergebnisse wurden in Zusammenarbeit mit der Arbeitsgruppe Nahseismik des VEB Geophysik Leipzig erzielt. Verfasser dankt den beteiligten Kollegen für die anregende Diskussion und Mitarbeit sowie der Leitung des VEB Geophysik für die Genehmigung zur Publikation.

Literatur

Banaś, H., Grupowanie plytkich otworów strzalowych. Technika Poszukiwań 4, 13, (1965) 7–15.

Charaz, I. I., Ivančuk, A. M., Astachov, A. S., Vasil'ev, V., Effektivnost' gruppovych ustočnikov v sejsmorazvedke pri razmeščenii zarjadov v ZMS. Geol. i Geofiz. 4, (1980) 103–111.

Gaertner, H., Rische, H., Fischer, K. H., Schußseismische Braunkohleerkundung als Alternativlösung. Vortrag 30. GGW-Tagung Cottbus 1983.

Levjant, V. B., Ob effektivnosti vzryvov vblizi dnevnoj poverchnosti pri sejsmorazvedke (no primere Volgogradskoj oblasti). Geol. i Razved. 10 (1964) 123–140.

Levjant, V. B., Opyt primenenija i ocenka ekonomičeskoj effektivnosti gruppirovanija zarjadov vblizi dnevnoj poverchnosti. Razved. Geofiz. 7 (1965) 8–15.

Minkovsky, Chr., Staykov, P., Bozhinov, Sl., Vozbuždenie uprugich kolebanij posredstvom grupp mologabaritnych skvažin. Proc. 26. Geophys. Symposium, Leipzig 1 (1981) 47–52.

Pommier, G., Richard, H., Supermultiplication des charges et des sismographes au Sahara. Geophysical Prospecting 5, 3 (1957) 282–299.

Robinson, D. K., Al-Husseini, M. J., Technique for reflection prospecting in Rub'Al-Khali. Geophysics 47, 8 (1982) 1135–1152.

Geophys. u. Geol. Geophys. Veröff. d. KMU Leipzig Bd. III H. 2 S. 137–148 Berlin 1985

Zum Problem der Ermittlung der Absorption bzw. Dämpfung elastischer Wellen in Gesteinsproben

CH. MARLE[1]

Zusammenfassung: Infolge des Einflusses, den die inelastischen Eigenschaften eines Mediums auf eine durchlaufende elastische Welle ausüben, ist es u. a. notwendig, die zu erwartenden substantiell bedingten Meßeffekte hinsichtlich ihrer Größe zu erfassen. Hierfür existiert eine Reihe von Labormeßverfahren. Auf der Grundlage eines speziellen Meßverfahrens, des modifizierten Impuls-Echo-Verfahrens, werden die Möglichkeiten zur Ermittlung der Absorption in Festgesteinsproben erläutert und auftretende Fehlergrößen diskutiert.

Für die Bearbeitung und Interpretation seismischer Meßdaten haben die kinematischen Parameter der Wellenausbreitung, deren wichtigste, d. h. gebräuchlichste, die Ausbreitungsgeschwindigkeiten der P- und S-Wellen sind, ausschlaggebende Bedeutung. Daneben werden zahlreiche Versuche unternommen, verstärkt die dynamischen Prozesse, die während der Ausbreitung einer seismischen Welle im Gesteinskörper ablaufen und das Signal in charakteristischer Weise verändern, gezielt in die Interpretationsfragen einzubeziehen. Das betrifft vor allen Dingen die physikalischen Prozesse Absorption und Dispersion (s. dazu LÖHNING 1970).

Die inelastischen Eigenschaften der Gesteine führen zur Energieabnahme elastischer Wellen bei ihrem Durchgang durch das Gestein. Um die zu erwartenden Meßeffekte, verursacht durch Absorption und Streuung im untersuchten Medium, hinsichtlich ihrer Größenordnung zu charakterisieren, kann bereits auf eine große Anzahl vorliegender theoretischer Betrachtungen zur Wellenausbreitung in inhomogenen, inelastischen Stoffen (GORDON u. a. 1968, HARJES 1971, MILLAHN 1974) sowie experimenteller Untersuchungen zurückgegriffen werden.

Dessen ungeachtet bedürfen noch viele Teilprobleme, die inelastischen Eigenschaften der Gesteine betreffend, einer Klärung. Dabei sei vor allen Dingen an die noch weitgehend ungeklärten physikalischen Absorptionsmechanismen und auch die Abhängigkeit der Absorption von der Frequenz des ausgesandten Signals erinnert, wobei letzteres besonders für die angestrebte Übertragung der im Labor gewonnenen Resultate auf konkrete feldseismische, seismologische und bohrlochgeophysikalische Belange von Interesse ist.

Auf einen Gesichtspunkt sei an dieser Stelle noch hingewiesen: Es dürfte in vielen Fällen (auch für Beispiele aus der Literatur) exakter sein, von der Dämpfung oder Extinktion elastischer Wellen zu sprechen, da die Trennung in deren Komponenten Absorption (d. h. die Umwandlung elastischer Energie in andere Energieformen) und Streuung (d. h. die Energieabnahme der seismischen Welle infolge geometrischer Ein-

[1] Anschrift der Verfasserin:
Dr. rer. nat. CH. MARLE, WB Geophysik, Sektion Physik der Karl-Marx-Universität, DDR-7010 Leipzig, Talstraße 35.

flüsse und der äußeren Beschaffenheit der Probe) nicht immer hinreichend eindeutig vorgenommen wird.

Im Mittelpunkt der folgenden Betrachtungen stehen die Möglichkeiten und Grenzen eines speziellen Labormeßverfahrens (modifiziertes Impuls-Echo-Verfahren nach DEUBEL und SCHUPPE, 1975) zur Bestimmung der Absorption elastischer Wellen und die bei der Testung dieses Verfahrens gewonnenen Ergebnisse.

Wie schon erwähnt, kommt es durch das nicht ideal elastische Verhalten eines Übertragungsmediums infolge Energieabgabe an das Durchgangsmedium zu einer Energieabnahme des Ausgangssignals, was sich in einer Intensitätsverringerung der durchlaufenden Welle äußert.

Da davon ausgegangen wird, daß die kinetische Energie E einer elastischen Welle proportional dem Amplitudenquadrat A^2 ist,

$$E = E(A^2), \tag{1}$$

wird im allgemeinen die Amplitudenabnahme der sich in einem Medium ausbreitenden Welle als Maß der Absorption elastischer Energie genommen, wobei vorausgesetzt wird, daß die Amplitudenabnahme in Form einer e-Funktion verläuft.

$$A(f, z) = A_0 \cdot \left(\frac{z_0}{z}\right)^n \cdot e^{-\alpha(f)\cdot(z-z_0)} \tag{2}$$

mit $A(z)$ = Amplitude in der Entfernung z vom Ausgangspunkt, A_0 = Amplitude am Ausgangspunkt, z = Ausbreitungsrichtung, f = Frequenz, $\alpha(f)$ = Absorptionsfunktion, $\left(\frac{z_0}{z}\right)^n$ = Divergenzfunktion.

Im Spezialfall einer ebenen Welle gilt $n = 0$, d. h., damit entfällt die Divergenzkorrektur.

Zur Erklärung der Ursachen der physikalischen Absorption können nach Angaben verschiedener Autoren folgende Haupteinflußfaktoren unterschieden werden:

a) makroskopisch-phänomenologische Mechanismen mit den durch Reibung an Rissen, Spalten und Korngrenzen im Gestein verursachten Energieverlusten — Verluste an elastischer Energie — als Hauptursache, wobei im wesentlichen hierbei eine Umwandlung elastischer Energie in Wärmeenergie erfolgt, sowie
b) innere, materialspezifische und festkörperphysikalische Prozesse, deren Ursache in den inelastischen Eigenschaften eines nicht idealen Kristallgitters zu suchen sind und unter anderem das breite Spektrum der Relaxationsprozesse beinhaltet

(nach PESELNICK u. a. 1959, GORDON 1968, JACKSON u. a. 1970, DRISLER 1976).

Es ist jedoch zu bemerken, daß es insbesondere bei Gesteinen infolge ihres polykristallinen, inhomogenen Aufbaus noch nicht gelang, eine einheitliche Theorie der Absorptionsmechanismen zu erstellen, was eine theoretische Abschätzung der zu erwartenden, experimentellen Meßwerte unmöglich macht.

Neben den oben genannten Absorptionsmechanismen werden von vielen Autoren bei der Behandlung der *Absorption* elastischer Wellen die Einflüsse geometrischer Effekte und der äußeren Beschaffenheit der Probe einbezogen. Dies ist zwar, wie im folgenden noch erläutert wird, für die Korrektur der Meßwerte von höchster Wichtigkeit, jedoch charakterisieren diese Erscheinungen, welche sich durch das Auftreten von Reflexionen,

Refraktionen und Streuungsprozessen manifestieren, im engeren Sinn nicht den elastischen Zustand des untersuchten Materials, sondern sind eher durch die Randbedingungen des Wellenfortpflanzungsgesetzes bedingt.

Umfangreiche Untersuchungen der verschiedensten Autoren beschäftigen sich mit dem Problem des Einflusses gesteinsphysikalischer Kenngrößen, petrographischer und lithologischer Merkmale, Lagerungsparameter und des Gesteinsgefüges sowie der Meßbedingungen auf den Parameter der Absorption. Aus der Fülle der Veröffentlichungen seien nur einige herausgegriffen: GORDON 1968, PETZOLD 1977, BERZON 1977, SCHÖN 1983.

Von besonderem Interesse ist dabei die Kenntnis der Frequenzabhängigkeit der Absorption. Das Problem liegt unter anderem auch darin, daß sich die Untersuchungen zur Absorption elastischer Wellen in Abhängigkeit vom Meßverfahren auf unterschiedliche und unterschiedlich breite Frequenzintervalle beziehen, wodurch die Meßergebnisse der verschiedensten Autoren schwer vergleichbar sind.

Experimentelle Untersuchungen von AUBERGER u. a. 1961, WHITE 1965, DRISLER 1976 zeigen, daß für Festkörperproben in erster Näherung mit einem linearen Frequenzverhalten der Absorption α

$$\alpha = \alpha_k \cdot f \tag{3}$$

gerechnet werden kann.

Nach Angaben von SCHÖN (1983) sind deutliche Abweichungen vom linearen Verlauf

a) bei wasserhaltigen porösen bzw. klüftigen Gesteinen und
b) im Frequenzbereich $f > 10^7$ Hz, d. h. in dem Bereich, in dem die Wellenlänge λ des sich in der Probe ausbreitenden Signals in der Größenordnung der stofflichen Inhomogenitäten liegt, zu erwarten.

Letzterer Komplex betrifft wiederum im eigentlichen Sinn nicht das Absorptionsverhalten des Probenmaterials, kann jedoch in vielen Fällen nicht von der gesuchten Größe der Absorption eliminiert werden.

Einige Autoren, so KRAUTKRÄMER (1975), gehen davon aus, daß Streueffekte schon bei Korngrößen $d_k \approx 1/10\lambda$ nicht mehr zu vernachlässigen sind. In Abhängigkeit vom Material, dem Korngrößenspektrum der untersuchten Gesteine, wären die bei Frequenzen um 300–500 kHz gewonnenen Ergebnisse bezüglich einer exakten Ermittlung der Absorption bereits kritisch einzuschätzen. Tabelle 1 soll dies verdeutlichen.

Tabelle 1. Wellenlängen λ in verschiedenen Materialien, mit $c = \lambda \cdot f$ = Ausbreitungsgeschwindigkeit des Signals in der Probe (hier v_p = Ausbreitungsgeschwindigkeit der P-Welle)

Material	v_p in m/s	f in kHz	λ in cm	λ für f = 1 MHz in cm
Teflon	2700	180–300	1,5–0,9	0,27
Stahl	5800	230–300	2,5–1,9	0,58
PVC	2300	170–300	1,3–0,7	0,23
Aluminium	6300	220–300	2,9–2,1	0,63
Tonstein	5300	210–300	2,5–1,8	0,5
Rochlitzer Tuff	3400	170–300	2,0–1,1	0,34
Grimmaer Porphyr	5000	180–300	2,8 1,7	0,5
Rochlitzer Porphyr	4600	180–300	2,5–1,5	0,46

Ganz besonders interessant und wichtig wird das Problem Streuung und Absorption bei der Untersuchung von Lockersedimenten genau dann, wenn die auftretenden Wellenlängen in Abhängigkeit von der angeregten Frequenz und der Ausbreitungsgeschwindigkeit im Gesteinsverband in den Bereich der Korngrößen gelangen. Hierbei ist zu beachten, daß durch die größere Porosität der Lockergesteine gegenüber den Festgesteinen und die damit verbundene gasförmige oder flüssige Porenfüllung ein größerer Schallhärteunterschied zwischen Korn und Umgebung auftreten kann und auf diese Weise Streueffekte noch begünstigt werden. Bei Tietz (1974) und Krautkrämer (1975) finden sich zusammenfassende Darstellungen zur Beziehung Korngröße—Wellenlänge und deren Auswirkung auf die Frequenzabhängigkeit der Streuung α_s.

Zur experimentellen Bestimmung der Absorption wurde in unserem Fall eine Variante des sehr gebräuchlichen Impuls-Echo-Verfahrens genutzt (zu den Grundlagen dieser Methode s. auch Ramana, Rao 1974, Tietz 1974, Herminghaus 1974, Krautkrämer 1975). Bei diesem Verfahren werden die Mehrfachechos der von der Ultraschallquelle ausgehenden und an den Stirnflächen der im allgemeinen zylindrischen Probe reflektierten Sendeimpulse amplitudenmäßig erfaßt. Die Auswertung geschieht unter der Annahme einer exponentiellen Abnahme der Amplituden mit steigender Zahl der Reflexionen an den Stirnflächen (Gl. 2).

Das verwendete Verfahren wurde von Deubel und Schuppe (1975) entwickelt und ist durch folgende Meßbedingungen charakterisiert:

— Art der ausgesandten Wellen:
  ebene Wellen, das bedeutet keine Korrektur des Meßwertes infolge Strahlendivergenz notwendig;
— Geometrie der Proben:
  Zylinderproben mit $l \approx 30-40$ mm und $d \approx 30$ mm;
— verwendeter Schwinger:
  Frequenz $f = 300$ kHz, Durchmesser $d_s = 64{,}3$ mm.
  (Für einige Spezialfragen wurden auch Schwinger mit geringerem Durchmesser und Frequenzen bis 1 MHz verwendet.) Länge des Sendeimpulses: ≈ 150 μs.

Die exponentielle Abnahme der Amplituden wird als Funktion der Zeit über einen Oszillographen sichtbar gemacht. Infolge der großen Länge des Sendeimpulses (150 μs) und anderer meßtechnischer Bedingungen kann die Auswertung der Amplituden erst ab 200—300 μs erfolgen.

Abbildung 1 illustriert in zusammengefaßter Form den Auswertungsmodus des beschriebenen Verfahrens. Als Parameter der Absorption wird der Absorptionskoeffizient k bestimmt, wobei angenommen wird, daß zwischen Absorptionsfunktion $\alpha(f)$ und Frequenz f ein linearer Zusammenhang besteht.

Nach Angaben von Deubel und Schuppe (1975) kann der Fehler der Messung bei Einzelmessungen bis zu 30% betragen und bei Wiederholungsmessungen auf 10% reduziert werden, wobei in diesen Meßwerten auch die petrographisch bedingten Variationen enthalten sind. Die Untersuchungen wurden an Probenmaterial aus Aluminium PVC, Stahl, Messing, Teflon bzw. verschiedenen Festgesteinsproben aus porphyrischem Material des Nordwestsächsischen Vulkanitkomplexes durchgeführt. Tabelle 2 bringt eine Auswahl der erzielten Ergebnisse.

Um eine Vorstellung über die Anwendbarkeit des genutzten Verfahrens, besonders über die Möglichkeit eines routinemäßigen Einsatzes, zu erhalten bzw. um das verwendete Verfahren gezielt zu verbessern und vor allen Dingen die Reproduzierbarkeit der Meßwerte zu erhöhen, wurde eine Reihe methodischer Untersuchungen durchgeführt, die sowohl die Übertragungseigenschaften des Systems Schwinger-Kopplungsmedium-Probe, die Probleme des Einflusses der Probengeometrie auf den Meßwert als auch Fragen der Auswertemethodik zum Inhalt hatten.

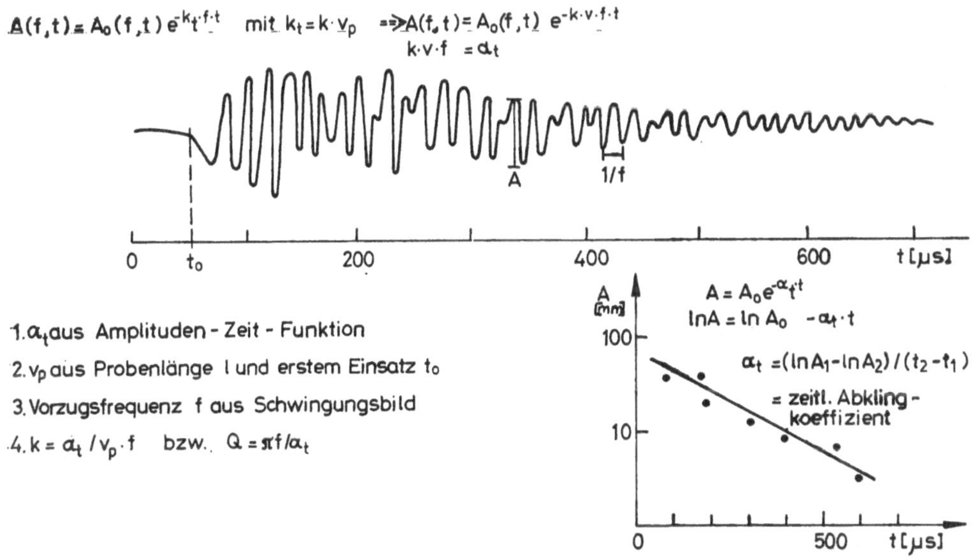

Abb. 1. Schema der Oszillogrammauswertung zur Ermittlung des Absorptionskoeffizienten k (nach DEUBEL, SCHUPPE 1975)

Ohne den Anspruch erheben zu können, daß alle Detailfragen bis zur letzten Konsequenz geklärt werden konnten, seien einige Untersuchungsergebnisse vorgestellt.

Da die Abnahme der Echohöhen mit der Zeit neben der Verringerung der Schallenergie durch Absorption auch

a) durch Streuung der Schallwellen an Inhomogenitäten in der Probe,
b) durch Energieverluste am angekoppelten Prüfkopf oder Schwinger und
c) durch die Öffnung des Schallstrahls

noch vergrößert werden kann, ist es wichtig, folgende Meßbedingungen einzuhalten, um die oben genannten Einflüsse zu eliminieren oder mindestens vernachlässigbar klein zu halten:

Zu a)

— Nutzung homogener Prüfkörper,
— im Falle inhomogener Prüfkörper: Beachtung der Relation Frequenz des sich ausbreitenden Signals — Wellenlänge in der Probe — Korngrößenverteilung (s. Tab. 1).

Zu b)

— Wandler möglichst dämpfungsfrei ankoppeln,

Tabelle 2. Absorptionskoeffizient k, Ausbreitungsgeschwindigkeit v_p und Vorzugsfrequenz f für ausgewählte Proben

Material	d	l	f	v_p	k
	mm	mm	kHz	m/s	10^{-5} s/m
Aluminium	27,9	50,3	210	6367	0,52
	29,9	31,1	205	6326	0,52
	24,9	30,0	190	6383	0,45
	29,9	31,4	190	6220	0,48
PVC	53,4	17,5	173	2280	2,53
	53,4	22,0	160	2245	2,70
	52,8	70,0	170	2258	2,40
Stahl	30,0	50,0	210	5882	0,49
	50,0	100,0	230	5814	0,40
Messing	25,0	29,9	200	4463	0,27
	25,0	30,0	210	4470	0,22
Teflon	60,0	55,0	170	2710	2,74
	60,0	70,1	180	2705	2,71
Tonstein	30,8	50,2	240	5455	0,70
	30,8	50,2	250	5230	0,73
Rochlitzer Porphyr	36,1	62,5	170	4960	1,15
	40,1	51,5	170	4813	1,23
Grimmaer Porphyr	36,3	64,9	185	5030	0,88
	36,3	64,9	190	4990	0,99
	36,3	62,5	180	4882	1,18
Granitporphyr	36,1	53,9	190	5556	0,81
	40,0	62,6	200	5590	0,73

- sehr dünne Kopplungsschichten und vollständige Ankopplung des Gebers an die Probe realisieren (PETZOLD 1977),
- Geber und Empfänger über eine Wasservorlaufstrecke ankoppeln (KRAUTKRÄMER 1975).

Zu c)

- Nutzung ebener Wellen, d. h. keine Divergenzkorrektur notwendig,
- Arbeiten im Nahfeld des Schwingers, wobei gilt

$$\text{Nahfeldlänge } N = \frac{D^2 - \lambda^2}{4\lambda} \tag{4}$$

mit D = Schwingerdurchmesser.

Für einen Schwingerdurchmesser $D \approx 6{,}5$ cm und Wellenlängen im Bereich $\lambda = 1$ bis 3 cm beträgt die Nahfeldlänge $N = 2{,}7$ bis 10,3 cm, d. h., die Probenlängen dürften diesen Bereich nicht über- bzw. unterschreiten.

Die Fragestellung, ob und inwieweit die Probengeometrie (Probendurchmesser und Probenlänge) den gemessenen Wert des Absorptionskoeffizienten k beeinflußt, wurde an verschiedenen Probezylindern aus Aluminium, PVC, Teflon und Stahl untersucht, d. h. an Probenmaterial, bei dem weitestgehend homogene Zusammensetzung vorausgesetzt werden kann.

Die Abbildungen 2 bis 4 zeigen einige wesentliche Ergebnisse für Aluminium- und PVC-Proben. Bei kürzeren Probelängen wurden im allgemeinen höhere Absorptions-

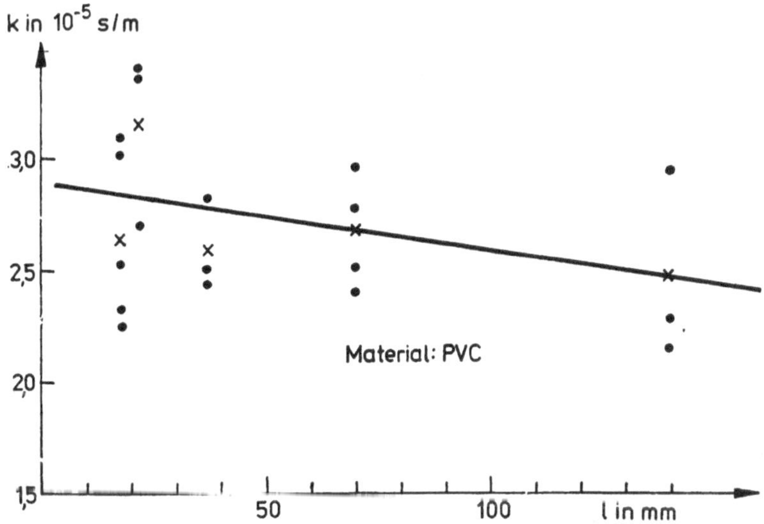

Abb. 2. Einfluß der Probengeometrie auf die Absorption k; $k = k(l)$; $d = 52{,}8\ldots, 53{,}4$ mm

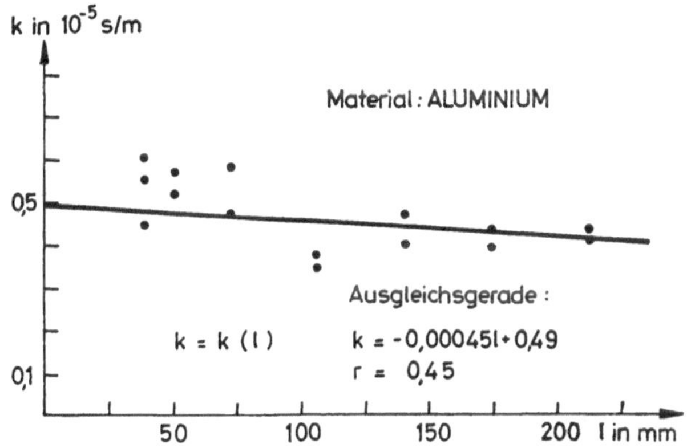

Abb. 3. Einfluß der Probenlänge l auf den Absorptionskoeffizienten k; d = const = 27,9 mm

werte gemessen, wobei im Falle der Aluminiumproben im dargestellten Beispiel mit Proben konstanten Durchmessers gearbeitet wurde. Analoge Ergebnisse wurden auch für Teflon und Stahl erzielt. Zur Erklärung des erwähnten Zusammenhangs zwischen k und der Probenlänge l bzw. dem Geometriefaktor d/l muß man in Betracht ziehen, daß bei kürzeren Proben das Signal öfter zwischen den Stirnflächen der Probe reflektiert wurde als das bei längeren Proben der Fall ist, wenn man den Beginn der Messung,

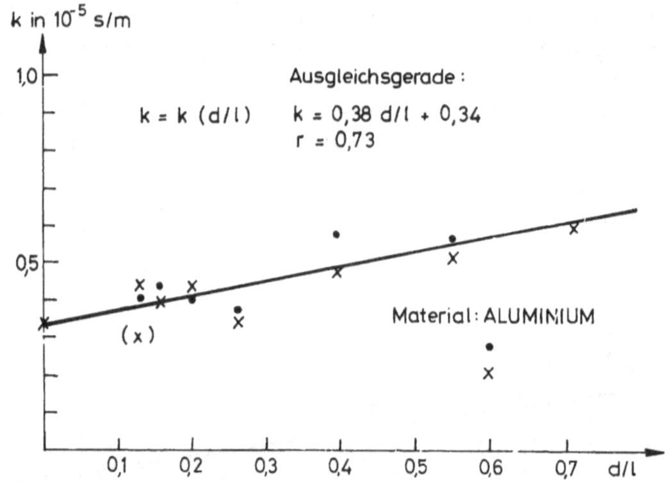

Abb. 4. Einfluß des Geometriefaktors d/l auf den Absorptionskoeffizienten k; $d = \text{const} = 27{,}9$ mm

die Amplitudenablesung, bei 200—250 µs ansetzt. Deshalb ist eine scheinbare Erhöhung des Absorptionskoeffizienten k durch Reflexionsverluste an den Stirnflächen der Probe nicht auszuschließen.

Es ist deshalb angeraten, um die Vergleichbarkeit der Daten im Rahmen der vorgestellten Meßmethode zu gewährleisten, mit möglichst gleichgestalteten Probekörpern hinsichtlich Durchmesser und Länge zu arbeiten. Nach vorliegenden Ergebnissen bieten sich Probendimensionen d/l im Bereich 0,7—1,2 an.

Anhand eines Aluminiumprüfkörpers $d = 29{,}9$ mm, $l = 31{,}1$ mm,
einer Tonsteinprobe $d = 30{,}6$ mm, $l = 50{,}2$ mm
und einer Granitporphyrprobe $d = 36{,}1$ mm, $l = 56{,}0$ mm

und dreier Gewichtskörper wurde in zwei Meßserien das Absorptionsverhalten der Proben bei veränderlichem Andruck getestet. Obwohl die Druckdifferenz keinen großen Wertebereich überstreicht, kommen in den Ergebnissen einige wesentliche Tendenzen der Druckabhängigkeit von v_p und k zum Ausdruck:

Ausbreitungsgeschwindigkeit v_p und Andruck p_A

— für Aluminium und Pyroxengranitporphyr leichte Zunahme von v_p mit wachsender Belastung,

— bei Tonstein mit wachsendem Druck geringe Abnahme der Ausbreitungsgeschwindigkeit.

Während Aluminium und Porphyr das erwartete Verhalten zeigen, kann das davon abweichende des Tonsteins durch das Eindringen des Kopplungsmediums in die Probe infolge der höheren Porosität des Tonsteins und die damit veränderten Ankopplungsbedingungen begründet sein.

Tabelle 3. Absorptionskoeffizient k und Ausbreitungsgeschwindigkeit v_p unter variablem Andruck der Schwinger an die Probe

Andruck p_A in kp	v_p in m/s		$k \cdot 10^5$ in s/m	
	1. Serie	2. Serie	1. Serie	2. Serie
Aluminium				
$p_A = 0$	6220	6346	0,48	0,47
$= 1{,}34$	6326	6346	0,67	0,65
$= 2{,}59$	6412	6412	0,51	0,55
$= 3{,}94$	6410	6412	0,53	0,58
$p_A = 0$	6258	6310	0,46	0,43
Tonstein				
$p_A = 0$	5578	5512	1,04	0,87
$= 1{,}34$	5454	5476	0,83	0,76
$= 2{,}59$	5475	5476	0,80	0,76
$= 3{,}94$	5475	5460	0,75	0,71
$p_A = 0$	5496	5500	0,96	0,79
Pyroxengranitporphyr				
$p_A = 0$	5475	5520	1,09	1,02
$= 1{,}34$	5529	5584	0,99	0,91
$= 2{,}59$	5529	5615	0,96	0,90
$= 3{,}94$	5535	5615	0,96	0,92
$p_A = 0$	5440	5536	1,04	1,05

Absorptionskoeffizient k und Andruck p_A

Im Gegensatz dazu nimmt der Absorptionskoeffizient k mit wachsendem Andruck leicht ab, was auch theoretisch zu erwarten ist. Aluminium zeigt hierbei ein abweichendes Verhalten. Die Erklärung dieses Fakts ist problematisch. Die Ursache könnte darin liegen, daß Aluminium als Probekörper eine höhere Ausbreitungsgeschwindigkeit v_p (6300 m/s) gegenüber der Stahlummantelung der Schwinger ($v_p = 5800$ m/s) hat; im Vergleich dazu weisen Tonstein und Porphyr geringere Werte auf. Diese Relation führt zu anders gearteten, d. h. größeren Reflexionsverlusten an der Grenze Probe—Schwinger.

Einen wesentlichen Einfluß auf die Güte des Meßwertes haben neben dem Kopplungsmedium (an dieser Stelle sei auf vorliegende Veröffentlichungen von Tietz 1974, Krautkrämer 1975 und Petzold 1977 verwiesen) die Kenngrößen der verwendeten Schwinger (Abstrahlcharakteristik, Linearität bzw. Nichtlinearität der Schwinger, Schwingerdurchmesser oder Frequenzinhalt der vom Schwinger ausgesandten Impulse in Abhängigkeit vom Laufweg).

Die letzte Frage ist wichtig, da die Frequenz in Form einer „Vorzugsfrequenz" als wesentliche Größe in die Berechnung des Absorptionskoeffizienten k eingeht (Abb. 1). Abbildung 5 zeigt das Untersuchungsergebnis der Frequenzanalyse für den verwendeten Schwinger (300 kHz) im Zeitbereich von 200—450 μs. Im beobachteten Zeitbereich war eine Änderung der Vorzugsfrequenz in Abhängigkeit von der Laufzeit nicht zu erkennen. Die Mehrzahl der ermittelten Frequenzen lag in einen Frequenzband von 70 kHz Breite (240—310 kHz).

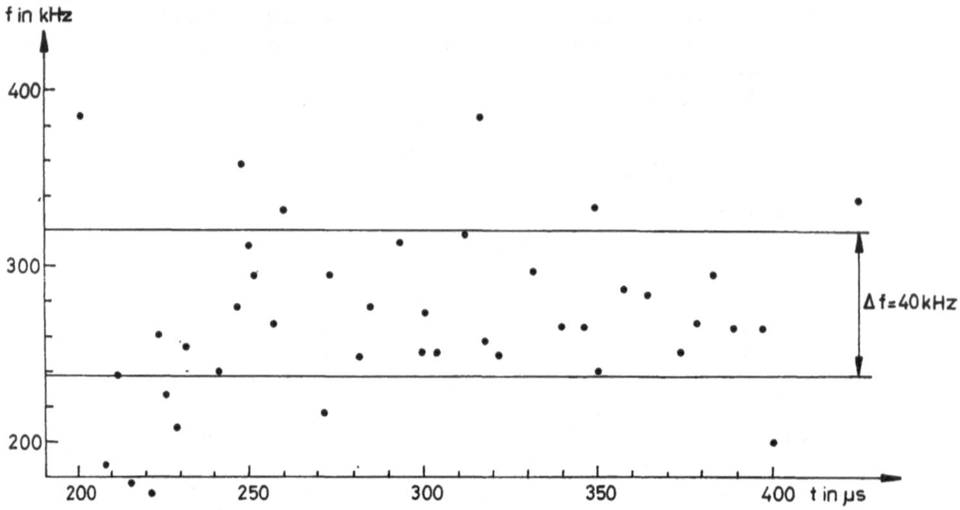

Abb. 5. Frequenzanalyse von 40 Einzelschwingungen im Zeitbereich von 200—400 s; Material: Aluminium, $d = 50{,}4$ mm, $l = 39{,}8$ mm, $v_p = 6368$ m/s; Schwinger: 300 kHz, $d = 64{,}3$ mm

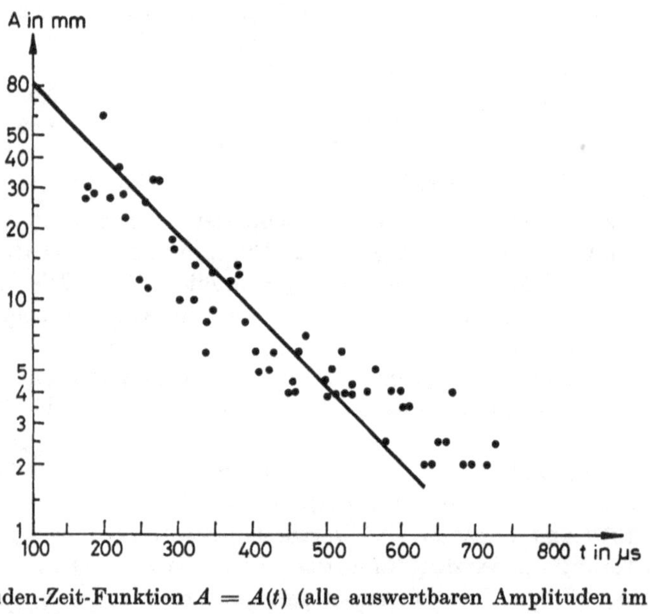

Abb. 6. Amplituden-Zeit-Funktion $A = A(t)$ (alle auswertbaren Amplituden im Zeitbereich von 200—750 s); Probe: Aluminium, $d = 50{,}4$ mm, $l = 39{,}8$ mm, $v_p = 65{,}3$ mm; Ausgleichsgerade: A (mm) $= -5{,}479 \cdot 10^{-3} \cdot t$ (s) $+ 80{,}47$; Regressionskoeffizient $r = 0{,}93$!

Im vorliegenden Fall (Aluminium) bietet sich zur Ermittlung der Vorzugsfrequenz der Zeitbereich von 280—320 µs an, wobei in diesem Bereich die geringste Streuung der Meßwerte zu beobachten war. Gleichzeitig ist es empfehlenswert, für die Ermittlung der Frequenz keine Einzelschwingungen zu nutzen, sondern einen Mittelwert der Frequenz für den gesamten Zeitbereich zu ermitteln.

Um subjektive Fehlereinflüsse auf den Meßwert weitestgehend auszuschalten, empfiehlt es sich, neben der Nutzung einer „mittleren Vorzugsfrequenz" besonders dort, wo keine Wiederholungsmessungen möglich sind, alle auswertbaren Amplituden im Zeitbereich abzulesen und auf diese Weise die Ausgleichsgerade für die Amplituden-Zeit-Funktion zu bestimmen.

Abbildung 6 zeigt ein solches Beispiel, wobei zu bemerken ist, daß die aus wenigen Einzelschwingungen ermittelte Amplituden-Zeit-Funktion bis zu 20—25% von diesem Ergebnis abweichen kann. Besonders problematisch ist dabei die Ablesung von Amplituden < 3 mm genau dann, wenn die Meßapparatur keine definierte Amplitudenverstärkung besitzt. Befriedigende Ergebnisse, d. h. Fehler $< 10\%$, wurden insofern erzielt, als die Ermittlung der Amplituden-Zeit-Funktion aus

$$A = \sqrt{\sum A^2} \tag{5}$$

bezogen auf diskrete Zeitbereiche von 50 µs erfolgte.

Die vorgestellte Auswahl von Meßergebnissen hinsichtlich der Möglichkeit der Ermittlung der (streuungsfreien) Absorption elastischer Energie mittels Impuls-Echo-Methode zeigt, daß die vielfältigen Einflüsse meßtechnischer Art eine nicht zu vernachlässigende Auswirkung auf den Meßwert des Absorptionsparameters haben.

Weitere Untersuchungen, gegebenenfalls mit einem verändertem Meßverfahren, werden sich anschließen, wobei petrographische, mineralogische und strukturelle Einflüsse weiter in den Mittelpunkt gerückt werden sollen. Insbesondere stehen die Vorteile einer rechnergestützten Bearbeitung digital vorliegender Meßdaten zur Diskussion.

Literatur

AUBERGER, M., RINEHART, J. S., Ultrasonic velocity and attenuation of elastic waves in rocks. J. Geophys. Res. **66** (1961) 191—199.

BERZON, J. S., Seismičeskaja razvedka vertikalno sloistych sred fundamenta. Izdat. Nedra, Moskva 1977.

DEUBEL, K., SCHUPPE, F., Laborbericht-Petrophysik, Zur Methodik der Absorptionsbestimmung an Gesteinsproben. Unv. Bericht VEB Geophysik, Leipzig 1975.

DRISLER, J., Theoretische Betrachtungen zur Absorption elastischer Wellen in Festkörpern. Diss. Frankfurt/Main 1976.

GORDON, R. B., DAVIS, L. A., Velocity and attenuation of seismic waves in imperfectly elastic rocks. J. Geophys. Res. **73**, 12, (1968) 3917—3935.

HARJES, H.-P., Seismische Wellen in inhomogenen Medien. Diss. TU Braunschweig 1971.

HERMINGHAUS, CH., Experimentelle Untersuchungen zur Ultraschallabsorption in Gesteinen und keramischen Stoffen. Diss. Inst. f. Met. und Geophysik, Frankfurt/Main 1977.

JACKSON, D. D., ANDERSON, D. L., Physical mechanisms of seismic-wave attenuation. Rev. Geophys. and Space Phys. **8**, 1, (1970) 1—63.

KRAUTKRÄMER, J., KRAUTKRÄMER, H., Werkstoffprüfung mit Ultraschall. Springer-Verlag 1975.

LÖHNING, A.-W., Bestimmung von Absorption und Geschwindigkeit elastischer Wellen an Gesteinsproben unter hydrostatischem Druck und Nutzung dieser Parameter in der seismischen Erkundung. Unv. Diss. Karl-Marx-Universität, Leipzig 1970.

MARLE, CH., Methodische Untersuchungen zur Bestimmung der Absorption bzw. Dämpfung elastischer Wellen in Gesteinsproben als Beitrag zur Interpretation seismischer Meßdaten. Unv. Laborbericht Karl-Marx-Univ., Leipzig 1981.

MILLAHN, K.-O., Untersuchung eines von Landers entwickelten Verfahrens zur Berechnung elastischer Wellen in inhomogenen Medien. Diss. Univ. Karlsruhe 1974.

PESELNICK, L., ZIETZ, J., Internal friction of fine grained limestone at ultrasonic frequencies. Geophysics **24** (1959) 285–296.

PETZOLD, H., Spektrale Untersuchungsmethodik zur Klüftigkeitsbestimmung mit Ultraschall. Freib. Forschungsheft C **327** (1977).

RAMANA, RAO, Ultrasonic absorption in rocks by successive reflection method. Geoexpl. **12** (1974) 51–58.

RAO, A. A., Some studies on attenuation of elastic waves in rocks. Bull. NGRJ **5** (New Delhi 1967) 183–194.

SCHÖN, J., Petrophysik. Akademie-Verlag, Berlin 1983.

TIETZ, H. D., Ultraschall-Meßtechnik. VEB Verlag Technik, Berlin 1974.

WHITE, J. E., Seismic waves: radiation, transmission and attenuation. McGraw Hill, New York 1965.

Geophys. u. Geol. Geophys. Veröff. d. KMU Leipzig Bd. III H. 2 S. 149—162 Berlin 1985

Über den heutigen Stand der Erdbebenforschung

Vortrag von G. Gerland, 1897

Vorbemerkungen: Es entbehrt nie eines großen Reizes und wissenschaftlichen Interesses, von Klassikern eines Faches grundlegende Ausführungen zu wichtigen Problemen nach langer Zeit erneut zu lesen. Unter den Klassikern der Geophysik spielt G. Gerland zweifellos eine besonders hervorragende Rolle. Es ist deshalb von Bedeutung, seine Ausführungen von 1897 über den damaligen Stand der Erdbebenforschung noch einmal zur Kenntnis zu bringen. Dieser Vortrag wurde anläßlich des 12. Deutschen Geographentages in Jena vom 21. bis 23. April 1897 gehalten. Es handelt sich um einen Nachdruck aus den Verhandlungen dieser Tagung, herausgegeben von Georg Kollm, Berlin 1897, Verlag von Dietrich Reimer (Ernst Vohsen). Im Rahmen unserer Möglichkeiten werden wir gelegentlich auch andere Beiträge der Klassiker der Geophysik in Erinnerung bringen, z. B. von Adolf Schmidt und anderen.

Georg Gerland war als Geograph, als Ethnologe und als Physiker ein sehr vielseitiger Mann, auf ethnologischem Gebiet ist z. B. seine Arbeit „Über das Aussterben der Naturvölker“ (1868) besonders bekannt geworden. Er war von 1875 bis 1909 Professor in Straßburg und dort von 1903 bis 1909 Direktor der Hauptstation für Erdbebenforschung. Georg Gerland wurde am 29. 1. 1833 in Kassel geboren und starb am 16. 2. 1919 in Straßburg. Besonders bekannt wurde er als Herausgeber der „Beiträge zur Geophysik“ seit 1887, den späteren „Gerlands Beiträgen zur Geophysik", die noch heute in der Akademischen Verlagsgesellschaft Leipzig regelmäßig erscheinen.

Wir hoffen, daß dieser Beitrag, der im Sinne von Ostwalds Klassikern der exakten Wissenschaften liegt, günstige Aufnahme findet.

R. Lauterbach

Wenn in unseren Verhandlungen gestern vormittags der Südpol und heute die Erdbebenforschung vorangestellt war, so scheint diese Gleichstellung beider so heterogener Gegenstände auf Zufall zu beruhen. Und doch ist dem nicht so: die gleichmäßige Voranstellung beider Themata beruht auf der Analogie ihrer Bedeutung für die Wissenschaft von der Erde. Eine solche Wahl, welche durch das Schwergewicht des Interesses zu Stande kam, beweist schon allein die hervorragende Wichtigkeit beider Forschungsgebiete. Und allerdings stehen beide jetzt im Mittelpunkt des gelehrten Interesses, weil es klar ist, daß sie trotz der ungeheuren wissenschaftlichen Arbeit, auf welche unser Jahrhundert stolz zu sein alle Ursache hat, noch jetzt eine solche *terra incognita* sind, wie Afrika, Australien vor hundert Jahren. Und ferner, beide Fragen, die eine nach Beschaffenheit und Natur des Südpol-Gebietes, die andere nach Wesen und Entstehung der Erdbeben, sind in ihrem vollen Umfange nur durch die gemeinsame Arbeit aller Völker der Erde zu beantworten; beide sind jetzt überhaupt erst angreifbar, da eben die ganze wissenschaftliche Arbeit der nahen und fernen Vergangenheit dazu gehörte, um sie auch nur zugänglich zu machen, so daß wir bei beiden erst im Anfang wie der Beobachtung so der Erkenntnis stehen. Und endlich — und das ist die Hauptsache — beide sind Fragen, wie sie die moderne Erdkunde stellen muß: Fragen, welche die Erforschung der Gesamterde und ihrer in ihrem Gesamtwesen begründeten Dynamik zum Ziel haben, ächt geophysikalische Fragen also, welche für die Art und Thätigkeit unseres Planeten allein wirklichen und grundlegenden Aufschluß zu geben vermögen — wenn nicht uns, so doch den kommenden Generationen.

Daß dies die Erforschung des Südpols leisten wird, bedarf heute keines weiteren Wortes; und von der seismischen Thätigkeit der Erde gilt das Gleiche. Mag man sie auf welche Art auch immer an- und auffassen, immer stellt sie sich in den Mittelpunkt der Gesamtthätigkeit, der Entwickelungsgeschichte der ganzen Erde.

So sehr mich nun auch die Größe, ja der Ernst der Aufgabe, ein Bild unserer heutigen seismischen Errungenschaften zu geben, anreizt: so sehr schreckt mich beides. Denn die Fülle des Stoffes ist so unendlich, daß es bei der Kürze der Zeit nicht leicht sein wird, ein Bild auch nur des Wichtigsten, wie ich es wünschte, zu zeichnen. Aber ich rede vor sachkundigen Hörern, die, wohl vertraut mit der Schwierigkeit des Stoffes, mir da gewiß Nachsicht schenken, wo ich sie nicht ganz bewältige; bei denen ich nur anzudeuten brauche und doch völlig sicher sein kann, weit über die Grenzen des Angedeuteten hinaus verstanden zu werden.

Zunächst ist durch die moderne Forschung unsere Kenntnis von den Bewegungen der Erdrinde erweitert worden. Man faßt heute wohl auch solche Vorgänge unter dem Namen seismischer Erscheinungen, die mit dem uralten Seismos der Griechen, der mit zorniger Faust die Erde von unten erschüttert, gar nichts zu thun haben. Und wie sie nur durch die stark vergrößernden Aufzeichnungen mikrometrischer Instrumente, namentlich der Horizontal- und Bifilar-Pendel, erkennbar sind, so sind es auch andere Bewegungen von längerer, halb-, ganztägiger u. s. w. Periode, welche längst geahnte kosmische Einflüsse zum ersten Mal in rechnerisch brauchbaren Größen darlegen.

Aber auch die Beobachtung der ächt seismischen, oft so verheerenden Erschütterungen der Erde ist durch die moderne Forschung in ganz neuer Weise entwickelt. Die mikroseismischen Instrumente haben uns die Verbreitung jeder großen Erderschütterung über den ganzen Erdball aufgedeckt, und die Straßburger Horizontal-Pendel z. B. reagieren mächtig auf japanische, argentinische, isländische Beben. Und dazu nun die makroseismischen lokalen Bewegungen, Stöße, Zerstörungen, ihre Art, Herkunft, Fortpflanzung; ihre Wirkung auf die Erdrinde, auf das Wasser des Meeres, auf andere tellurische Kräfte, wie den Magnetismus; die sie begleitenden Schallerscheinungen und was sonst noch hierher gehört: alles dies steht durch die eifrigsten Bemühungen Gelehrter aller Länder in vielfach neuem Licht.

Wie werden wir uns in diesem Labyrinth von Thatsachen am besten zurecht finden? wie am besten erkennen, was bisher an ausreichenden Erklärungen gewonnen ist, wo noch Lücken, noch Irrtümer sind? Irrtümer — vielleicht nur nach meiner Meinung. Aber in einem Vortrag wie dieser hier sein soll, darf ich nicht bloß referieren, ich muß zugleich das Wichtigste hervorheben, und das kann ich nur nach meinem individuellen, wenn auch möglichst objektiven Urteil; meine persönliche Ansicht, welche mir den Mut gab, hier vor Ihnen zu reden, muß ich vortragen. Und ich freue mich darüber: denn das Individuelle bedarf der Öffentlichkeit zu seiner Ergänzung, zu wirklicher wissenschaftlicher Lebensfähigkeit. —

Jedes Erdbeben zeigt drei große Gruppen von Vorgängen: 1) die Elastizitäts-Erscheinungen, Art, Form, Bildung, Bewegung der Erdbebenwellen umfassend; 2) die Wirkungen der Wellen an der Erdrinde und 3) ist sein eigentlicher Ursprung, seine Herkunft, die Ursache seiner Entstehung zu untersuchen. Kennen wir diese drei Punkte genau, so wissen wir, was ein Erdbeben ist.

Betrachten wir zunächst die Elastizitäts-Erscheinungen, und beginnen wir hier mit der Form der Wellen, die bei der großen Verschiedenartigkeit und Zerklüftung der Erdrinde, bei den von innen und außen wirkenden ganz heterogenen Bewegungsursachen sehr mannigfaltig sein muß.

Und da haben uns gerade die modernen Instrumente, vor allem das Horizontal- und Bifilar-Pendel jene Wellen kennen gelehrt, die früher ganz unsichtbar blieben: sehr kleine, oft in langverbundenen Reihen einander folgende Wellen, die sogenannten Tremors, welche sehr empfindlich gestellte Pendel oft in langtägigen Ketten, ja eigentlich immer zeigen. Sie gehören ganz der Erdoberfläche an; schon bei Isolierungen von 5 m Tiefe treten sie nur unter besonderen Umständen auf. Wir haben es hier, wie die gleichzeitigen Aufzeichnungen der Anemometer unwiderleglich beweisen, nur mit der Einwirkung der Luftbewegungen, der Winde zu thun; sie hören scharf gleichzeitig mit dem Winde auf, ohne Nachbewegung. Ihre auch bei langer und enger Verkettung stets länglich-bauchige, meist ziemlich gleich große Gestalt beweist übrigens die böige, wellenförmige Natur jedes Windzuges auf das deutlichste, wie dieselbe von der Meteorologie gelehrt wird; die scharfen Ecken und Spitzen der Wellenbäuche mögen vom direkten Anprallen des Windes an die Erdoberfläche, an Bäume, tiefer eingreifende Steine u. s. w. und von den hierdurch gebildeten kleinen und raschen Nebenwellen herrühren. Ich lege derartige Aufzeichnungen der Straßburger Horizontal-Pendel zur Besichtigung aus[1].

Auch längere periodische Wellenbewegungen, wie sich dieselben in andauernden Veränderungen der Nullpunktlage des Pendels zeigen, gehören hierher: Zeiten besonders starken oder schwachen Luftdruckes können auf diese Weise sich bemerklich machen, und sind diese langen Dislokationen des Nullpunktes charakterisiert durch ihr keineswegs regelmäßiges Auftreten. Regelmäßige Perioden würden sie in geeigneten Gegenden bilden, z. B. in den Steppen und Wüsten Central-Asiens; doch fehlt es in solchen Ländern ja noch ganz an Beobachtungen.

Eine besonders merkwürdige und auffallende Art dieser mikroseismischen Bewegungen sind ferner die sogenannten Erdpulsationen, von denen gleichfalls Beispiele ausliegen[2]. Über sie haben ausführlich John Milne, Dr. E. v. Rebeur und zuletzt Dr. Ehlert gehandelt, beide letztere in den „Beiträgen zur Geophysik“[3]. In der photographischen Aufzeichnung der Pendelbewegung zeigen sie sich als meist kurze, oft nicht ganz symmetrische Wellenbewegung der ganzen Linie, doch stets ohne irgend welche stärkere Ausschläge und unregelmäßige freie Schwingungen; oft sind diese Wellenbewegungen völlig minimal, so daß man sie mit der Lupe aufsuchen muß[4]; nur selten beträgt ihre Amplitude mehrere Millimeter. Doch wechseln die Wellen auch in der Form. Prof. Milne fand, daß sie namentlich bei enger Lage der lokalen barometrischen Gradienten eintreten, und v. Rebeur beobachtete in Straßburg das Gleiche. Nach Ehlert ist enge Lage der Gradienten nur günstig, nicht bedingend für das Eintreten der Pulsationen; wichtig ist sein Nachweis aus dem reichhaltigen Verzeichnis

[1] Abbildg. bei Dr. E. v. Rebeur-Paschwitz, Horizont.-Pendel-Beobachtungen auf der Kais. Univers.-Sternwarte zu Straßburg (Beiträge zur Geophysik, herausgegeben v. G. Gerland. Bd. 2, Taf. IV, Fig. 7; Fig. 8.)

[2] Abbildung ebendas. Taf. IV, Fig. 2. Fig. 12, 13; Fig. 16, 17.

[3] v. Rebeur, Bd. 2, 382—406. Ehlert, Bd. 3, 107—201.

[4] Vergl. a. a. O., Taf. IV, Fig. 2.

von Pulsationen, welches v. Rebeur giebt[5], daß sie bisher unserem Sommer fehlen und nur zur Zeit des Perihels und hier maximal Ende Oktober bis Anfang November sowie von Mitte Januar bis Anfang Februar beobachtet sind, daß sie ferner nur in der Nacht vorkommen und zwar von 8 Uhr nachm. bis 4 Uhr vorm. mit Maximum um 2 Uhr vormittags. Ehlert möchte sie durch Auslösung von Spannungen im obersten Magma erklären, wie solche im Perihel ja leicht und in der Nachtzeit durch Zusammenziehung der betreffenden Seite des Erdkörpers in Folge nächtlicher Abkühlung erklärlich sind. Mir scheint gegen diese Erklärung, die Ehlert übrigens selbst nur zweifelnd und mit allem Vorbehalt giebt, die oft recht verschiedene Form der Pulsation zu sprechen. Jedenfalls ist bei dieser sehr merkwürdigen und unerklärtesten aller Wellenformen noch sehr viel zu thun übrig. Gerade ihre Erklärung scheint für das Verhalten des Erdinnern von Wichtigkeit zu sein. Möglich, daß sie, wie v. Rebeur annimmt, bisweilen als „Knoten" — d. h. als plötzliche knopfartige kurze Aufschwellungen der photographischen Linie[6] — ganz vereinzelt auftreten. Die meisten dieser Knoten aber, und sie treten nicht selten auf, sind wohl nur kurze Ausschläge, veranlaßt durch irgend ein nicht bedeutendes Erdbeben. Auch ihre genaue Beobachtung und richtige Deutung kann vielleicht zu interessanten Ergebnissen führen.

Von besonderer Merkwürdigkeit sind sodann ferner die längeren Lotschwankungen, deren einige eine halbtägige Periode zeigen. Daß wir es hier zum Teil wenigstens mit den Einflüssen der Tageswärme zu thun haben, ist klar und längst ausgesprochen. Eine andere halbtägige Periode, von Dr. v. Rebeur und später von Dr. Ehlert berechnet, ist auf die Einwirkung des Mondes zurückzuführen, welcher Himmelskörper außer der durch ihn verursachten gezeitenartigen Anschwellung der Erdrinde das Pendel auch direkt anzieht. Und ferner sind längere Perioden der Pendelbewegung bekannt, die zum Teil durch die jahreszeitliche Sonnenwärme veranlaßt vielleicht, wie Dr. Ehlert meint, auf einen durch sie bewirkten und in Folge der verzögerten Erwärmung der tieferen Oberflächenschichten verschobenen Anschwellung des Erdkörpers beruhen. Doch da diese Dinge sehr schwierig, auch noch keineswegs sicher gestellt sind, so will ich auf sie nicht weiter eingehen, ebensowenig auf die Periode solarer Anziehung u. dergl. und bemerke nur, daß sich hier ein ausgedehntes Feld für weitere Arbeit der Zukunft eröffnet. —

Ganz anders und frei von jeder Regelmäßigkeit treten nun andere Bewegungen auf — die Bewegungen der eigentlichen Erdbeben, der seismischen Störungen, die aus dem Erdinnern kommen. Aber auch sie muß der Beobachter wieder in zwei Gruppen teilen: einmal in solche, welche lautlos und makroskopisch völlig unbemerkbar nur die empfindlichsten Pendel und zwar oft in mächtige Unruhe versetzen, und zweitens in die makroskopischen, lokal direkt und oft sehr zerstörend wirkenden, bei denen wohl eher die sonst so feinfühligen Pendel versagen. Erstere sind die Fernwirkungen letzterer; sie zeigen beide in photographischer Wiedergabe dieselbe Gestalt, und lege ich Abbildungen solcher Fernwirkungen mächtiger Erdbeben vor[7].

Aus denselben ergiebt sich, daß auch die aus größter Ferne kommenden Beben sehr häufig, wenn auch keineswegs immer, eingeleitet werden durch Tremors, die mit den

[5] A. a. O. 2, 388—396.

[6] Beispiele liegen aus. Abbildung bei E. v. Rebeur, Beiträge 2, Taf. IV, Fig. 1; Anfang von Fig. 5 u. 11.

[7] Abbildungen bei v. Rebeur, Beiträge 2, Taf. IV, Fig. 6, 11, 18, 19.

Hauptausschlägen der Pendel in unmittelbarer Verbindung stehen und meistens denselben in langer Reihe nachfolgen. Daß auch sie durch meteorologische Einflüsse bedingt seien, ist unmöglich; es verdient Erwähnung, daß eine Reihe von Tremors, welche drei Maxima zeigte und in engster Verbindung mit dem Erdbeben vom 7. Februar 1897 (nach J. Milne japanischen Ursprungs) standen, genau in gleicher Form und fast gleichzeitig an den Straßburger Pendeln wie an Milne's Horizontal-Pendel (Insel Wight) registriert wurden. Diese minimalen Bewegungen haben also den ungeheuren Weg von Ost-Asien bis West-Europa ohne Abschwächung oder Änderung ihrer Form zurückgelegt. Auch die großen Ausschläge der verschiedenen Horizontal-Pendel zeigen genau das gleiche Bild des betreffenden Bebens, die verschiedenen Maxima der Bewegung, die Lage derselben u. s. w., Erscheinungen, die natürlich bei jedem Beben ihren eigenen Charakter haben. Es ist also nicht anzunehmen, daß die Form der Beben etwa durch den langen Weg vom Ursprung bis zur Beobachtungsstelle verändert würden.

Die Bewegungen der aktuellen lokalen Erdbeben gelangen aus unterirdischen Räumen zur Oberfläche; auf diesem Weg aber durch die oft so heterogenen, so stark zerklüfteten, ja zertrümmerten Schichten der Erdrinde werden die Wellen mannigfach umgeändert, durch Reflexion, Refraktion; sie werden ferner beschleunigt, retardiert, geteilt; und so rufen sie zugleich neue selbständige Wellenzüge hervor, es entstehen Verstärkungen, Abschwächungen, Interferenzen, namentlich wenn verschiedene Stöße einander folgen, und so muß ein ganzes System von Wellen an der Oberfläche zu Tage treten, auch wenn der erste Anlaß ein streng einheitlicher war. Die lokalen (nicht aus weiter Ferne kommenden und nur mikroseismisch beobachteten) Erdbeben zeigen fast immer Tremors, die nur in den allerseltensten Fällen fehlen: sie gehen der Hauptwelle meist voraus, sie treten gleichzeitig und nach ihr ein. Sind dies nun dieselben Kleinwellen, wie wir sie aus der Ferne hergeeilt am Horizontal-Pendel beobachten?

Die Frage nach diesen kleinen, vorauseilenden Wellen ist eine viel behandelte, sehr wichtige und auch heute noch nicht völlig erledigte. John Milne (Brit. Assoc. Report 1895, S. 66) nennt sie das interessanteste Problem der Seismologie, dessen Studium zu wichtigen Aufschlüssen über die Physik des Erdinnern führen werde. Was sind sie nun? woher kommt ihre Schnelligkeit? woher ihre nahe Verbindung mit den Hauptwellen? Davison (Geol. Mag. 1892, 216), der sie auch für die Erreger der Erdbebengeräusche hält, will sie erklären als entstanden durch die Reibung der abrutschenden Scholle, deren Getöse sie nach oben brächten, und die Nachzitterungen in Bewegung und Schall wohl durch Nachbröckelungen erklären. Diese Ansicht ist unhaltbar, weil sie gar zu unbefangen die uns unbekannten Vorgänge des Erdinnern mit solchen der Erdoberfläche identifiziert, welche doch unter so ganz anderen Verhältnissen zu Stande kommen. Andere erklären sie einfach als Longitudinal-Wellen, welche sich ja ungefähr doppelt so schnell als die Transversal-Wellen fortpflanzen. Ich war früher der Ansicht, welche ähnlich auch der jüngere Süß ausspricht (Erdb. von Laibach, S. 526), daß die großen Wellen durch größere Reibung stärker aufgehalten würden als die kleineren; allein sie haben auch eine weit größere Energie als diese letzteren, mit der sie die größten Widerstände völlig überwinden. Auch die Thatsache, die Fouqué und Lévy durch ihre Experimente nachwiesen, daß sich Wellen in Gesteinen rascher in der Richtung der Schichten als senkrecht zu denselben fortpflanzen, hilft uns hier nichts. Die richtige Erklärung für die lokalen Tremors liegt wohl in der Verschiedenartigkeit und Zerstückelung der Erdrinde, in Folge deren die Erdbebenwelle auf alle Weise gestört, verändert, zersplittert wird. Bei dieser Zersplitterung bilden sich notwendiger Weise auch zahlreiche mehr oder weniger kleine Longitudinal-Wellen, welche, rascher vorschreitend aber von minderer Energie als die Hauptwelle, dieser voreilen, sie begleiten, sie (in den Abbildungen) als zackige Spitzen bekrönen und ihr oft in langer Reihe nachfolgen. Möglich, daß sie auch daneben auf andere Weise, im Erdbebenherd etwa selber, entstehen; allein darüber wissen wir nichts und können kaum etwas darüber wissen, denn die eben vorgetragene Erklärung genügt völlig für alle Erscheinungen der Tremors. Nur eins bleibt sehr auffallend. Sie sind zuerst und sehr stark in Japan beobachtet worden; und Wellen ohne Zweifel dieser Art, welche der Hauptwelle vorausgingen, haben sich, wie wir eben hörten, unter Beibehaltung ihrer Form durch so weite Räume fortgepflanzt. Dieser Umstand scheint doch dafür zu sprechen, daß es verschiedenartige Tremors, primäre und sekundäre giebt, daß erstere auf anderen Ursachen beruhen als letztere und im Erdbeben-Centrum selbst entstehen. Befremdlich bleibt dann freilich ihre stets enge Verbindung mit den minder raschen Hauptwellen. Gewiß sind sie also eine sehr merkwürdige Erscheinung und besonders wichtig auch für spätere Studien.

Die lokalen Tremors setzen sich in die Gebäude, Bäume u. s. w. fort; sie sind es, welche das Rasseln, Rieseln, Krächeln in den Wänden, hinter den Tapeten, das sturmartige Sausen, welches sehr häufig direkt aus der Luft zu kommen scheint, verursachen; sie sind es ferner, welche die dem Erdbeben vorausgehenden Geräusche des Donnerns, Wagenrasselns u. s. w. hervorbringen, aus denen der Hauptstoß, das Übertreten der Hauptwelle in die Luft, als mächtiger Schlag oder Krach oder Knall heraustönt. Über die das eigentliche Beben begleitenden Schälle läßt sich nichts sicheres sagen: sie können durch Longitudinal- oder aber auch durch Transversal-Wellen, beide meist wohl von der Hauptwelle erregt, entstanden sein. Je nach der Ankunft und der Kraft der Wellen richtet sich auch die Zeit und Intensität der Schälle. Sie alle werden nur durch die aus dem Erdkörper in die Luft übertretenden Wellen — welcher Übertritt ja auch in Bergwerken, in Erdspalten, in Klüften u. s. w. stattfindet — ihre Klangfarbe nur durch die (oft erst sekundäre) Form der Welle und die Art ihres Austretens, ihre Aufeinanderfolge oft nur durch den Standpunkt des Beobachters bedingt. Wir haben eine ganz analoge Erscheinung in dem Schall des Donners; Echo-Erscheinungen verstärken in Bergwerken u. s. w. oft den Ton. Knott hat übrigens sehr richtig hervorgehoben, daß der als Schall in die Luft gehende Teil der Energie nur ein sehr geringer ist, so daß sich geräuschlose Erdbeben sehr wohl erklären lassen[8]. Daher können auch die oft so starken Ausschläge des Horizontal-Pendels nie mit einem Geräusch verbunden sein. Daß wir umgekehrt eine Menge von Bewegungen noch hören, die wir nicht fühlen, ja oft nicht einmal durch unsere Instrumente nachweisen können, liegt, abgesehen von der Beschaffenheit der letzteren, daran, daß unsere Gehörsnerven außerordentlich viel feiner empfinden als unser Getast.

Es ist also eine durchaus irrtümliche, wenigstens sehr leicht mißverständliche Ausdrucksweise, wenn man die Schallwellen von den elastischen Wellen gleich vom Erdbeben-Centrum an trennen will, wie dies J. Milne[9] und Davison[10] thaten, oder wenn man, wie Johnston Lavis[11], die Art und Klangfarbe der Geräusche von ihrer Ent-

[8] Transact. Seism. Soc. XII, 131.
[9] Journ. Seism. Soc. XII, 1888, 60.
[10] Geol. Magaz. 1892, 216.
[11] Ebend. 281.

stehung im Erdinnern ableitet. Durch das Erdinnere, die Erdrinde gehen nur elastische Wellen, longitudinale und transversale, ihre Umgestaltung zu Schall-, d. h. also zu Luftwellen, die Entstehung, die Eigenart der letzteren gehört der Region an, an der die elastischen Wellen der Erdfeste in die Luft übertreten. Im Erdinnern sind die Wellen der verschiedensten Entstehung (Explosion, Abrutschung, Anschlag von Magma, Felszertrümmerung u. s. w.) völlig gleich; erst beim Übertritt in die Luft nehmen sie alle die Verschiedenheiten an, welche die Schallwellen zeigen. Aus den Schallwellen kann man also nichts auf die Art der Erdbebenerregung, nichts auf Lage und Tiefe des seismischen Herdes schließen.

Daß nun die merkwürdigen Erscheinungen bei Seebeben, die Art der Erschütterung der Schiffe, das Verhalten der Meeresfläche u. s. w. nur auf dem elastischen Verhalten der plötzlich stark erschütterten, mächtigen Wassermasse beruht, das hat E. Rudolph so klar bewiesen, daß ein kurzer Hinweis auf seine Arbeiten hier völlig genügt[12]. Auch eine Reihe von Erscheinungen an seismisch erschütterten Brunnen, Seen, plötzliches Aufspritzen, Aufwallen, Herausgeworfenwerden des Wassers auch in großer Ferne vom bewirkenden Erdbeben erklären sich von hier aus leicht. —

Ganz besonders aber ist es die Geschwindigkeit und die Art der Fortpflanzung, auf deren Untersuchung und Ermittelung man heutzutage das größte Gewicht legt. „Es ist Hauptzweck der seismischen Überwachung der Erde", sagt Milne[13], „die Geschwindigkeit zu messen, mit der sich die Erdbebenbewegung durch die Erdrinde und vielleicht auch durch das Erdinnere fortpflanzt, um hierdurch Data für die wirkliche Rigidität der Erde zu gewinnen". Und so kommen wir nun zu dem Wichtigsten, was in dem letzten Jahrzehent für die Erkenntnis des Wesens der Erdbeben geleistet ist — zu den neuen Entdeckungen über die Bewegungen der Erdbebenwellen im Erdinnern und an der Erdoberfläche, davon wir vieles Milne, Knott, sowie namentlich dem verstorbenen E. v. Rebeur-Paschwitz, deren grundlegende Theorie wir Prof. Aug. Schmidt in Stuttgart verdanken. Knott[14] und Milne[15] teilen die seismischen Bewegungen sehr richtig ein: 1) in die ächt elastischen Wellen des Erdinnern; 2) in die elastischen Wellen der Oberfläche und 3) in die quasi-elastischen Wellen, welche da entstehen, wo der Erdboden über seine Elastizitätsgrenzen angespannt wird, also im Epicentrum, welche aber bald in die Wellen der 2. Klasse übergehen. Die gleiche Einteilung gilt übrigens von den seismischen Wellen des Meeres, wobei wir natürlich von den sogenannten Erdbebenflutwellen absehen.

Die Wellen, welche die Horizontal- und andere empfindliche Pendel anzeigen, sind doppelter Art: elastische Wellen des Innern und elastische Schwerewellen der Oberfläche. Die zuerst eintreffenden, so plötzlich auftretenden (auch die kürzer einleitenden Tremors fehlen öfters), können nur durch das Erdinnere, nicht über die Erdrinde her zu uns kommen. Woher wissen wir das? Zunächst aus der ungemein großen Geschwindigkeit ihrer Fortpflanzung. Bei dem großen argentinischen Erdbeben 1894 wurden 17 Minuten nach dem Auftreten desselben in San Jago die Pendel in Rom, 2 Minuten später die in Charkow heftig erregt[16], bei tiefster lokaler Ruhe; das heftige Erdbeben,

[12] Beiträge zur Geophysik. 1 (1887), 133—365. 2, 537—666. 3, 273—336. Vergl. Knott, transact. Seism. Soc. XII (1888) 124f.

[13] Nature 54 (1896) 292.

[14] Trans. Seism. Soc. XII, 133f.

[15] Brit. Assoc. Ipswich 1895. Reports on Earthqu. a. Vol.: Phenomena in Japan 65.

[16] v. Rebeur in Beitr. zur Geophys. 2, 524f.

welches zunächst am 26. August 1896 Südwest-Island erschütterte, wurde kaum einige Minuten später (genaue Zeitangaben aus Island fehlen allerdings) fast gleichzeitig in Edinburg, Paris und Straßburg von den Pendeln durch heftige, auch bei den späteren isländischen Stößen gleichfalls eintretende Bewegungen angezeigt — das Erdbeben muß also unter der Tiefe des Meeres her sich fortgepflanzt haben. Die Geschwindigkeit dieser Fortpflanzung ist sehr groß: E. v. Rebeur berechnete sie im Mittel auf 10 km in der Sekunde; doch kommen auch Geschwindigkeiten über 20 km in der Sekunde vor, die also die Fortpflanzungsgeschwindigkeit der Wellen im Granit um das 7—15-fache, im Eisen um mehr als das 10fache übertreffen. Sie können also nicht durch die Erdrinde, sie müssen durch das viel dichtere und daher auch viel elastischere Erdinnere gekommen sein. Hier zeigt sich, wie wichtig eine genaue Kenntnis dieser Bewegungen, eine richtige Deutung derselben für das Erdinnere und namentlich vielleicht für das uns so völlig unbekannte Verhalten der dort herrschenden Aggregatzustände werden kann. Lassen Sie mich hier an jenen Vortrag anknüpfen, den Zöppritz vor langen Jahren auf dem ersten Deutschen Geographentag 1881 zu Berlin hielt, „über die Mittel und Wege, zu genauerer Kenntnis des Erdinnern zu gelangen“: hier haben wir ein damals noch ungeahntes und doch so hochwichtiges Mittel, um Aufschluß über das Erdinnere zu erhalten. Gewiß wird dasselbe, mit Eifer und über die ganze Erde hin unablässig weiter studiert, uns noch manche wichtige Belehrung geben.

Den richtigen Weg aber in dieser dunkeln und so unwegsamen Region uns gezeigt zu haben, das ist das große Verdienst von Prof. Aug. Schmidt in Stuttgart. Er bewies 1888 in einer grundlegenden Abhandlung[17] „Wellenbewegung und Erdbeben“, daß in Folge der nach Innen zunehmenden Dichtigkeit die Wellenflächen im Erdinnern nach unten excentrische Kugelflächen bilden; er bewies aus dem Snellius'schen Brechungsgesetz, daß die Stoßstrahlen nach unten konvexe Linien bilden, welche daher alle, mit Ausnahme des zu den Antipoden führenden geradlinigen Strahles sich zur Erdoberfläche zurückkrümmen. Und aus dieser Thatsache bewies er eine vierfache Art der Geschwindigkeit für die elastischen Schwerewellen der Oberfläche, die er im Gegensatz zu der „wahren“ Geschwindigkeit der seismischen Welle des Erdinnern die „scheinbare“ Geschwindigkeit nennt: zunächst eine unendlich große im Epicentrum und seinem Antipodenpunkt; dann 2) eine abnehmende Geschwindigkeit bis zum Austritt des waagerecht vom Erdbeben-Centrum ausgehenden Stoßstrahles; 3) die Geschwindigkeit bei dem Austritt dieses Strahles, gleich der Geschwindigkeit im Erdbeben-Centrum; 4) die Geschwindigkeit jenseits des genannten Austrittes, die immer mehr zunimmt.

Diese ganze Auffassung ist nun durch die Beobachtung der Horizontalpendel, namentlich des Straßburger Pendels durch Rebeur, dann aber durch die neueren Beobachtungen der dortigen Pendel, völlig bewahrheitet. Es sind die durch das Innere gehenden Stoßstrahlen, welche jene mächtigen Geschwindigkeiten, 10 km und mehr in der Sekunde zeigen, denen die Wellen der Oberfläche langsamer folgen; und auch die Abnahme der Geschwindigkeit dieser letzteren vom Epicentrum aus sowie die spätere Beschleunigung derselben hat die Beobachtung, die Theorie völlig bestätigend, deutlich nachgewiesen. E. v. Rebeur giebt in den „Beiträgen zur Geophysik“ Beispiele. So ist denn heute wohl Schmidt's Theorie allgemein angenommen, von J. Milne, von anderen; Franz Süß in seiner wahrhaft musterhaften Beschreibung des Laibacher Erdbebens hat sich derselben gleichfalls angeschlossen.

[17] Jahreshefte des Vereins für vaterländ. Naturkunde in Württemberg, Stuttg. 1888, S. 248f.

Allerdings will ein anderer Erdbebenforscher[18] die Sache gerade umdrehen und nach unten konkave Stoßstrahlen annehmen, gestützt auf die bekannten Beobachtungen Milne's[19], Omori's und Sekiya's[20], welche Gelehrten schon in geringen Tiefen sehr viel kleinere Geschwindigkeiten fanden, als an der Oberfläche. Allein das waren Geschwindigkeiten der Vibration, nicht der Fortpflanzung, und daß solche Geschwindigkeiten an der Oberfläche, wo die Wellen zum Teil reflektiert, zum Teil freier werden, sich besonders heftig steigern, ist ja selbstverständlich.

Aber Schmidt lehrt uns mehr: er giebt uns eine Methode, die freilich bis jetzt nur annähernd ist, aber auf sicherer Grundlage beruht, eine neue Methode die Lage des seismischen Centrums zu finden. Auf den Schnittpunkten, welche die Homoseisten in irgend einer beliebig durch das Epicentrum gelegten Geraden mit der Erdoberfläche bilden, trägt er die Zeiten des Eintreffens der Homoseisten als Ordinaten auf und verbindet die Endpunkte der letzteren durch eine stetige Linie. Dieselbe bildet eine Kurve, die anfangs nach unten konvex, bald konkav nach unten wird; aus der Lage des Wendepunktes zwischen beiden Krümmungen läßt sich die Lage des Centrums annähernd feststellen. Da ergeben sich freilich sehr bedeutende Tiefenlagen. So für das Erdbeben von Herzogenrath 1873 3 km, für das mitteldeutsche Erdbeben 1872 eine Tiefe zwischen 37 und 74 km[21], für das schweizerische Erdbeben von 1889 zwischen 1—6 km[22], für das von Charleston 1886 zwischen 107—120 km[23].

Und gerade dieses letzte Resultat Schmidt's ist von größter Wichtigkeit. Liegen die seismischen Centren so tief, dann ist die gewöhnliche tektonische Erklärung (Abrutschen, Verwerfungen u. s. w.) nicht zulässig. Denn schon bei 6 km Tiefe herrscht, wenn wir nach der allgemein angenommenen thermalen Tiefenstufe rechnen, eine Temperatur von mindestens 150, bei 60 km von 1500, bei 120 km von 3000 °C; und außerdem herrschen in diesen Tiefen von jeher Druckverhältnisse von außen nach innen und von innen nach außen, welche ein Absinken u. dergl. völlig unmöglich machen. Dieser Ansicht ist auch Franz Süß, dem deshalb diese Tiefenangaben „vom geologischen Standpunkt aus als viel zu hoch gegriffen“ erscheinen[24]. Aber diese Zahlen sind nicht „gegriffen“, sie sind berechnet, nur annähernd zwar, aber nach einem Prinzip, gegen das sich nichts einwenden läßt. Ich will es offen aussprechen, daß ich auch sonst noch schwere Bedenken gegen den tektonischen Ursprung so vieler, ja nach der heutigen Auffassung der meisten Beben habe, und gebe in Kürze die Gründe meiner Ansicht an.

1. Fr. Süß sagt selbst, daß „die komplizierten tektonischen und gebirgsbildenden Vorgänge wahrscheinlich nur bis in eine verhältnismäßig geringe Tiefe reichen“. Wie aber sind in verhältnismäßig geringer Tiefe tektonische Vorgänge — also Absinken, Abrutschen von einzelnen Schollen, Verwerfungen, Bildung und Aufreißen von Falten, Gesteinszertrümmerung u. dergl. mehr —, wie sind in geringen Tiefen derartige tektonische Störungen von so ungeheurer Wucht zu erwarten, wie sie z. B. das Erd-

[18] Dr. G. Maas, Zur Bestimmung von Erdbebenherden in: Hettner's Geograph. Zeitschrift 1, 665f. S. 671.

[19] Transact. Seism. Soc. X, 35f.

[20] Journ. of the College of Science, Imp. Univers. Japan Vol. IV, 2; 249—286.

[21] Jahreshefte 1888, 268f.

[22] Eb. 1890, 214.

[23] Eb. 1890, 229.

[24] Erdbeben v. Laibach, 586.

beben von Lissabon voraussetzt oder wie sie nötig sind, um von Japan, von Süd-Amerika aus durch das Erdinnere und über die Erdoberfläche her die europäischen Pendel zu so mächtigen Ausschlägen bringen zu können? Aber wenn wir auch die Störungen tiefer annehmen könnten, bis zu 120 km, wie sind auch dann Störungen durch Schollenbewegung u. s. w. von solch ungeheurer Kraft zu denken? Wie groß und schwer müßten die absinkenden Stücke sein?

2. Das Erdinnere müssen wir als Gasmasse von enormer Temperatur und unter enormem Druck denken; es muß schon in Folge jenes Druckes, der bei der Spannkraft der Gase fortwährend und überall auch nach außen wirkt, so wie in Folge der nach außen stetig abnehmenden Temperatur in völlig kontinuierlichen Zusammenhang mit der Erdrinde stehen. Hohlräume, Material-Auflockerungen sind also in einigermaßen größeren Tiefen undenkbar. Die Massendefekte, welche unsere Lote anzeigen, liegen durchaus nicht tief. Wie ist nun bei solchen Druck- und Wärmeverhältnissen — ich erinnere zugleich an Heim's latent-plastischen Zustand der Gesteinsmassen — ein Absinken, Zerbrechen von Schollen oder Bildung und Aufreißen von Falten überhaupt denkbar und noch dazu in so kolossaler Mächtigkeit, um die Ursache starker Erdbeben zu werden?

3. Senkungen von irgend größerem Betrag sind bei Erdbeben nie vorgekommen. Alles was der Art bekannt ist, sind ganz flache und stets rein lokale Einsenkungen, wie die Einsenkung im Neo-Thal, deren Sprunghöhe bis 7,6 m, deren Länge 1,2 km betrug[25], die sich aber bis auf 64 km, ja 112 km verfolgen ließ[26]. Möglich, daß hier ganz flache Hohlräume in der allerobersten Erdrinde in Folge des Erdbebenstoßes einbrachen. Doch können solche Senkungen in Schotter- Sand- Sumpf- oder Kulturterrain, kurz in Gegenden mit sehr lockerem Boden sich einfach durch Zusammensacken des lockeren Materials erklären, wie gewiß hierauf des Versinken einiger Häuser im Neo-Thal[27] und ebenso die Bildung des so viel besprochenen Ran of Kache[28] beruht. Die Spalten, auch längere, welche sich bei Erdbeben etwa an Gebirgsseiten bilden, sind nie von großer Weite und Länge und erklären sich vollkommen durch Abrutschen, Abklaffen des jüngeren, weicheren, dem Gehänge anlagernden Materials in Folge der von unten kommenden allseitig hin fortgepflanzten Erschütterung. Auch die nicht seltenen Horizontalverschiebungen[29] sind eine nur durch die elastischen Bewegungen des Bodens (auch durch das elastische Verhalten des aufliegenden Materials, z. B. Eisenbahnschienen) hervorgebrachte Erscheinung.

Beruhten wirklich die meisten Erdbeben auf tektonischen Vorgängen, Absinken, Faltungen, Spaltungen, wie sollte es dann z. B. in Japan aussehen, wo Milne 8331 Erdbeben nur in den acht Jahren 1885—1892 in seinem Katalog[30] aufzählt? Und wenn von diesen auch nur die kleinere Hälfte (4000) tektonische Beben waren, so müßte sich doch endlich, durch Summation, dieses fortwährende Absinken auch äußerlich an der Oberfläche zeigen und Japan, wenn auch wohl nicht ganz versunken, so doch ober-

[25] Milne a. Burton, The great Earthquake of Japan 1891, Taf. XX.

[26] Koto, On the Cause of the great Earthqu. in Central-Japan 1891. Journ. of the College of Science, Imper. Univers. Japan. Bd. V, 1893, S. 349.

[27] Milne a. Burton, Taf. XXI.

[28] Süß, A. d. Erde. 1, 59f.

[29] z. B. Milne a. Burton. Taf. X. XIX.

[30] The Seismol. Journ. of Japan. Bd. IV, 1895.

flächlich in allmählicher, aber starker Veränderung begriffen zeigen. Nichts zeigt sich von allem dem; und bei der Genauigkeit unserer Triangulationsmethoden könnten auch kleine dauernde Veränderungen nicht unbemerkt bleiben.

4. E. Süß[31] ist nicht der Ansicht, „daß in der Tiefe Ablösungen oder plötzliche Ortsveränderungen fast gleichzeitig auf größeren Flächen stattfinden"; und führt gegen diese Behauptung, in welcher er eine Bestätigung der Entstehung der Erdbeben durch tektonische Vorgänge sieht, die Ansicht ins Feld, daß die Beben einen räumlich beschränkten Ausgangspunkt hätten. Aber eine solche Scholle, welche sich in die Tiefe ablösen kann, ist nie so groß, daß sich nicht, bei der außerordentlich raschen Bewegung elastischer Wellen durch dichte kohärente Massen innerhalb einer oder sehr weniger Sekunden überallwärts durch sie hin die Erschütterung verbreitet; trifft der Stoß in ihre Mitte, so können in der Peripherie die Erschütterungen sehr wohl gleichzeitig sein. Dies alles beweist also nichts für ein Absinken oder dergl. einer ganzen Scholle.

5. Der Boden des Meeres ist dichter, als der Festlandboden, unter schwerer Belastung durch auflagernde Wassermassen und unter sehr gleichmäßig niedriger Temperatur stehend; hier sind also die tektonischen Verhältnisse viel gleichmäßiger, fester, ausgeglichener, als im Festland; man sollte also hier, wenn wir die tektonische Erklärung der Erdbeben annehmen, keine seismischen Erschütterungen erwarten dürfen. Und doch, wie häufig, wie weit verbreitet sind die Seebeben! Und wie eng beschränkt, man möchte sagen, punktuell beschränkt, treten sie räumlich auf!

6. Und so sind auch alle die Erscheinungen, welche wir bei einem Erdbeben sehen, die elastischen Nachwirkungen eines heftigen, stets lokal eng beschränkten (punktuellen) von unten kommenden Stoßes oder eines Systems von solchen Stößen. Auch Aug. Schmidt spricht von Stößen, die von unten kommen[32]. Daß solche Stöße, wenn sie heftig auftreten, auch in der oberen Erdrinde Kräfte auslösen, Gewölbe, die unter starker Spannung stehen, aufsprengen, Abrutschungen u. dergl. verursachen können, soll nicht geleugnet werden. Aber solche Erscheinungen sind dann selbst erst durch das Erdbeben hervorgebracht und haben auch an sich nur sekundäre Bedeutung. Ebensowenig will ich leugnen, daß in der oberen Erdrinde tektonische Vorgänge der geschilderten Art auch ohne seismische Veranlassung eintreten und dann ihrerseits Erdbeben hervorrufen können: allein solche Erdbeben können nie von großer seismischer Kraft und stets nur lokal fühlbar sein.

7. Diese Erdbebenstöße entwickeln sich also nicht in der Erdrinde, sie beruhen vielmehr auf Vorgängen, die tiefer liegen, als die Erdrinde, auf Vorgängen im Erdinnern selbst. Haben wir aber daselbst Kraftquellen, groß genug, um so mächtige Wirkungen hervorzubringen? Gewiß. Die Gasmassen des Erdinnern, unter so hohem Druck stehend, gehen in Folge desselben kontinuierlich in die Erdrinde über, natürlich also auch durch den tropfbar flüssigen Aggregatzustand. Der Übergang aber aus Gas in Flüssigkeit ist nicht selten mit heftigen Explosionen verbunden, wie z. B. die plötzliche Vereinigung von Wasserstoff und Sauerstoff zu Wasser. Wasserdampf ist in ungeheuren Mengen im Erdinnern, er kann sich nur an der äußersten Zone des gasigen Innern bilden. Hier aber wird diese Bildung sehr oft eintreten, in großen Massen und äußerster Heftigkeit. Auch jetzt kann ich wieder an Zöppritz erinnern, der solche Explosionen in jener Übergangszone gleichfalls annahm. Auf diese und andere Vorgänge,

[31] Antlitz der Erde 1, 101.
[32] Jahreshefte 1890, 220.

deren es gewiß noch viele verschiedenartige, wenn auch in der Wirkung gleiche giebt, möchte ich die meisten Erdbebenstöße zurückführen; hier haben wir wohl die hauptsächlichste Quelle der seismischen Kraft. Wenn wir dieselbe vorzugsweise an den großen Bruchlinien der Erdrinde thätig finden, so hat dies nicht darin seinen Grund, daß hier Einstürze u. dergl. in ungeheurer Zahl — Milne zählte für nur 8 Jahre 8331 Erdbeben allein in Japan — fortwährend weiter gingen, sondern weil an diesen Bruchstellen durch verminderten Druck, durch raschere Abkühlung jene im Innern notwendig stattfindenden Explosionen u. s. w. besonders leicht und häufig vor sich gehen.

Der Boden des Meeres liegt dem Erdinnern näher, als die Oberfläche der Festländer; die dichtere Masse leitet ferner rascher und sicherer; so ist es nicht auffallend, wenn wir die Zahl der Seebeben so groß, die Seebeben selbst so weit über die Erde verbreitet finden.

8. Diese hier gegebene Anschauung von den Ursachen der meisten Erdbeben beruht auf einer Hypothese, die einerseits durchaus sich auf Thatsachen und allwärts zugestandene Möglichkeiten stützt und andererseits von dem ganzen Kreis der Erscheinungen nicht eine unerklärt läßt. Und auf nichts anderem als einer Hypothese beruht auch die Erklärung durch tektonische Vorgänge in der Erdrinde. Sie scheint plausibler, als jene neue, weil wir bei der letzteren die zur Erklärung herbeigezogenen Erscheinungen nicht kennen und sie auf der Erdrinde nicht thätig finden, während jene erstere ganz alltägliche Vorgänge der Erdoberfläche zur Erklärung herbeizieht. Aber hierin liegt wie ihr logischer so auch ihr sachlicher Fehler. Gesehen hat übrigens einen solchen Einsturz oder sonstigen tektonischen Vorgang auch noch kein Mensch, ja nicht einmal die leisesten Spuren desselben. Die Gründe für die tektonische Hypothese entnahm man den Wirkungen rein elastischer Bewegungszustände der Erdoberfläche; sehr richtig aber sagt Knott[33], es sei gewiß sehr dankenswert, wenn etwas *opens our eyes to the vanity of expecting the study of surface motions to throw much light on the question of earthquake origin.*

Und so stelle auch ich, wie Daubrée u. a., die seismischen und vulkanischen Erscheinungen auf eine Stufe, wenn auch aus ganz verschiedenen Erwägungen und Gründen. Auch die Vulkan-Ausbrüche sind nur zu erklären durch Bewegungen der Gasmassen des Erdinnern, welche Bewegungen hier nicht einmal explosiver, sondern expansiver Natur zu sein brauchen; doch wird freilich der Übergang aus dem dissociierten in den komplicierten, in den Dampf- und Festigkeitszustand bei sehr verschiedenen Materialien stets eintreten müssen. Noch heute, wie in ihrem ersten Entstehen, ist die Erde eine unbegrenzte Gaskugel, nur daß sich zwischen die abgekühlten nicht oder wenig komprimierten Gase der äußeren (atmosphärischen) Umgebung und die überhitzten, mächtig zusammengepreßten Gase des Innern eine verhältnismäßig dünne Erstarrungsschicht eingeschoben hat, die im Laufe der Zeiten allmählich nach innen an Dicke zunimmt. Die Gase unter ihr können wir uns daher gar nicht in völliger Ruhe denken.

Daß diese neue Hypothese über den Ursprung der seismischen Erschütterungen, von denen nur unbedeutend-lokale auf tektonischen Vorgängen beruhen, noch sehr der weiteren Beobachtung und Arbeit bedarf, das leuchtet ein. Aber auf allen Gebieten der seismischen Forschung ist unablässige, möglichst ausgedehnte Arbeit und Beob-

[33] Trans. Seism. Soc. X, 129.

achtung dringend notwendig, wenn wir uns zunächst in die seismischen Vorgänge selbst wissenschaftlich klare Einsicht verschaffen, wenn wir ferner aus ihnen die Früchte für die Erkenntnis der Gesamtnatur der Erde ernten wollen, welche sie uns zu geben im Stande sind.

Die Art der Beobachtung der Erdbeben muß eine doppelte sein, eine lokal-speziale und eine international-allgemeine. Beide Arten schließen sich nicht aus, vielmehr bedingen, ergänzen sie einander. Hinsichtlich der internationalen kann ich nur wiederholen, was in den von Dr. E. v. Rebeur verfaßten „Vorschlägen zur Errichtung eines internationalen Systems von Erdbebenbeobachtungen“ ausgesprochen ist[34]. „Wir wollen“, sagt der Verfasser und die übrigen Unterzeichner dieses Aufrufs, „in erster Linie die Gründung eines internationalen Netzes von Erdbeben-Stationen in Anregung bringen, dessen Aufgabe es sein soll, die Ausbreitung der von großen Erdbebencentren ausgehenden Bewegungen auf der Erdoberfläche und durch den Erdkörper in systematischer Weise zu beobachten.“ Ganz ähnliche, ja man kann sagen, die ganz gleichen Vorschläge hat ganz vor kurzem J. Milne wiederholt[35]. Die internationalen Erdbeben-Stationen müssen möglichst zahlreich sein und womöglich mit demselben Instrument beobachten; sie müssen dann ein genaues Verzeichnis aller beobachteten seismischen Störungen geben mit genauer Angabe der beobachteten Erscheinungen (makro-, mikroseismische, Tremors, Pulsationen u. s. w.); besonders genau muß über die Zeit des Eintrittes, der Dauer der Störung berichtet werden. Zugleich muß eine Centralstelle für Sammlung und Publikation der internationalen Beobachtungen eingerichtet werden, wofür Dr. v. Rebeur und die übrigen Unterzeichner des Aufrufs die „Beiträge zur Geophysik“ (Leipzig, Engelmann) vorschlagen.

Als Universal-Instrument für die internationalen Beobachtungen und Stationen habe ich das dreifache Horizontal-Pendel, System Rebeur-Ehlert, empfohlen[36], welches der Erfinder Dr. Ehlert ausführlich besprochen und beschrieben hat[37]. Dies müßte auf allen Stationen zur Benutzung kommen, nach ihm die Angaben und Zeitbestimmungen gemacht werden. Und da auch diese internationalen Stationen gewiß bald in Haupt- und Nebenstationen sich von einander scheiden werden, so würden sich nach Dr. Ehlert's Vorschlag, dem ich völlig beistimme, für die ersteren neben dem Pendel-Apparat Rebeur-Ehlert auch noch andere Pendel, namentlich ein Vicentinisches Schwere-Pendel und ein guter Vertikal-Apparat, am besten der von Ewing, als sehr nützlich erweisen. Der Nutzen eines solchen internationalen Beobachtungsnetzes mit möglichst genauen Instrumenten und Beobachtungen leuchtet ein. Wir würden in Bälde durch die photographischen Aufzeichnungen ein sehr reiches und für alle Zukunft unschätzbares Material besitzen, durch welches wir über das seismische Verhalten der Gesamterde, über periodische (namentlich auch länger-periodische) Erscheinungen im Auftreten der Störungen klar urteilen könnten. Der Wert eines solchen Materials wird sich nach dieser Seite erst recht deutlich in der Zukunft herausstellen. Bei zahlreichen und verläßlichen Zeitangaben aus allen Teilen der Welt können wir ferner mit wirklicher Sicherheit über die Verschiedenheit der seismischen Wellen, ihre Geschwin-

[34] Beiträge zur Geophys. 2, 777. Separat S. 7. Abdr. in: Peterm. Mitteil., 1896, S. 166, und Verhandl. d. Ges. f. Erdk. Berlin, 1896, S. 267.

[35] Nature 54, 292.

[36] Nature 54, 15. Apr. 1897.

[37] Beiträge zur Geophysik 3, 209—215.

digkeit und ihre Herkunft (durch, über die Erde) urteilen; was aber die Beobachtungen neues über die Art, die Ursache, den Sitz der seismischen Störungen, über die Natur des Erdinnern lehren werden — ich zweifle nicht, sie werden vieles und hochwichtigs lehren —, darüber kann erst die Zukunft entscheiden.

Und so beschließe ich meinen Vortrag, indem ich in einer Reihe von Thesen das Gesagte kurz zusammenfasse.

1. Alle seismischen Erscheinungen, welche wir an der Erdoberfläche beobachten, sind Elasticitäts-Erscheinungen, Vorgänge oder Wirkungen des elastischen Verhaltens der Erdrinde. So auch das Haltmachen der Erdbeben vor Gebirgen und Flüssen.

Diese Erscheinungen sind veranlaßt durch atmosphärische, kosmische, hauptsächlich aber durch subterrane tellurische Kräfte.

2. Die Erdpulsationen sind noch nicht aufgeklärt, die Tremors sind es nur zum Teil: die den lokalen Erdbeben vorauseilenden oft unfühlbar kleinen Wellen sind wohl sekundär, lokal entstandene Longitudinalwellen.

3. Die seismischen Oberflächenwellen pflanzen sich nicht an der obersten Fläche der Erde fort, sondern in den etwas tiefer liegenden festen Schichten. Die Wellen, welche zur obersten Erdfläche kommen, steigen senkrecht von jenen tieferen auf, oft nur als Ausläufer ohne große Kraft und sehr bald aufhörend.

4. Die Schälle und Geräusche der Erdbeben sind veranlaßt durch die austretenden Wellen, ihre Klangfarbe durch Art und Austritt der Wellen. Dieser Austritt erfolgt aus dem Erdboden, aus Gebäuden, Bäumen u. s. w., was für die Klangfarbe und Lokalisierung der Geräusche von Bedeutung ist. Die Art der Welle kann sich während ihres Ganges ändern; es giebt aber keine Wellen, welche als selbständige „Schallwellen" sich durch die Erde bewegen; Erdbeben- und Schallwellen fallen im festen Material durchaus zusammen. Die Erregungsursache des Stoßes ist für den Gang und den späteren Klang der Welle völlig gleichgültig.

5. Die Erdbeben-Theorie von Aug. Schmidt-Stuttgart ist die richtige, ebenso seine Methode der Legung des Hodographen; beides aber bedarf noch der weiteren Behandlung.

6. Die Entstehung, die Ursachen der Erdbeben sind in der Thätigkeit des Erdinnern zu suchen, wahrscheinlich in der Übergangszone aus dem gasförmigen in den flüssigen, aus dem flüssigen in den festen Zustand. Erdbeben veranlaßt durch geotektonische Vorgänge (Einstürze, Faltung u. s. w.) können nur ganz oberfläche, unbedeutende, lokale sein.

7. Die Erdbebenthätigkeit steht in keinem ursächlichen Zusammenhang mit der Bildung der Gebirge oder der Senkungsfelder der Erde. Die Bruchlinien der Erde begünstigen nur in Folge von Druckerleichterung, von Abkühlung u. s. w. das Auftreten von Reaktionen des Erdinnern.

8. Oberirdisches Wasser, sei es atmosphärisches oder Meerwasser, hat gar keinen Einfluß auf die seismischen Erscheinungen.

9. Die seismischen Erscheinungen sind von hoher Bedeutung für unsere Kenntnis des Erdinnern.

10. Notwendig sind möglichst zahlreiche und genaue lokale Erdbebenstationen, die unter einander durch ein internationales Beobachtungsnetz verbunden sind.

11. Als universales Beobachtungs-Instrument ist am meisten der Pendel-Apparat, System Rebeur-Ehlert, zu empfehlen.

Geophys. u. Geol. Geophys. Veröff. d. KMU Leipzig Bd. III H. 2 S. 163—170 Berlin 1985

Optische Charakteristika der Atmosphäre im Spektralbereich von 350 bis 1100 nm zur Ableitung von Parametern der physikalischen Struktur des atmosphärischen Aerosols

W. v. HOYNINGEN-HUENE[1]

Zusammenfassung: Numerische Methoden zur Ableitung von Aerosolparametern aus optischen Charakteristika der Atmosphäre über den Weg der Lösung der indirekten Aufgabe sind in der Genauigkeit ihrer Aussage von mathematischen und physikalischen Randbedingungen abhängig. Eine in der Meßpraxis wichtige Randbedingung ist die Anzahl der zur Verfügung stehenden Spektralkanäle. An Hand eines numerischen Inversionsverfahrens wird untersucht, inwieweit eine Reduktion von Spektralkanälen ohne wesentlichen Verlust an Information über Struktur-besonderheiten der Aerosolkorngrößenverteilung möglich ist.

Abstract: Numerical methods to estimate aerosol parameters from optical characteristics of atmosphere by solving the indirect optical problem depend in relation to the accuracy of the result on the mathematical and the physical conditions. A main condition is the available number of spectral channels. Using a numerical inversion-method here is shown as it is possible to reduce the number of spectral channels without loss in information about details in the structure of aerosol size distribution.

1. *Einführung*

Optische Charakteristika der Atmosphäre dienen der Beschreibung des Strahlungstransports in der Atmosphäre als einem für die Klimatologie wichtigen Problemkreis. Sie dienen ebenfalls als eine Grundlage zur Bestimmung der physikalisch-chemischen Zusammensetzung der Atmosphäre und sie sind damit für indirekte Methoden der Umweltkontrolle von Interesse.

Die Bestimmung spektraler optischer Charakteristika der Atmosphäre, d. h. der optischen Dicke, der Transmissionsfunktion und der Indikatrix, werden im allgemeinen an solchen Orten durchgeführt, die nur geringe anthropogene Beeinflussung aufweisen, d. h. abseits von großen Städten und Industriezentren. Solche Untersuchungen dienen hauptsächlich klimatologischen Betrachtungen, aber auch der Fernerkundung.

1929 machte A. ANGSTRÖM [2] den Vorschlag, die spektrale Extinktion des Lichts durch Aerosole mittels eines Potenzgesetzes zu charakterisieren.

$$\alpha_{\mathrm{Aer}}(\lambda) = \beta \cdot \lambda^{-\alpha} = \frac{\tau_{\mathrm{Aer}}(\lambda)}{H}$$

(α_{Aer} — spektrale Extinktion des atmosphärischen Aerosols, β — Trübungskoeffizient nach ANGSTRÖM, α — Spektralabfall, τ_{Aer} — spektrale optische Dicke des atmosphärischen Aerosols, H — Höhe der Dunstsphäre).

[1] Anschrift des Verfassers:
Dr. W. v. HOYNINGEN-HUENE, WB Geophysik, Sektion Physik der Karl-Marx-Universität, DDR-7010 Leipzig, Talstraße 35.

Durch Formulierung der nach ihm benannten Potenzverteilung bezüglich der Aerosolkorngrößenverteilung konnte Junge [6] auch eine Beziehung angeben, die aus den Parametern des Angströmschen Ansatzes für den Extinktionsverlauf Rückschlüsse auf das Korngrößenspektrum lieferte.

$$\frac{\mathrm{d}N(r)}{\mathrm{d}\log r} = N_0 \cdot r^{-\nu}; \qquad \nu = \alpha + 2; \qquad N_0 = \frac{2{,}3 \cdot \alpha}{f(\beta)}.$$

Damit sind in erster Näherung Ableitungen von Aerosolparametern aus spektralen Extinktionsmessungen bzw. spektralen optischen Dickemessungen möglich. Der Vorteil dieses Herangehens ist, daß bei richtiger Auswahl der optischen Meßkanäle in Bereichen, in denen lediglich Aerosolextinktion und Rayleighstreuung wirken, nur 2 Spektralkanäle für solche Untersuchungen benötigt werden.

Weiterführende Untersuchungen durch Entwicklung detaillierterer numerischer Inversionsverfahren zur Ableitung von Aerosolparametern aus optischen Charakteristika der Atmosphäre, wie z. B. Yamamoto und Tanaka [14], Quenzel [8], Shaw [9], v. Hoyningen-Huene und Spänkuch [5], Heinzenberg [4] und auch direkte Methoden der Untersuchung der Korngrößenverteilung des atmosphärischen Aerosols (Whitby [13], Abele [1], Joshi und Kelkar [7]) zeigen, daß das atmosphärische Aerosol eine aus mehreren Moden zusammengesetzte Aerosolkorngrößenverteilung aufweist, die nur in grober Näherung dem Jungeschen Potenzgesetz genügt. Die aufgeführten detaillierteren numerischen Inversionsverfahren erfordern allerdings eine weitaus höhere Anzahl an optischen Spektralkanälen, um aus den optischen Charakteristika der Atmosphäre Aerosolparameter wie die Aerosolkorngrößenverteilung abzuleiten. Seitens der WMO ist ein globales Trübungsmeßnetz mit 4 Spektralkanälen vorgeschlagen worden, das einen Kompromiß zwischen dem erhöhten Informationsbedarf über das atmosphärische Aerosol und den Forderungen nach einem vertretbaren Meßaufwand darstellt, so daß sich die Frage erhebt, ob die von der WMO vorgeschlagenen Kanäle für eine detailliertere Bestimmung von Aerosolparametern, die über den Jungeschen Potenzansatz hinausgehen, mit Hilfe der genannten Inversionsverfahren ausreichen bzw. wieviel und welche optischen Spektralkanäle minimal zur Ableitung detaillierterer Aerosolparameter erforderlich sind.

Bisher durchgeführte Untersuchungen von Spänkuch und v. Hoyningen-Huene [11] zeigten, daß eine schematische Anwendung der Faktorisierungsmethode auf 4 optischen Kanäle aus [5] zu keiner zusätzlichen Information führt, als sie aus 2 Kanälen über den Angströmschen Ansatz und dem Jungeschen Potenzgesetz gewonnen werden könnte. Daher erscheinen 4 Spektralkanäle zur Ableitung von Aerosolkorngrößenverteilungen mit von Potenzverteilungen abweichenden Strukturen als zu wenig, und es soll daher in dieser Arbeit ein Beitrag zur Lösung der Frage nach den minimal dazu benötigten Spektralkanälen geleistet werden.

2. *Vorstellungen über Aerosolkorngrößenverteilungen und benötigte Eingangsparameter*

Die langjährigen Untersuchungen zur Struktur des atmosphärischen Aerosols haben je nach Genauigkeitsforderung verschieden präzise Modelle hervorgebracht, die in Abhängigkeit von der Berücksichtigung von Besonderheiten der Aerosolkorngrößenverteilung anwachsende Parameteranzahlen erfordern. Das einfachste Modell ist die schon erwähnte JUNGEsche Potenzverteilung

$$\frac{\mathrm{d}N(r)}{\mathrm{d}\log r} = N_0 r^{-\nu},$$

die 2 Parameter benötigt (N_0 und ν), die aus den optischen Daten zu schätzen sind.

Die von FOITZIK [3] verwendete Log-Normalverteilung

$$\frac{\mathrm{d}N(r)}{\mathrm{d}\log r} = N_{r_0} \cdot \exp\left[-A \cdot \left(\log \frac{r}{r_0}\right)^2\right]$$

benötigt schon 3 Parameter (N_{r_0}, A, r_0), ohne die optischen Verhältnisse des atmosphärischen Aerosols als monomodale Verteilung wesentlich besser beschreiben zu können als das JUNGEsche Potenzgesetz (vgl. SPÄNKUCH [12]). Zwar lassen sich hiermit im Gegensatz zum JUNGEschen Potenzgesetz Erscheinungen anormaler Extinktion, wie sie in realen Messungen um 400 nm auftreten, erklären, jedoch weist der spektrale Verlauf der Extinktionskoeffizienten bei Zugrundelegung von Log-Normalverteilung und realen Messungen solche Abweichungen auf, daß eine Schätzung der anderen Parameter außer r_0 aus realen Messungen auf Schwierigkeiten stößt. FOITZIK [3] schlug daher vor, Überlagerungen aus mehreren Log-Normal-Verteilungen zu verwenden, die sich für die Widerspiegelung von realen Aerosolkorngrößenverteilungen besser eignen (vgl. Verteilungen in [13, 1, 7, 11, 12, 3, 10]). Eine Charakterisierung durch z. B. bimodale Lognormalverteilungen, wie es in [3] versucht wurde, erfordert aber die Schätzung von minimal 6 Parametern, die dort über den Weg der Anpassung nach der Methode der kleinsten Quadrate aus einer zwar fehlerbehafteten, aber detaillierteren Verteilung erfolgt ist, d. h., aus den optischen Daten ist über den Weg der numerischen Inversion mittels der in [5] beschriebenen Methodik ein aus 21 Parametern bestehender Lösungsvektor einer Histogrammverteilung bestimmt worden, der die Grundlage für die Bestimmung der bimodalen Lognormalverteilung war. Für dieses Vorgehen sind allerdings 4 optische Spektralkanäle, wie sie das WMO-Trübungsmeßnetz vorschlägt, nicht ausreichend. Das gleiche gilt für die Verwendung einer weitgehend vorkenntnisfreien Histogrammverteilung, in der in den einzelnen Komponenten des Verteilungsvektors die Häufigkeiten der betrachteten Aerosolkorngrößen enthalten sind. Sollen Korngrößenverteilungen untersucht werden ohne Vorgabe von bestimmten Modelltypen, dann müssen allerdings für die Lösung der indirekten Aufgaben weitgehend vorgabefreie Verteilungstypen angesetzt werden, d. h. Histogrammverteilungen.

3. Methodische Betrachtungen zur Parameterreduzierung unter Zugrundelegung von Histogrammverteilungen

Methoden zu numerischer Inversion, wie sie in [14, 8, 9, 5, 4] beschrieben sind, liefern Lösungsvektoren für die Aerosolkorngrößenverteilungen, die Histogrammverteilungen darstellen, deren Parameter die Häufigkeit der einzelnen Aerosolkorngrößen enthalten.

Zu klären wäre, inwieweit sich eine Reduzierung von optischen Kanälen vornehmen läßt, ohne daß die enthaltene Information über die Struktur der Aerosolkorngrößenverteilung verlorengeht. Die folgenden Untersuchungen sind mit der in [5] dargestellten

Methode der Faktorisierung für die Lösung der nichtkorrekt gestellten Aufgabe in Form der Fredholmschen Integralgleichung 1. Art vorgenommen worden:

$$\tau_{\mathrm{Aer}}(\lambda) = \pi r^2 \int_{r_1}^{r_2} Q(r, \lambda, m) \cdot N(r)\, \mathrm{d}r$$

($Q(r, \lambda, m)$ — Kernfunktion, die die Streuquerschnitte kugelförmiger Teilchen mit dem Radius r, dem Brechungsindex m, bei der Wellenlänge λ enthält; $N(r)$ — gesuchte Aerosolkorngrößenverteilung; $\tau_{\mathrm{Aer}}(\lambda)$ — Spektrum der optischen Dicke des atmosphärischen Aerosols).

Zuerst sei vorangestellt, daß unter Zugrundelegung eines mittleren komplexen Brechungsindex $m = 1{,}5 - 0i$ aus Extinktionsspektren, die dem Angströmschen Potenzansatz genügen, auch näherungsweise für die Aerosolkorngrößenverteilung Potenzverteilungen erhalten werden können. Abb. 1a zeigt Aerosolkorngrößenverteilungen, die

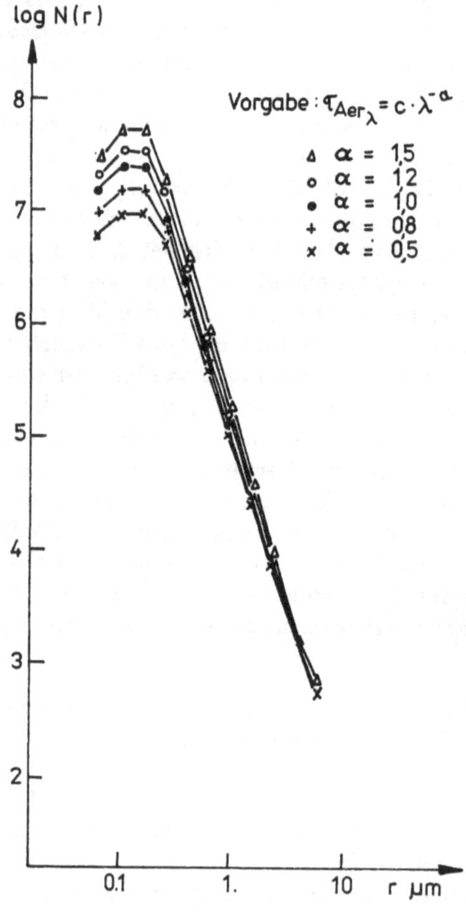

Abb. 1.a) Mit dem Faktorisierungsverfahren nach [5] erhaltene Aerosolkorngrößenverteilungen zu Extinktionsspektren mit verschiedenen Potenzansätzen

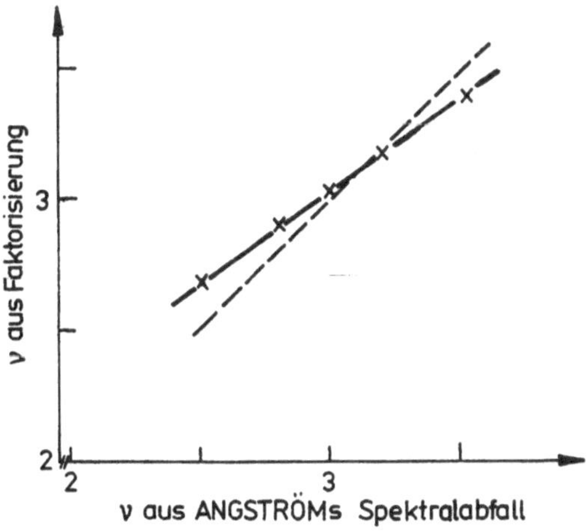

Abb. 1.b) Abweichungen in der Bestimmung des Parameters für das JUNGEsche Potenzgesetz zwischen dem Weg über den ANGSTRÖMschen Potenzansatz für die Extinktion und den Ergebnissen aus der numerischen Inversion der Extinktionsspektren nach [5]

mittels der Faktorisierung aus Extinktionsspektren mit unterschiedlichen Potenzansätzen gewonnen wurden im Vergleich mit dem jeweiligen JUNGEschen Potenzgesetz für die Aerosolkorngrößenverteilung (Abb. 1b). Die Untersuchung zeigt:

1. Aus Potenzansätzen für die spektralen Extinktionsverhältnisse werden mittels des Faktorisierungsverfahrens auch Potenzverteilungen im Radienbereich von 0,25 bis 2,5 nm erhalten. Darüber hinaus treten Abweichungen von einem Potenzgesetz auf.
2. Die JUNGE-Parameter werden durch das Faktorisierungsverfahren in der Tendenz richtig widergespiegelt. Es existiert aber eine systematisch zu große Wiedergabe bei Werten von $\nu \leqq 3$ und eine systematisch zu niedrige Wiedergabe bei Werten von $\nu > 3$. Inwieweit der Einfluß des Brechungsindexes eine Rolle spielt, ist bisher noch nicht untersucht worden.
3. Geringe Abweichungen von einem Potenzansatz in der spektralen Extinktion führen zu Abweichungen von dem Potenzgesetz in der JUNGE-Verteilung, so daß z. B. Meßfehler in einzelnen optischen Kanälen als Strukturabweichungen von der JUNGE-Verteilung in Erscheinung treten können. Eine Verwendung einer hohen Anzahl optischer Kanäle läßt solche Fehler erkennen und eleminieren.

Für die Untersuchung der Erkennbarkeit von Strukturbesonderheiten der Aerosolkorngrößenverteilung bei Reduzierung der Anzahl optischer Kanäle ist eine bimodale Aerosolkorngrößenverteilung zugrunde gelegt worden, für die über den Weg der Lösung der direkten Aufgabe der spektrale Extinktionsverlauf für 32 Spektralkanäle von 380 nm bis 1000 nm mit einer Schrittweite von $\Delta\lambda = 20$ nm berechnet wurde (Abb. 2). Das synthetische Spektrum weist um 420 nm anomale Extinktion auf (Abweichung vom ANGSTRÖMschen Ansatz). Durch Vergrößerung der Schrittweite bei der Abtastung des Extinktionsspektrums von $\Delta\lambda = 20$, 40, 80 und 160 nm entstanden die Daten für die spektrale Extinktion, die für die Lösung der indirekten Aufgabe dienten, d. h. Spektren mit 32, 16, 8 und 4 äquidistanten optischen Kanälen. Die Ergebnisse aus der Lösung der indirekten Aufgabe sind in Form von Aerosolkorngrößenverteilungen in Abb. 3 dargestellt.

Die Untersuchungen zeigen, daß eine Verwendung von 32 und 16 Kanälen die vorgegebenen Strukturbesonderheiten sowohl in Größe und Form richtig widerspiegeln. Bei Verwendung von nur 8 Kanälen mit einem Spektralschnitt $\Delta\lambda = 80$ nm tritt eine merkliche Verflachung der Strukturbesonderheiten in der rekonstruierten Aerosolkorngrößenverteilung auf. Die Verwendung von nur 4 Kanälen mit $\Delta\lambda = 160$ nm gestattete

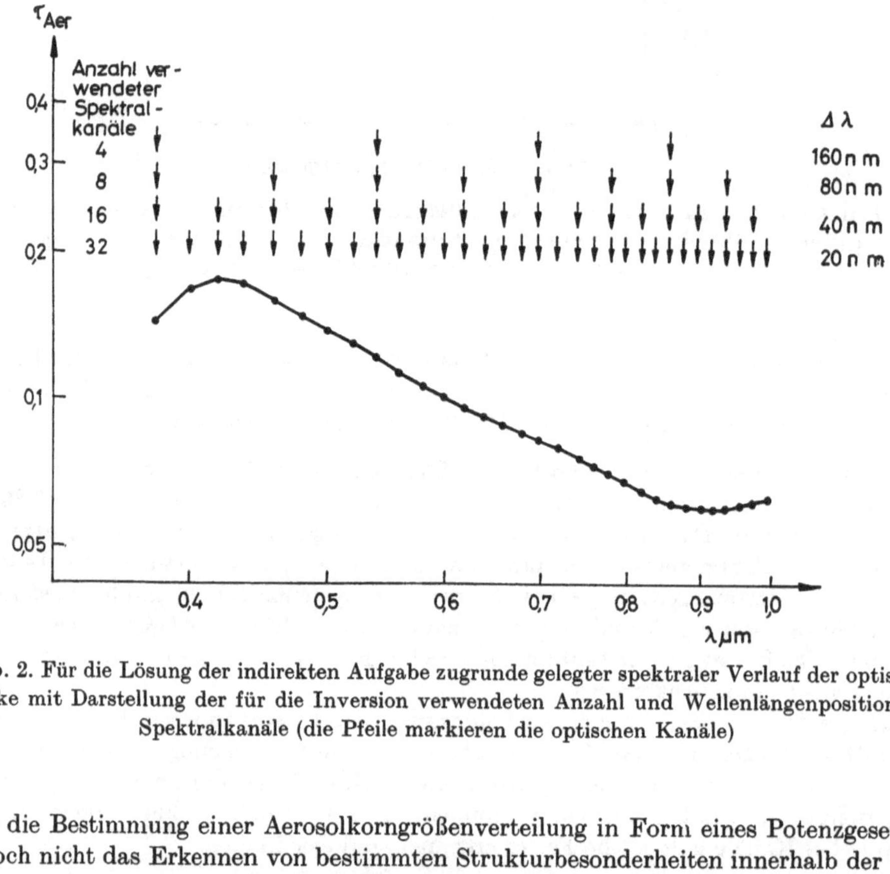

Abb. 2. Für die Lösung der indirekten Aufgabe zugrunde gelegter spektraler Verlauf der optischen Dicke mit Darstellung der für die Inversion verwendeten Anzahl und Wellenlängenposition der Spektralkanäle (die Pfeile markieren die optischen Kanäle)

nur die Bestimmung einer Aerosolkorngrößenverteilung in Form eines Potenzgesetzes, jedoch nicht das Erkennen von bestimmten Strukturbesonderheiten innerhalb der Verteilung. Die Ursache liegt wahrscheinlich darin, daß mit 4 und auch 8 Spektralkanälen die im Spektrum enthaltene anomale Extinktion nicht richtig erfaßt wird und daher bei der Lösung der indirekten Aufgabe nicht sich in Strukturbesonderheiten widerspiegeln kann.

4. *Schlußfolgerungen*

Die vorangehenden Untersuchungen zur Rekonstruktion von Aerosolkorngrößenverteilungen aus spektralen Extinktionsdaten in bestimmten äquidistant vorgegebenen Spektralkanälen zeigt, daß eine Reduktion der Anzahl von Spektralkanälen in einem

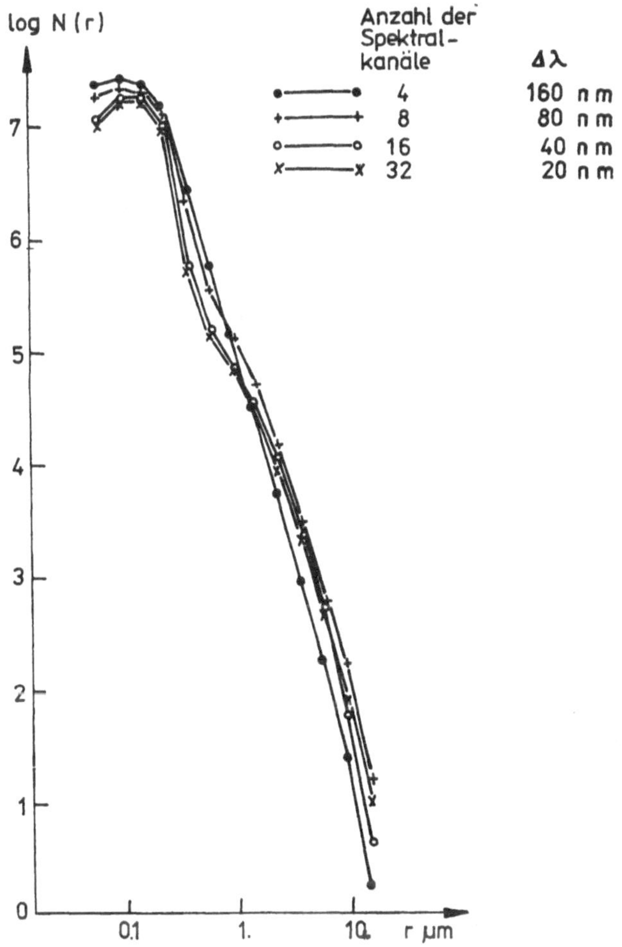

Abb. 3. Ergebnisse für die Aerosolkorngrößenverteilung bei verschiedener Anzahl der verwendeten Spektralkanäle

annähernd konstant bleibenden Spektralintervall von ca. 350 bis 1100 nm die Erkennung von Strukturbesonderheiten in der Aerosolkorngrößenverteilung ab einer bestimmten Grenze einschränkt bzw. unmöglich macht. Diese Grenze liegt aber höher als 4 und ist damit größer als die Anzahl der von der WMO vorgeschlagenen Spektralkanäle für das globale Trübungsmeßnetz. Mit den vorgeschlagenen 4 Kanälen der WMO kann nur Information über eine Potenzverteilung für die Aerosolkorngrößenverteilung gewonnen werden. In diesem Zusammenhang erhebt sich jedoch die Frage: Wie genau muß für klimatologische Fragestellungen bezüglich des Einflusses des atmosphärischen Aerosols die Aerosolkorngrößenverteilung bekannt sein? Reicht die Kenntnis der Jungeschen Potenzverteilung dafür aus oder müssen Strukturbesonderheiten Berücksichtigung finden? Diese Frage bedarf ausführlicher Untersuchungen, da sie nach den erfolgten Betrachtungen eine Schlüsselrolle für die Festlegung der Anzahl und der Position von optischen Spektralkanälen erhalten hat.

Literatur

[1] Abele, J., Neuere Aerosolmessungen im Bereich 0,15–30 μm unter Berücksichtigung optischer Effekte. Diss. an der Universität Tübingen, Tübingen 1980.

[2] Angström, A., On the atmospheric transmission of sun radiation and on dust in the air (I). Geogr. Ann. **11** (1929) 156–166.

[3] Foitzik, L., The spectral extinction of the atmospheric aerosol by Mie-particles with different Gaussian distributions. Gerlands Beiträge z. Geophysik **74** (1965) 199–206.

[4] Heintzenberg, J., Müller, H., Quenzel, H., Thomalla, E., Information content of optical data with respect to aerosol properties: numerical studies with a randomized minimization-search-technique inversion algorithm. Appl. Optics **20** (1981) 1308–1315.

[5] von Hoyningen-Huene, W., Spänkuch, D., Zur Bestimmung von Aerosolkorngrößenverteilungen aus spektralen Extinktionsmessungen im Bereich von 340 bis 1100 nm Wellenlänge. Zeitschr. f. Meteorologie **29** (1979) 146–156.

[6] Junge, Chr., Gesetzmäßigkeiten der Größenverteilung atmosphärischer Aerosole über dem Kontinent. Berichte d. deutschen Wetterdienstes der US-Zone Nr. 35 (1952) 261–276.

[7] Kelkar, D. N., Joshi, P. V., A note on the size distribution of aerosols in urban atmospheres. Atmospheric Environment **11** (1977) 531–534.

[8] Quenzel, H., Determination of size distribution of atmospheric aerosol particles from spectral solar radiation measurements. Journal of Geoph. Research **75** (1970) 2915–2921.

[9] Shaw, G. E., Inversion of optical scattering and spectral extinction measurements to recover aerosol size spectra. Appl. Optics **18** (1979) 928–933.

[10] Shaw, G. E., Transport of Asian desert aerosol to the Hawaiian Islands. Journal of Applied Meteorology **19** (1980) 1254–1259.

[11] Spänkuch, D., von Hoyningen-Huene, W., Can turbidity measurements be used for the estimation of aerosol parameters? Advances in Space Research **2** (1983) 131–134.

[12] Spänkuch, D., Optische Eigenschaften logarithmisch-normalverteilter Partikelkollektive. Abhandlungen des Meteorol. Dienstes der DDR Nr. 109 (1974).

[13] Whitby, K. T., The physical characteristic of sulphur aerosols. Atmospheric Environment **12** (1978) 135–159.

[14] Yamamoto, G., Tanaka, M., Determination of Aerosol size distribution from spectral attenuation measurements. Appl. Optics **8** (1969) 447–453.

Geophys. u. Geol. Geophys. Veröff. d. KMU Leipzig Bd. III H. 2 S. 171—185 Berlin 1985

Erfahrungen mit einem neuen Programm zur MIE-Streuung

J. SELTMANN[1]

Zusammenfassung: Herkömmliche Programme zur Berechnung der MIE-Reihen für die optische Streuwirkung sphärischer Partikeln liefern für große Teilchen oft physikalisch sinnlose Resultate. Dies liegt in der Störanfälligkeit von Rekursionsverfahren für BESSEL-Funktionen komplexen Arguments hoher Ordnung begründet. Unter Vermeidung dieser numerischen Instabilität wird ein auf LENTZ (1976) zurückgehendes Kettenbruchverfahren zur Anwendung gebracht und diskutiert. Das neue Programm gestattet die Berechnung von Streufunktionen und Wirkungsfaktoren von Einzelteilchen sowie die Summation über vorgegebene Teilchenverteilungen auch für sehr große Teilchen (z. B. $\alpha = 1000$) mit hoher Genauigkeit.

Summary: Most ordinary computation schemes for MIE calculations of spherical particle light scattering yield physically meaningless results with large particles. This is due to the susceptibility to error of recursion techniques for high order BESSEL functions of complex argument. Eliminating this numerical instability LENTZ (1976) formalism is applied and discussed. The algorithm allows computation of single particle scattering functions and efficiency factors as well as integration over a given particle size distribution with high accuracy even for very large particles (e.g. $\alpha = 1000$).

1. *Vorbemerkungen*

Unter den vielfältigen Erscheinungen der Lichtstreuung spielt aus geophysikalischer Sicht die an atmosphärischen Schwebteilchen eine besondere Rolle. Die optische Wirkung dieser Teilchen auf den Durchgang der direkten Sonnenstrahlung durch die Atmosphäre ist von entscheidender Bedeutung für den Strahlungshaushalt der Erde. Die Berechnung und Modellierung dieser Wirkung ist deshalb ein zentrales Anliegen der Strahlungs- und Klimaforschung. In der Geofernerkundung spielt der Atmosphäreneinfluß eine wesentliche Rolle bei der quantitativen Interpretation von Luftbildern. Letztlich führen alle Fragen der Ausbreitung von natürlichem oder künstlichem Licht durch größere Teile der Atmosphäre auf das Problem der Lichtstreuung am atmosphärischen Aerosol. Analoge Fragestellungen gewinnen in der Ozeanologie an Bedeutung.

Die so gestellte Aufgabe der Bestimmung der Streuung an wohldefinierten Systemen wird als die *direkte Aufgabe der Streutheorie* bezeichnet. Das indirekte Streuproblem beinhaltet umgekehrt die Charakterisierung des Systems aus Kenntnis seines Streuverhaltens. Das Interesse an derartigen indirekten Meßmethoden, die sich insbesondere zur Fernüberwachung der natürlichen und anthropogenen Umweltbelastung anbieten,

[1] Anschrift des Verfassers:
Dipl.-Phys. J. SELTMANN, WB Geophysik, Sektion Physik der Karl-Marx-Universität, DDR-7010 Leipzig, Talstr. 35.

ist in den letzten Jahren sprunghaft gewachsen. Die resultierenden Gleichungssysteme, in die als Kernmatrix die Einteilchen-Lösungen der direkten Aufgabe eingehen, sind im allgemeinen schlecht konditioniert, also besonders anfällig gegen Fehler in den Ausgangsdaten. Deshalb entsteht auch seitens der indirekten Aufgabe die Forderung nach hoher Genauigkeit bei der Lösung der direkten Aufgabe.

2. *Die* MIE-*Reihen*

Unter der Voraussetzung unabhängiger Einfachstreuung reduziert sich die direkte Aufgabe auf das Problem der Einteilchenstreuung. Für hochsymmetrische Streuzentren ist die aus den MAXWELL-Gleichungen folgende Vektorwellengleichung samt ihren Randbedingungen in geometrieangepaßten Koordinaten separierbar. Eine Lösung für den Fall unabhängiger, elastischer Einfachstreuung einer ebenen elektromagnetischen Welle, die sich in einem ruhenden, nicht absorbierenden Medium ausbreitet, an regellos verteilten, wechselwirkungsfreien, unaktiven, unmagnetischen und ungeladenen homogenen Kügelchen von beliebigem Radius r und beliebigem relativem Brechungsindex $\tilde{m}$ wurde 1908 von MIE angegeben. Moderne Darstellungen der Streutheorie finden sich in den Monographien von SHIFRIN (1951), VAN DE HULST (1957), KERKER (1969), DEIRMENDJIAN (1969) und WICKRAMASINGHE (1973). Bei Kenntnis der physikalischen Eigenschaften des Streuzentrums lassen sich die Parameter der gestreuten Welle, insbesondere ihre Intensität fernab vom streuenden Teilchen (*Wellenzone*, $R \gg r$), berechnen.

Zeichnet man die durch den einfallenden und den gestreuten Strahl aufgespannte Ebene als Bezugsebene aus, in der der Streuwinkel φ gemessen wird, so ergeben sich die Intensitäten der senkrecht (Index 1) und parallel (Index 2) zur Referenzebene polarisierten Komponenten der gestreuten Strahlung für eine linear polarisierte einfallende Welle zu

$$I_1 = \frac{\lambda^2}{4\pi^2 R^2} \cdot i_1 \cdot I_0 \cdot \sin^2 \Phi \tag{1}$$

$$I_2 = \frac{\lambda^2}{4\pi^2 R^2} \cdot i_2 \cdot I_0 \cdot \cos^2 \Phi \tag{2}$$

$$I_{\text{ges}} = \frac{\lambda^2}{4\pi^2 R^2} \cdot (i_1 \cdot \sin^2 \Phi + i_2 \cdot \cos^2 \Phi) \cdot I_0, \tag{3}$$

wo λ die Wellenlänge und Φ das vom elektrischen Vektor der einfallenden Welle aus gemessene Azimut der Referenzebene sind.

Die MIEschen Intensitätsparameter

$$i_1 = \left| \sum_{n=1}^{\infty} \frac{2n+1}{n(n+1)} (a_n \pi_n + b_n \tau_n) \right|^2, \tag{4}$$

$$i_2 = \left| \sum_{n=1}^{\infty} \frac{2n+1}{n(n+1)} (a_n \tau_n + b_n \pi_n) \right|^2 \tag{5}$$

hängen über die aus LEGENDRE-Funktionen und ihren Ableitungen gebildeten Funktionen $\pi_n(\varphi)$, $\tau_n(\varphi)$ vom Winkel ab. Die winkelabhängigen Funktionen gehorchen den Rekursionsbeziehungen

$$\pi_n(\varphi) = \frac{2n-1}{n-1} \cdot \cos\varphi \cdot \pi_{n-1}(\varphi) - \frac{n}{n-1} \cdot \pi_{n-2}(\varphi), \tag{6}$$

$$\pi_0(\varphi) = 0, \tag{7}$$

$$\pi_1(\varphi) = 1, \tag{8}$$

$$\tau_n(\varphi) = \big(\pi_n(\varphi) - \pi_{n-2}(\varphi)\big) \cdot \cos\varphi - (2n-1)\sin^2\varphi \cdot \pi_{n-1}(\varphi) + \tau_{n-2}(\varphi), \tag{9}$$

$$\tau_0(\varphi) = 0, \tag{10}$$

$$\tau_1(\varphi) = \cos\varphi, \tag{11}$$

und sind unkompliziert programmierbar. Die Abhängigkeit vom komplexen Brechungsindex $\tilde{m}$ und vom Größenparameter

$$\alpha = 2\pi r/\lambda \tag{12}$$

wird durch die MIE-Koeffizienten

$$a_n(\tilde{m}, \alpha) = \frac{\left(\frac{A_n(\tilde{m}\alpha)}{\tilde{m}} + \frac{n}{\alpha}\right)\psi_n(\alpha) - \psi_{n-1}(\alpha)}{\left(\frac{A_n(\tilde{m}\alpha)}{\tilde{m}} + \frac{n}{\alpha}\right)\zeta_n(\alpha) - \zeta_{n-1}(\alpha)}, \tag{13}$$

$$b_n(\tilde{m}, \alpha) = \frac{\left(\tilde{m}A_n(\tilde{m}\alpha) + \frac{n}{\alpha}\right)\psi_n(\alpha) - \psi_{n-1}(\alpha)}{\left(\tilde{m}A_n(\tilde{m}\alpha) + \frac{n}{\alpha}\right)\zeta_n(\alpha) - \zeta_{n-1}(\alpha)} \tag{14}$$

vermittelt. Dabei stellen $\psi_n(\alpha)$ und $\zeta_n(\alpha)$ RICCATI-BESSEL-Funktionen reellen Arguments dar, für die die Rekursionsbeziehungen

$$\zeta_n(\alpha) = \frac{2n-1}{\alpha} \cdot \zeta_{n-1}(\alpha) - \zeta_{n-2}(\alpha), \tag{15}$$

$$\zeta_{-1}(\alpha) = \cos\alpha - i\sin\alpha, \tag{16}$$

$$\zeta_0(\alpha) = \sin\alpha + i\cos\alpha, \tag{17}$$

$$\psi_n(\alpha) = \mathrm{Re}\,\big(\zeta_n(\alpha)\big) \tag{18}$$

gelten. Als kritisch für die Berechnung erweist sich allein das Verhältnis von BESSEL-Funktionen komplexen Arguments

$$A_n(\tilde{m}\alpha) = \frac{\psi_n'(\tilde{m}\alpha)}{\psi_n(\tilde{m}\alpha)} = -\frac{n}{\tilde{m}\alpha} + \frac{J_{n-1/2}(\tilde{m}\alpha)}{J_{n+1/2}(\tilde{m}\alpha)}, \tag{19}$$

das sich unter Benutzung der bekannten Rekursionsformel

$$J_{n-1/2}(z) + J_{n+3/2}(z) = \frac{2(n+1/2)}{z} \cdot J_{n+1/2}(z) \tag{20}$$

für Zylinderfunktionen durch Rekursion

$$A_n(\tilde{m}\alpha) = -\frac{n}{\tilde{m}\alpha} + \left(\frac{n}{\tilde{m}\alpha} - A_{n-1}(\tilde{m}\alpha)\right)^{-1}, \tag{21}$$

ausgehend von der analytisch angebbaren Funktion $A_0(\tilde{m}\alpha)$, berechnen läßt.

Nach diesem Schema gehen die meisten heute auf Rechenanlagen zur Anwendung gebrachten MIE-Programme vor. Die Reihenentwicklung wird bei einem Index $n = n_{ab}$ abgebrochen, wenn die MIE-Koeffizienten a_n und b_n eine gewisse Grenze unterschreiten. QUENZEL und MÜLLER (1978) geben als geeignete Abbruchbedingung

$$|a_n|^2 + |b_n|^2 < 10^{-8} \tag{22}$$

an. Der Abbruchindex n_{ab} liegt in der Größenordnung des Parameters α.

Die numerische Durchführung zeigt jedoch, daß besonders für große α in den meisten Programmen Fehler auftreten. Die Vorwärtsrekursion in $J_{n+1/2}(\tilde{m}\alpha)$ selbst ist sehr fehleranfällig und ein klassisches Beispiel unstabiler numerischer Methoden. Bei wiederholter Anwendung der Rekursionsformel (21) akkumuliert sich infolge der endlichen Maschinenwortlänge der numerische Fehler in A_n. Dieser Fehler läßt sich durch die Verwendung doppelter Wortlänge im Computer oder durch Rückwärtsrekursionsverfahren verringern, bleibt aber jedem Rekursionsverfahren immanent. Grundlegende Abhilfe schafft hier nur die Neuberechnung jedes A_n ohne Verwendung seiner Vorgänger.

3. *Der Algorithmus von* LENTZ

Eine neue Methode zur Berechnung des Verhältnisses $A_n(\tilde{m}\alpha)$ mit hoher Genauigkeit völlig unabhängig von allen vorhergehenden Werten wurde von LENTZ (1976) vorgestellt und von GREHAN und GOUESBET (1979) aufgegriffen. Eine Herleitung findet sich bei SELTMANN (1982).

Ausgehend von (20) gewinnt man für das in (19) benötigte Verhältnis n-ter Ordnung den Ausdruck

$$\frac{J_{n-1/2}(\tilde{m}\alpha)}{J_{n+1/2}(\tilde{m}\alpha)} = \frac{2(n+1/2)}{(\tilde{m}\alpha)} - \frac{J_{n+3/2}(\tilde{m}\alpha)}{J_{n+1/2}(\tilde{m}\alpha)}, \tag{23}$$

und durch sukzessives Einsetzen des Kehrwertes von

$$\frac{J_{n+1/2}(\tilde{m}\alpha)}{J_{n+3/2}(\tilde{m}\alpha)} = \frac{2(n+3/2)}{\tilde{m}\alpha} - \frac{J_{n+5/2}(\tilde{m}\alpha)}{J_{n+3/2}(\tilde{m}\alpha)} \tag{24}$$

usw. einen gegen (23) konvergenten Kettenbruch

$$\frac{J_{n-1/2}(\tilde{m}\alpha)}{J_{n+1/2}(\tilde{m}\alpha)} = \frac{2(n+1/2)}{\tilde{m}\alpha} + \cfrac{1}{\frac{-2(n+3/2)}{\tilde{m}\alpha} + \cfrac{1}{\frac{+2(n+5/2)}{\tilde{m}\alpha} + \cfrac{1}{-\ddots}}} \tag{25}$$

$$= a_1 + \cfrac{1}{a_2 + \cfrac{1}{a_3 + \cfrac{1}{\ddots}}} \tag{26}$$

$$= [a_1, a_2, a_3, \ldots] \tag{27}$$

$$= \lim_{n\to\infty} [a_1, a_2, \ldots, a_m] \tag{28}$$

mit

$$a_m = (-1)^{m+1} \cdot \frac{2(n+m-1/2)}{\tilde{m}\alpha}. \tag{29}$$

Für numerische Berechnungen muß (28) durch einen endlichen Kettenbruch angenähert werden, dessen herkömmliche Auflösung von dem Abbruchglied a_m her erfolgt. Die zur Erreichung einer vorgegebenen Genauigkeit erforderliche Ordnung m dieses Kettenbruches ist jedoch nicht *a priori* bekannt. Von SELTMANN (1982) wird die bei LENTZ (1976) angegebene Formel

$$[a_1, a_2, \cdots, a_m] = \frac{[a_1] \cdot [a_2, a_1] \cdot [a_3, a_2, a_1] \cdot \cdots \cdot [a_{m-1}, \cdots, a_1] \cdot [a_m, \cdots, a_1]}{[a_2] \cdot [a_3, a_2] \cdot \cdots \cdot [a_{m-1}, \cdots, a_2] \cdot [a_m, \cdots, a_2]} \tag{30}$$

hergeleitet. Eine für die Programmierung günstige Schreibweise ist

$$[a_m, \cdots, a_k] = a_m + \frac{1}{[a_{m-1}, \cdots, a_k]}, \qquad k = 1, 2, \tag{31}$$

$$[a_1, a_2, \cdots, a_m] = [a_1, a_2, \cdots, a_{m-1}] \cdot \frac{[a_m, \ldots, a_1]}{[a_m, \ldots, a_2]}, \tag{32}$$

$$\lim_{m\to\infty} \frac{[a_m, \cdots, a_1]}{[a_m, \cdots, a_2]} = 1, \tag{33}$$

wobei die anschauliche Beziehung (33) wegen der Konvergenz von (28), (32) folgt.

Der Vorteil dieser neuen Schreibweise besteht darin, daß die Glieder der endlichen Kettenbrüche $[a_m, \cdots, a_1]$ und $[a_m, \cdots, a_2]$ gegenüber $[a_1, \cdots, a_m]$ umgekehrt angeordnet sind. Jeder dieser Kettenbrüche läßt sich deshalb nach (31) durch Addition von a_m zum Kehrwert $1/[a_{m-1}, \ldots, a_k]$ seines Vorgängers berechnen. Der Näherungsbruch der Ordnung m entsteht dann aus der $(m-1)$-ten Näherung nach (32) einfach durch Multiplikation mit dem Verhältnis $[a_m, \cdots, a_1]/[a_m, \cdots, a_2]$, und das Verfahren wird abgebrochen, wenn das Verhältnis $[a_1, \cdots, a_m]/[a_1, \cdots, a_{m-1}] = [a_m, \ldots, a_1]/[a_m, \cdots, a_2]$

nach (33) genügend nahe bei Eins liegt. Statt also (27) ausgehend von einem unbekannten Glied a_m von hinten her einzurichten, um dann festzustellen, daß die Näherung in m-ter Ordnung nicht ausreicht, ist die Genauigkeit der Entwicklung des unendlichen Kettenbruches vorgebbar. Man berechnet somit jedes A_n als $-n/\alpha + [a_1, \cdots, a_m]$ völlig unabhängig von seinen Vorgängern.

Die Konvergenz des Verfahrens ist immer dann gestört, wenn zufällig einer der Faktoren $[a_m, \cdots, a_k]$ im Rahmen der Computergenauigkeit verschwindet. Die von SELTMANN (1982) dargelegten Korrekturen für diesen Fall stützen sich auf LENTZ (1976) und JAASKELAINEN und RUUSKANEN (1981) und erlauben die Fortsetzung des normalen Algorithmus mit $[a_1, \cdots, a_{m+2}]$, wenn

$$[a_m, \cdots, a_k] \cdot [a_{m+1}, \cdots, a_k] = 1, \tag{34}$$

$$[a_{m+2}, \cdots, a_k] = a_{m+2} \tag{35}$$

gesetzt wird.

Auf der Grundlage der Formeln (4)—(19) und (28)—(35) wurde ein FORTRAN IV-Programm zur Berechnung der Intensitätsparameter (4) und (5) sowie der STOKES-Parameter und der Wirkungsfaktoren unter Vorgabe des Brechungsindexes $\tilde{m}$, der Winkelwerte φ_i und der Größenparameter α_j entwickelt. Das unendliche Produkt (28), (32) wird abgebrochen, wenn (33) mit einer Abweichung von 10^{-12} oder besser erfüllt ist:

$$\frac{[a_m, \cdots, a_1]}{[a_m, \cdots, a_2]} \leqq 10^{-12}. \tag{36}$$

Diese Bedingung ermöglicht eine Berechnung der MIE-Koeffizienten mit sehr hoher Genauigkeit. Es wurde die gegenüber (22) verschärfte Abbruchbedingung

$$|a_n|^2 + |b_n|^2 \leqq 10^{-10} \tag{37}$$

gewählt. Das FORTRAN-Programm selbst ist reichlich kommentiert und steht nebst einem Programmablaufplan beim Autor zur Verfügung; es wird deshalb hier auf eine ausführliche Programmbeschreibung verzichtet. Hingegen sollen einige Eigenschaften des neuen Algorithmus anhand von Testergebnissen des auf einer Rechenanlage vom Typ ES 1040 zur Anwendung gebrachten Programmes mitgeteilt werden.

4. *Testergebnisse*

4.1. *Rechenzeit*

Die Rechenzeit t des Programms ist bei vorgegebenen Abbruchbedingungen (36), (37) hauptsächlich von der Größe des Parameters α abhängig, der seinerseits den Abbruchindex n_{ab} der MIE-Reihen und die für jeden Index n notwendige Ordnung m des Näherungsbruches $[a_1, \cdots, a_m]$ bestimmt, während der Einfluß des Brechungsindexes geringer ist. In Abb. 1 ist die Zentraleinheit-Zeit sowie die Gesamtanzahl $\sum_n m$ von Durchläufen des LENTZ-Algorithmus angegeben. Für große α laufen die Kurven für $\sum m(\alpha)$ und $t(\alpha)$ praktisch parallel, so daß dort die Rechenzeit mehr und mehr vom LENTZ-

Algorithmus bestimmt wird, während bei kleinen α die nicht von m abhängige Rechenzeit überwiegt. Der Gesamtzeitaufwand für das neue Programm liegt ungünstiger als der für herkömmliche, weniger genaue MIE-Programme. Für $\alpha = 1000$ benötigt das Programm bereits über eine halbe Stunde. CHIU und GUCKER (1972) benötigten mit den klassischen MIE-Reihen bei $\alpha = 150$ rund 37 s, während das hier vorgestellte Programm in diesem Fall schon 100 s lang läuft. Es ist klar, daß die längere Rechenzeit gegenüber üblichen Rekursionsprogrammen darin begründet liegt, daß für jeden Reihenindex n zur Erreichung der höheren Genauigkeit bei diesem Verfahren eine Vielzahl m von Kettenbrüchen $[a_1, \cdots, a_m]$ berechnet, der LENTZ-Algorithmus also m mal durchlaufen werden muß. Der geringe Speicherplatzbedarf und die Unabhängigkeit von der Maschinenwortlänge machen das Verfahren auch für Kleincomputer einsetzbar, wo der hohe Rechenzeitbedarf oft ohne Belang ist. Eine Senkung der Rechenzeit wäre

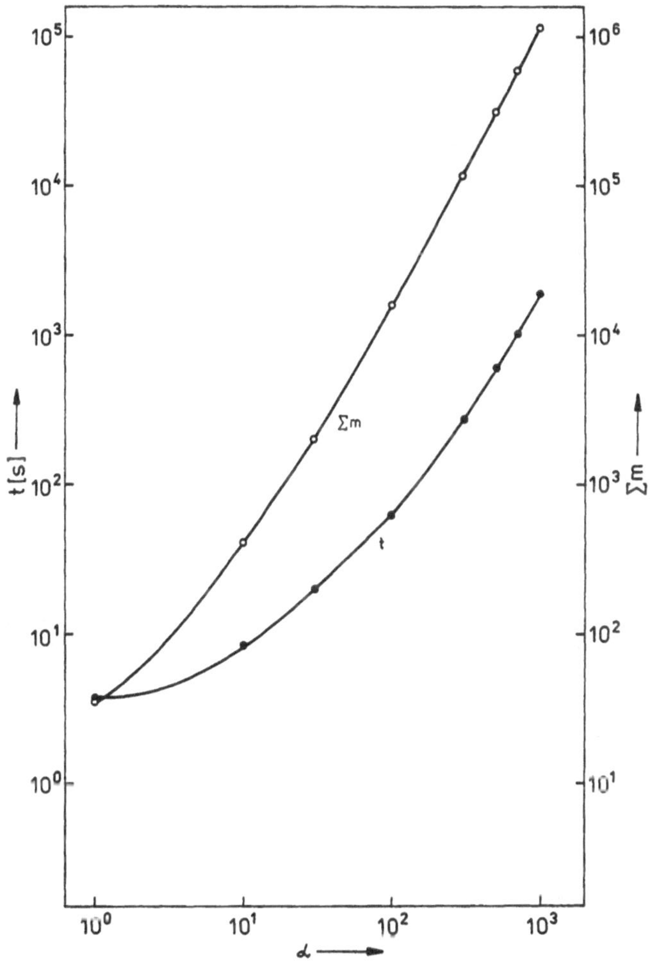

Abb. 1. Gesamtanzahl $\sum_n m$ von Durchläufen des LENTZ-Algorithmus und Rechenzeit t des MIE-Programms ($\tilde{m} = 1{,}6 - 0i$)

durch Rückwärtsrekursion nach (23), ausgehend von der höchsten Ordnung $J_{n-1/2}/J_{n+1/2}$ als Anfangswert, der die Genauigkeit aller rekursiv berechneten niedrigeren Ordnungen bestimmt und mit dem Lentz-Algorithmus ermittelt werden kann, denkbar.

4.2. Abbruchindices

Die Anzahl der zur Erfüllung der Bedingung (36) notwendigen Durchläufe des Lentz-Algorithmus bei einem bestimmten Mie-Reihenindex n ist in Abb. 2 für verschiedene Größenparameter α bei den reellen Brechungsindizes $\bar{m} = 1{,}4$; $\bar{m} = 1{,}5$; $\bar{m} = 1{,}6$ aufgetragen. Es ergeben sich für verschiedene Paare $\bar{m}$, α parallele Geraden,

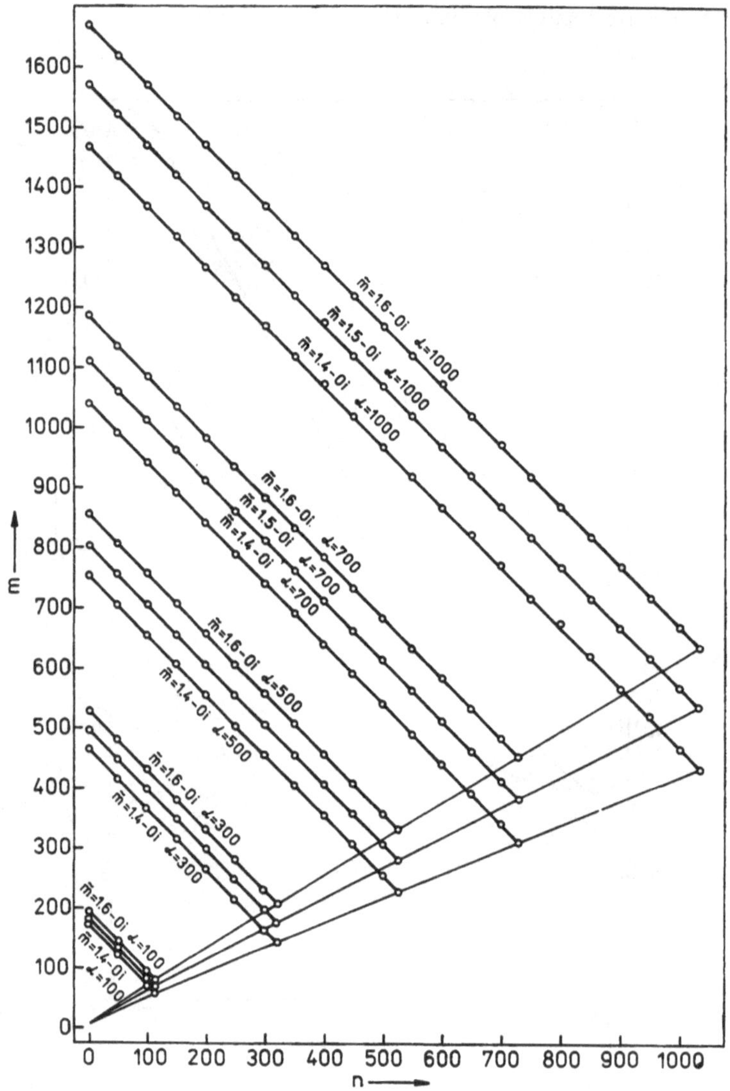

Abb. 2. Abhängigkeit der Ordnung m der Kettenbruchnäherung vom Mie-Reihenindex n

deren Anstieg offensichtlich durch die Genauigkeitsforderung (36) bestimmt wird. Auch für geringe Imaginärteile im Brechungsindex (bis ca. 0,10) ergibt sich eine fast lineare Abnahme der benötigten Ordnung des endlichen Kettenbruches mit wachsendem MIE-Reihenindex. Nur bei großem Absorptionsindex (Metalle) ist die Kurve $m(n)$ konvex, so daß bei größeren n die Abnahme von m langsamer erfolgt als bei reellem m.

Die Antitonie der Kurven $m(n)$ bedeutet, daß die Anzahl m der benötigten Multiplikationen in (32) mit wachsender Ordnung n sinkt. Die Genauigkeit der Verhältnisse A_n wächst also, während sich bei Rekursionsverfahren der Fehler mit wachsender Ordnung akkumuliert. Dies mag als ein Grund für die höhere Stabilität des LENTZ-Algorithmus gelten.

Die drei auseinanderlaufenden, fast geraden Linien, die die Endpunkte der parallelen Geraden verbinden, kennzeichnen den Abbruch bei einem bestimmten Reihenindex n_{ab}. Er liegt für feste Größenparameter bei verschiedenen Brechungsindizes ersichtlich bei einem festen Wert. Die Abhängigkeit $n_{ab}(\alpha)$ für die Brechungsindizes von Abb. 2 ist Abb. 3 zu entnehmen und zeigt, daß der Abbruchindex der MIE-Reihen im betrachteten Bereich des Brechungsindex praktisch nicht von diesem abhängt und über den Teilchengrößenbereich $\alpha = 1 \cdots 1000$ fast linear mit α geht:

$$n_{ab} = 1{,}02\alpha + 7 \quad \text{für} \quad \alpha > 100, \tag{38}$$

$$n_{ab} = 1{,}11\alpha + 4 \quad \text{für} \quad 10 \leqq \alpha \leqq 100. \tag{39}$$

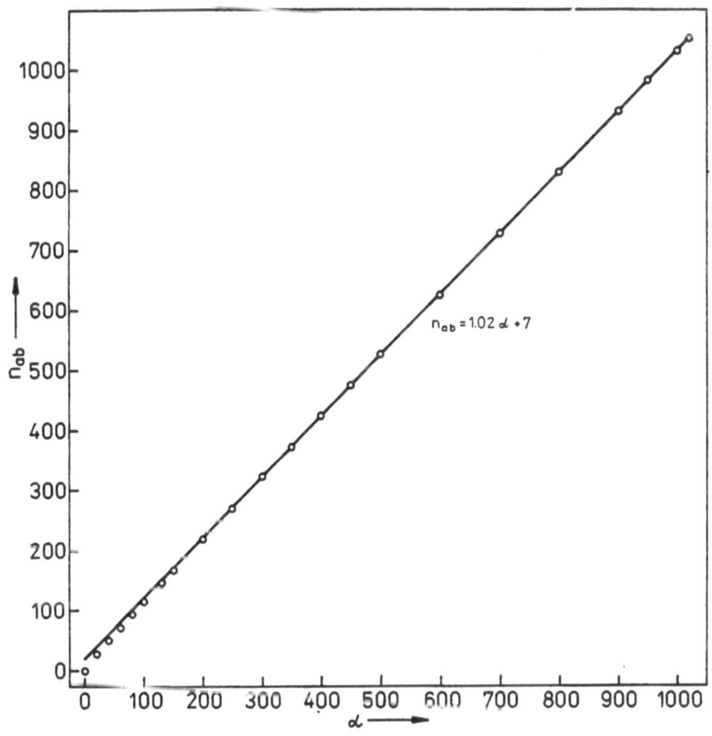

Abb. 3. Abbruchindex n_{ab} als Funktion des Größenparameters α bei der Abbruchbedingung $|a_n|^2 + |b_n|^2 \leqq 10^{-10}$

Frühere Berechnungen, z. B. Brozmann (1966) sowie Dautzenberg et al. (1979), die über $\alpha = 100$ nicht wesentlich hinausgehen, erfassen den nicht gekrümmten Anfangsteil der Kurve und liefern mit (38) etwa übereinstimmende Ergebnisse. Die Gleichungen (38), (39) gelten auch für geringe Absorptionsindizes.

4.3. Stabilität von A_n und Mie*-Koeffizienten*

Die bereits erwähnte Instabilität von Rekursionsverfahren wird in einer Darstellung des Imaginärteiles der kritischen Größe A_n über dem Realteil als Abweichung von einem glatten Kurvenverlauf deutlich. Abb. 4 zeigt diesen Sachverhalt nach Deirmendjian (1969) und den glatten Verlauf der nach dem Lentz-Algorithmus berechneten Kurve als Funktion von n am Beispiel $\alpha = 62$; $\tilde{m} = 1{,}28 - 1{,}37i$. Die Vorwärtsrekursion ist hier offensichtlich weder in einfacher noch in doppelter Genauigkeit anwendbar, da sie bereits bei $n = 36$ bzw. bei $n = 64$ vom Kurvenverlauf abweichende Ergebnisse liefert, während der Abbruchindex in diesem Falle bei $n_{ab} = 75$ liegt.

Als Kriterium für die Genauigkeit der nach (13), (14) berechneten Mie-Koeffizienten $a_n(\tilde{m}, \alpha)$, $b_n(\tilde{m}, \alpha)$ kann bei reellem Brechungsindex die von Kerker (1969) angegebene Beziehung

$$|a_n - 0{,}5|^2 = |b_n - 0{,}5|^2 = 0{,}25 \tag{40}$$

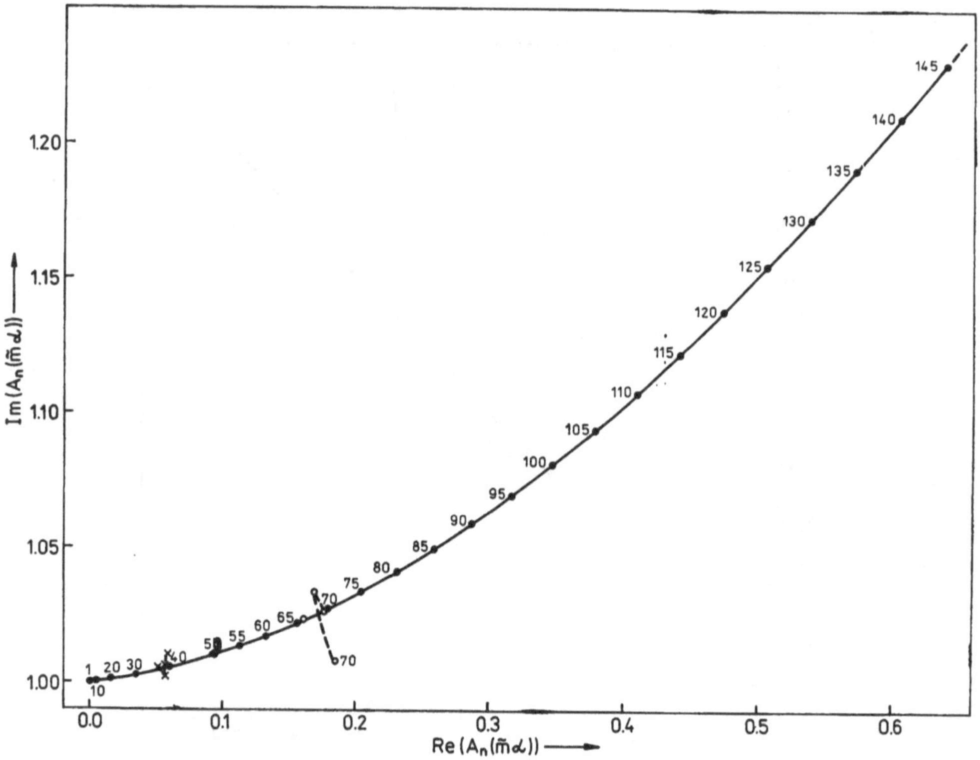

Abb. 4. Vergleich der Stabilität des Lentz-Algorithmus und der Vorwärtsrekursion bei einfacher (x) und doppelter (o) Genauigkeit für $\alpha = 62$; $\tilde{m} = 1{,}28 - 1{,}37i$

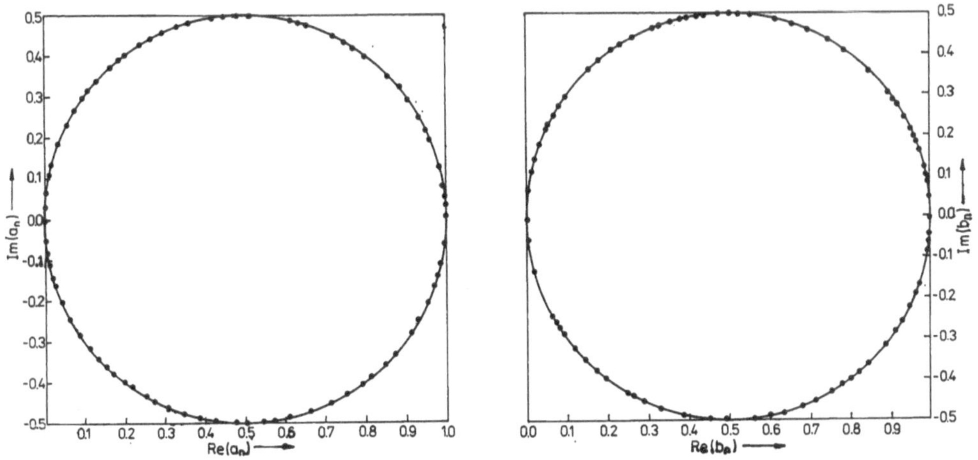

Abb. 5. Darstellung der MIE-Koeffizienten a_n, b_n in der komplexen Ebene bei festem $\alpha = 150$ und $\tilde{m} = 1{,}5 - 0i$

dienen. Die geometrischen Örter der MIE-Koeffizienten bilden also in der komplexen Ebene einen Kreis vom Radius 0,5 um den reellen Mittelpunkt $0{,}5 + 0i$. Werte inner- oder außerhalb dieser Kreise dürfen nicht auftreten. Wie Abb. 5 am Beispiel von $\alpha = 150$; $\tilde{m} = 1{,}5 - 0i$ belegt, erfüllen beide MIE-Koeffizienten diese Bedingung sehr gut. Für $n \gtrsim \alpha$ nähern sich dabei MIE-Koeffizienten dem Punkt $0 + 0i$, wie das die Konvergenz der MIE-Reihen (4), (5) verlangt. (40) gilt natürlich nicht nur für die MIE-Koeffizienten als Funktion von n, sondern auch bei festem n für $a_n(\alpha)$, $b_n(\alpha)$. Für komplexe Brechungsindizes tritt eine spiralisierende Abweichung in das Innere des Kreises mit Konvergenz gegen einen Kreis vom Durchmesser des FRESNELschen Reflexionskoeffizienten $|(\tilde{m} - 1)/(\tilde{m} + 1)|$ auf.

4.4. *Intensitätsparameter*

Für Teilchen mit $\alpha < 0{,}1$ bricht das Programm nach dem ersten Reihenindex ab, und der Beitrag von Im (a_1) überwiegt, so daß (4), (5) in die RAYLEIGH-Formel

$$i_2 = i_1 \cos^2 \varphi = \alpha^6 \cdot \left(\frac{\tilde{m}^2 - 1}{\tilde{m}^2 + 1}\right)^2 \cdot \cos^2 \varphi \tag{41}$$

übergeht. Für $\alpha \geq 0{,}1$ beginnt sich durch die größer werdenden Beiträge weiterer MIE-Koeffizienten die als MIE-Effekt bezeichnete Bevorzugung der Vorwärtsstreurichtungen auszuprägen. Als Beispiel der bei verschiedenen Werten von α und $\tilde{m}$ erhaltenen Ergebnisse für die Intensitätsparameter führen wir einen Vergleich mit den bei GREHAN und GOUESBET (1979) veröffentlichten Werten für Vor- ($\varphi = 0°$) und Rückwärtsstreuung ($\varphi = 180°$) an. Tabelle 1 enthält bei festem α für verschiedene Imaginärteile des Brechungsindexes die hier berechneten Intensitätsparameter, die im Rahmen der von GREHAN und GOUESBET angegebenen Genauigkeit mit deren Werten identisch sind. Die Übereinstimmung der Werte für $\tilde{m} = 1{,}33$; $\alpha = 1 \cdots 500$ in Tab. 2 ist ähnlich gut.

Tabelle 1. Vergleich von Mie-Rechnungen verschiedener Autoren

$\alpha = 8$	$i_1\,(0°) = i_2\,(0°)$ $i_1\,(180°) = i_2\,(180°)$			
$\tilde{m}$	Cherdron	Plass	Grehan	Seltmann
$1{,}33 - 10^{-4}i$	2940 3,79		2940 3,79	2939,45 3,79076
$1{,}33 - 10^{-2}i$	2760 2,39	2764 2,38	2765 2,385	2764,57 2,38520
$1{,}33 - 10^{-1}i$	1860 0,291	1856 0,291	1857 0,291	1856,37 0,29131
$1{,}33 - 0i$		2941 3,81		2941,29 3,80925
$1{,}33 - 10^{0}i$	1590 2,97	1585 2,97	1585 2,97	1585,35 2,97167
$1{,}33 - 10^{1}i$		1344 16,2	1344,1 16,163	1344,07 16,1632
$1{,}33 - 10^{2}i$			1120,4 14,96	1120,39 14,9604
$1{,}33 - 10^{3}i$			1106,0 14,941	1105,95 14,9407
$1{,}33 - 10^{4}i$			1104,6 14,939	1104,60 14,9391
$1{,}33 - 10^{5}i$			1104,5 14,939	1104,47 14,9390

Die Streuintensitäten von Partikelkollektiven setzen sich unter den in Abschn. 2 genannten Voraussetzungen additiv aus den entsprechend der Verteilungsfunktion gewichteten Einteilchenfunktionen zusammen. Die Überlagerung von Einteilchenfunktionen mit meist gegeneinander verschobenen Maxima und Minima führt zu einem glatten Kurvenverlauf, wie dies für die Summation von Intensitätsparametern $\big(i_1(\varphi) + i_2(\varphi)\big)/2$ (*kollektive Streufunktion*) aus Abb. 6 ersichtlich ist. Als Verteilungsfunktion wurden Junge-Verteilungen

$$\mathrm{d}N/\mathrm{d}\alpha = c \cdot \alpha^{-\nu} \tag{42}$$

mit den ganzzahligen Exponenten $\nu = +1$ bis $\nu = +4$ bei drei Teilchengrößenbereichen gewählt. Einige Streufunktionen aus der Literatur sind zum Vergleich mit angeführt. Alle Kurven zeigen den typischen Verlauf einer überwiegenden Vorwärtsstreuung und eines Minimums um $\varphi = 110°$.

Die angeführten Ergebnisse und weitere zeigen, daß das neuentwickelte Mie-Programm im Testbereich richtige Lösungen ermittelt und über einen ausgedehnteren Teilchengrößenbereich als bisher bekannte Verfahren genaue Werte erwarten läßt. Die berechneten Streufunktionen und Wirkungsfaktoren liegen in tabellarischer Form für Größenparameter bis $\alpha = 1000$ vor. Eine Grenze des Anwendungsbereiches wurde mit

Tabelle 2. Vergleich von MIE-Rechnungen verschiedener Autoren

$\tilde{m} = 1{,}33$	$i_1\,(0°) = i_2\,(0°)$ $i_1\,(180°) = i_2\,(180°)$			
α	VAN DE HULST	CHERDRON	GREHAN	SELTMANN
1	5,3 − 2 2,1 − 2	5,26 − 2 2,12 − 2	5,26 − 2 2,12 − 2	5,26137 − 2 2,11563 − 2
2	3,9 4,4 − 2	3,94 4,36 − 2	3,94 4,34 − 2	3,93795 4,35881 − 2
3	4,2 + 1 2,0 − 1	4,17 + 1 2,04 − 1	4,17 + 1 2,04 − 4	4,16971 + 1 2,042254 − 1
4	1,98 + 2 8,7 − 1	1,98 + 2 8,71 − 1	1,98 + 2 8,70 − 1	1,97759 + 2 8,70973 − 1
5	5,86 + 2 2,16	5,86 + 2 2,16	5,86 + 2 2,16	5,85898 + 2 2,15629
20		4,8 + 4 2,4 + 2	4,8 + 4 2,4 + 2	4,80095 + 4 2,39905 + 2
30		2,08 + 5 8,91 + 1	2,08 + 5 8,91 + 1	2,07566 + 5 8,90907 + 1
50		1,54 + 6 2,55 + 2	1,54 + 6 2,55 + 2	1,53995 + 6 2,55128 + 2
70		6,14 + 6 3,79 + 2	6,14 + 6 3,79 + 2	6,13852 + 6 3,79317 + 2
100			2,7607 + 7 5,602 + 3	2,76073 + 7 5,60233 + 3
200			4,2358 + 8 1,0356 + 4	4,23582 + 8 1,03568 + 4
300			2,1181 + 9 2,3471 + 4	2,11811 + 9 2,34711 + 4
400			6,6057 + 9 5,4072 + 4	6,60569 + 9 5,40787 + 4
500			1,6105 + 10 1,0445 + 5	1,61053 + 10 1,04452 + 5
1000				2,54241 + 12 1,69051 + 6

$\alpha = 10^{-5} \cdots 10^{+3}$; $\mathrm{Re}\,(\tilde{m}) = 0 \cdots 10^5$; $\mathrm{Im}\,(\tilde{m}) = 0 \cdots 10^{10}$ nicht erreicht. Der Leitgedanke für die Entwicklung des Programms war jedoch nicht eine Vermehrung oder Verbesserung vorhandener Tabellenwerke. Der heutige Stand der Rechentechnik ermöglicht und fordert im Gegenteil die Elimination einer langwierigen und fehleranfälligen Datenerfassung aus Tabellen und die Erzeugung der benötigten Daten — oft im *on-line* — Betrieb — direkt im Computer. Dazu ist ein auch ohne ständige Kontrolle sicher und genau arbeitendes Programm, wie es das beschriebene darstellt, eine unabdingbare Voraussetzung.

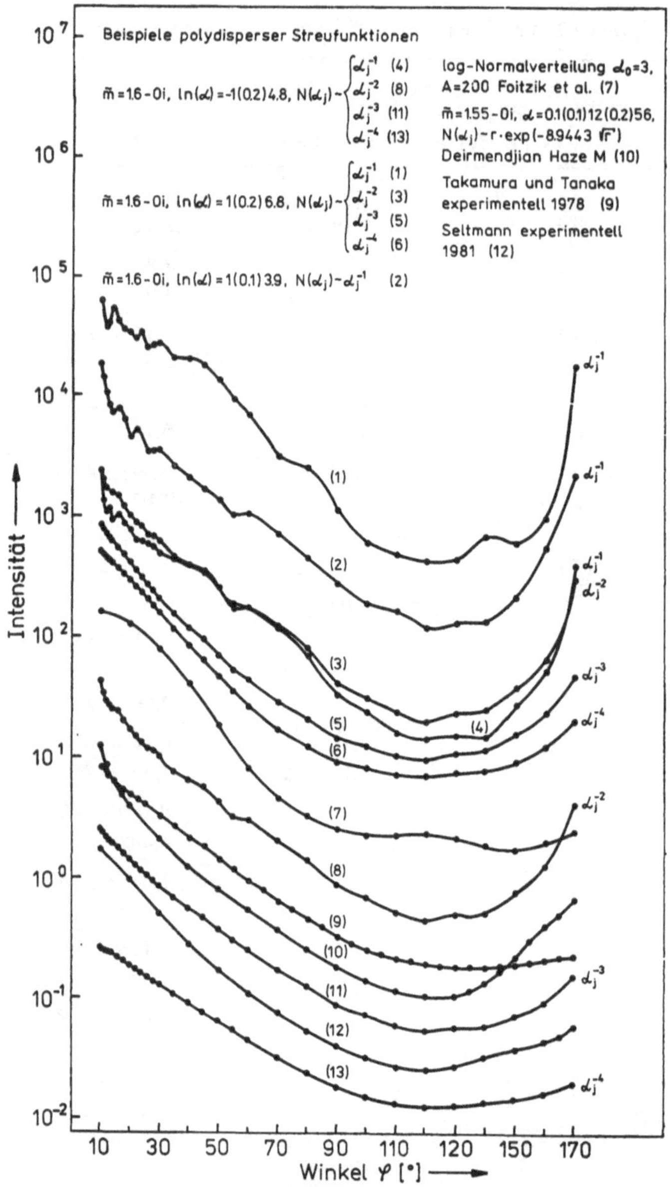

Abb. 6. Beispiele polydisperser Streufunktionen

Literatur

BROSZMANN, R., Die Lichtstreuung an kleinen Teilchen als Grundlage einer Teilchengrößenbestimmung. Diss. Karlsruhe 1966.

CHERDRON, W., DURST, F., RICHTER, F., (zit. GREHAN, GOUESBET 1979) SPB 80/TM/121 Univ. Karlsruhe 1978.

CHIU, G., GUCKER, F. T., Comparison of Three Series for Calculation of Light-Scattering Functions. J. Coll. Interface Sci. **39**, 1 (1972).

DAUTZENBERG, H., HARTMANN, M., KOCH, H., Zur Lichtstreuung an Polymerdispersionen. Teil 1. Acta Polymerica **30**, 5 (1979).

DEIRMENDJIAN, D., Electromagnetic Scattering on Spherical Polydispersions. Elsevier, New York 1969.

FOITZIK, L., HEBERMEHL, G., SPÄNKUCH, D., Kollektive Streufunktion und kollektive Polarisationsfunktion der Mie-Streuung bei logarithmischen Gauss-Verteilungen. Gerl. Beitr. Geophys. **77**, 4 (1968).

GREHAN, G., GOUESBET, G., Mie theory calculations: New progress, with emphasis on particle sizing. Appl. Opt. **18**, 20 (1979).

HULST, H. C. VAN DE, Light Scattering by Small Particles. John Wiley & Sons, New York 1975.

JAASKELAINEN, T., RUUSKANEN, J., Note on Lentz's Algorithm. Appl. Opt. **20**, 19 (1981).

KERKER, M., The Scattering of Light and other Electromagnetic Radiation. Academic Press, New York 1969.

LENTZ, W. J., Generating Bessel functions in Mie Scattering calculations using continued fractions. Appl. Opt. **15**, 3 (1976).

MIE, G., Beiträge zur Optik trüber Medien, speziell kolloidaler Metall-Lösungen. Ann. Phys. **25**, 4 (1908).

PLASS, G. N., Mie theory calculations; new progress, with emphasis on particle sizing; comment. Appl. Opt. **19**, 19 (1980).

QUENZEL, H., MÜLLER, H., Optical Properties of Single Mie Particles. Münchener Universitäts-Schriften, Wiss. Mitt. Met. Inst. Nr. 34 (1978).

SELTMANN, J., Ein Faktorisierungsverfahren für die Inversion von Streufunktionen zur Bestimmung der Größenverteilung lichtstreuender Partikelkollektive. Diss. KMU Leipzig, Sektion Physik, Leipzig 1982.

SHIFRIN, K. S., Rasseyoniye Sveta v mutnoi srede. Gostechteorizdat, Moskau—Leningrad 1951.

TAKAMURA, T., TANAKA, M., Measurements of Intensity and Degree of Polarization of Light scattered by Aerosols. Sci. Rep. Tohoku Univ. Ser. 5, Geophysics **25**, 3 (1978).

WICKRAMASINGHE, N. C., Light Scattering Functions for Small Particles — with Applications in Astronomy. Holstead Div. of John Wiley, New York 1973.

Geophys. u. Geol. Geophys. Veröff. d. KMU Leipzig Bd. III H. 2 S. 187–188 Berlin 1985

Thesen zur Diplomarbeit

Die Wirkung dünner Schichten auf die reflektierte und transmittierte seismische Welle

vorgelegt von J. Gottwald[1]

1. Problemstellung

1.1. Infolge der frequenzabhängigen Absorption bei der Ausbreitung seismischer Wellen nimmt die Frequenz mit der Laufzeit bzw. dem Wellenweg ab. Dieser Effekt ist theoretisch begründet und wird im allgemeinen bei der Aufzeichnung seismischer Wellen beobachtet.

1.2. Bei reflexionsseismischen Erkundungsarbeiten wurde jedoch festgestellt, daß in einem bestimmten Laufzeitabschnitt höherfrequente Signale auftreten. Dabei handelt es sich um Wellen, die im Salinar des Zechsteins reflektiert wurden.

1.3. Die Aufgabe dieser Arbeit bestand darin, die Ursachen für diesen Effekt zu untersuchen und eine Erklärung dafür zu geben.

2. Untersuchungsmethodik

2.1. Der Zechstein besteht aus einer Folge von dünnen Schichten, die durch mehr oder weniger mächtige Salzschichten unterbrochen werden. Dabei versteht man unter einer dünnen Schicht, wenn gilt:

$$\tau = n \cdot T < t,$$

τ — Schwingungsdauer des Eingangssignals;
T — Dauer einer Schwingung;
t — Laufzeit in der dünnen Schicht;
n — ganze Zahl (n ist 2 oder 3).

2.2. Eine Auswertung der Literatur erbrachte folgende Ergebnisse:
Eine einfache dünne Schicht wirkt bei Reflexion wie ein Hochpaß und bei Transmission wie ein Tiefpaß. Das Bild einer Folge von dünnen Schichten wird durch Überlagerung einfach und mehrfach reflektierter Wellen bestimmt.

2.3. Es wurden zwei Methoden zur Bestimmung der Wirkung der salinaren Schichtenfolge auf das seismische Signal benutzt.

2.4. Bei der direkten Methode wird ein geologisches Modell entsprechend der Bohrlochmeßergebnisse aufgestellt und das reflektierte sowie das transmittierte Signal unter Berücksichtigung der Absorption, der Divergenz und der Multiplen mit Hilfe des Programms DISA berechnet. Weiterhin wurden mehrere Modelle mit verschiedenen Schichtmächtigkeiten für das vorliegende Meßgebiet, das sich in typische Profile gliedert, aufgestellt.

2.5. Die indirekte Methode ergibt die Filtercharakteristik der Schichten des Z-Reflektors. Dabei wurde keine Modellbetrachtung durchgeführt, sondern Meßmaterial

[1] Dipl.-Phys. Jörg Gottwald, WB Geophysik, Sektion Physik der Karl-Marx-Universität, DDR-7010 Leipzig, Talstr. 35.

des untersuchten Gebietes benutzt. Es wurden die Spektren von Wellen berechnet, die oberhalb und unterhalb des Zechsteins reflektiert wurden. Mittels Spektrendivision erhält man die Filtercharakteristik der Schichtenfolge.

3. Ergebnisse

3.1. Die bei der direkten Methode gefundenen Amplitudenspektren der Profile mit unterschiedlicher Mächtigkeit bei Berücksichtigung der 1. Multiplen innerhalb jeder dünnen Schicht zeigen nicht das klare Hoch- bzw. Tiefpaß-Verhalten bei Reflexion bzw. Transmission wie bei der einfachen dünnen Schicht. Es erweist sich, daß die untersuchte Schichtenfolge bei Reflexion eine sehr flache Hochpaßcharakteristik bzw. ein Bandpaß-Verhalten bewirkt. Dagegen stellt sich die Schichtenfolge für eine transmittierte Welle nur als Bandpaß mit teilweisem Auftreten zweier Maxima dar. Dabei ist bemerkenswert, daß das Maximum bei höheren Frequenzen eine größere Bandbreite und höhere Anteile an den relativen Amplitudenwerten besitzt.

3.2. Des weiteren wurde die Wirkung der Folge dünner Schichten auf vier seismische Signale untersucht. Die Vorzugsfrequenzen der Signale betragen 10—50 Hz. Es zeigt sich, daß bei Vorzugsfrequenzen bis 15 Hz diese erhalten bleiben. Liegt die Vorzugsfrequenz über 20 Hz, so wird sie auf höhere Frequenzen verschoben. Diese Verschiebung kann bis 50% betragen und zu beträchtlichem Amplitudenwerten führen.

3.3. Die Spektrendivision bei der indirekten Methode ergab eine Filtercharakteristik, die der Transmissionsantwort der Folge dünner Schichten entspricht und unmittelbar mit der Transmissionsantwort bei der direkten Methode vergleichbar ist. Es zeigt sich, daß in beiden Transmissionsantworten das Bandpaß-Verhalten mit zwei Maxima deutlich hervortritt sowie eine gute Übereinstimmung der Spektren vorhanden ist.

3.4. Bei der Darstellung der Ergebnisse wurde der Versuch unternommen, eine Dickenbestimmung der Schichtenfolge nach der t_{00}-Zeit-Methode von Koefood und de Voogd durchzuführen. Dabei ist t_{00} die Zeit zwischen zwei Extremwerten einer Schwingung, wobei die Extrempunkte starken Reflexionshorizonten entsprechen müssen. Es wurde festgestellt, daß diese Dickenbestimmungsmethode im Fall von Schichtenfolgen schwer anwendbar ist.

3.5. Ergänzend wurde eine Untersuchung über den Einsatz der differentiellen Spektralanalyse (DSA) für die Ermittlung von Frequenzspektren kurzer seismischer Signale (1- bis 2-Perioden-Signale) durchgeführt. Das Spektrum der so analysierten Schwingung zeigt dabei erhebliche Abweichungen vom Spektrum mittels Fourier-Transformation. Es liegt der Schluß nahe, daß die DSA-Methode das seismische Signal bei sehr kurzen Eingangssignalen besser charakterisiert. Diese Vermutung muß jedoch noch durch weiterführende Untersuchungen bestätigt werden.

4. Schlußbemerkung

Die durchgeführten Untersuchungen zeigen, daß die Schichtenfolge Frequenzerhöhungen bewirken kann und daß besonders die Schichten des Zechsteins gute Voraussetzungen dafür bieten. Deshalb könnte es durchaus erforderlich werden. eine „Dünnschichtkorrektur“ anzubringen.

Geophys. u. Geol. Geophys. Veröff. d. KMU Leipzig Bd. III H. 2 S. 189—190 Berlin 1985

Buchbesprechung

Geophysics of Mars

von R. A. Wells, University of California, Berkeley

(Band 4 in der Reihe: Developments in Solar System- and Space Science)
Elsevier Scientific Publishing Company, Amsterdam—New York 1979, XXII und 680 Seiten, 245 Abb., 5 Farbbilder.

Eine Zusammenfassung der Geophysik des Mars wird manchen Leser in Erstaunen versetzen, und doch: das Buch zeigt, wie viele Details bereits erforscht und wie viele Probleme erfaßt worden sind. Das folgende verkürzte Inhaltsverzeichnis macht deutlich, daß der Autor, selbst am Space Science Laboratory tätig, sich bemüht, den neuesten Stand unserer Kenntnisse von dem roten Nachbarplaneten der Erde darzulegen, der die astronomische Forschung schon seit sehr langer Zeit intensiv beschäftigt hat.

Das Buch enthält folgende acht Kapitel:

1. Physikalische Wechselwirkung der Atmosphäre mit der Oberfläche.
   (Zusammensetzung und Natur der Atmosphäre, Oberfläche und Bildung von Wolken, Wolkentypen — H_2O- und CO_2-Kondensate, gelbe Wolken — Oberflächenstaub —, blaue Wolken — feinster Staub —.)
2. Der blaue Dunst und die jahreszeitliche Welle der Oberflächen-Verdunkelung.
   (Beobachtungen des blauen Dunstes, die jahreszeitliche Verdunklungswelle, Überprüfung der reflektierten Intensität mit der Mieschen Aerosol-Streuung; Korrelation der Beobachtungen und Mechanismus der jahreszeitlichen Verdunkelung; wie erscheint der Mars-Himmel einem Beobachter auf dem Mars? Jahreszeitliche Kontraständerungen als Hinweis für das Vorhandensein von Leben auf dem Mars.)
3. Die allgemeine Natur der Einzelheiten auf der Oberfläche.
   (Fotos von der Erde aus, Aufnahmen von den Raumsonden Mariner 4, 6, 7 und 9; die Polkappen; die hellen Wüsten und die dunklen Gebiete der Meere; geologische Einheiten; Kraterstatistik.)
4. Die Topographie des Mars.
   (Übersicht, Informationsquellen, Polargebiete, Gebiete der mittleren Breiten.)
5. Lineament-Systeme auf dem Mars.
   (Kanäle und Oasen — einst und jetzt; planetare Lineament-Netze.)
6. Das Schwerefeld und das Innere des Mars.
   (Phobos und Deimos, die Marsmonde; die Abplattung des Mars und die innere Struktur; Beobachtungen des Schwerefeldes durch Mariner 9.)
7. Mantelkonvektion und Kontinentaldrift auf Mars.
   (Landmassen auf dem Mars in Bewegung).
8. Blick auf den Mars von den Viking-Landekörpern aus.
   (Beobachtungen aus dem Orbit, Oberflächenbeobachtungen und deren Interpretation einschl. physikalischen und biologischen Experimenten.)

Das sehr gut ausgestattete Buch ist übersichtlich geschrieben und enthält zusätzlich noch ein ausführliches Sachregister neben einem Namensverzeichnis und einer umfangreichen Literaturübersicht. Es ist ein Werk, das jeden Geowissenschaftler und speziell den Planetologen anspricht. Es enthält aber auch grundlegend wichtige Hinweise auf analoge Probleme in der Geschichte und jetzigen Problematik der Erde.

Der Autor ist ein sehr guter Kenner der Materie. Ihm ist für diesen Überblick zu danken. Das Buch kann jedem Interessenten nur empfohlen werden.

R. LAUTERBACH

Geophys. u. Geol. Geophys. Veröff. d. KMU Leipzig Bd. III H. 2 S. 191—192 Berlin 1985

Buchbesprechung

Geological Atlas of Western and Central Europe
von Peter A. Ziegler, Shell International Petroleum BV, The Hague, The Netherlands.

Elsevier Scientific Publishing Company, Amsterdam—New York 1982, 130 S. Text und 40 Karten, Format A 4.

Im Vorwort zu diesem zweibändigen geologischen Atlas stellt Dr. E. J. Fränkl (Head of Exploration, Shell Internationale Petroleum Maatschappij B.V.) fest, daß es sich um einen Fortschrittsbericht handelt. Das Werk soll Geowissenschaftlern einen Überblick über die beträchtliche Weiterentwicklung der geologischen Auffassungen des westlichen und zentralen Europas geben. Zahlreiche neue Aufschlüsse der Ölindustrie, der geologischen Dienste, aber auch der Hochschulinstitute und der ozeanographischen Einrichtungen haben zu einem erheblichen Wandel unserer Kenntnisse und Deutungen beigetragen. Neue paläontologische und paläomagnetische Untersuchungen trugen ebenfalls zu zahlreichen neuen Durchblicken in paläogeographischer Hinsicht bei. Nicht zuletzt haben hierfür die Resultate geophysikalischer Untersuchungen eine wichtige Stütze geliefert. Die Fülle der neuen Daten erlaubt eine Darstellung der geologischen Evolution des westlichen und zentralen Europas unter Einbeziehung plattentektonischer Vorstellungen.

Danach kommt der Autor zu fünf Hauptstadien der Platten-Wechselwirkung seit dem späten Silur:

1. Kaledonische und varistische Vereinigung der Pangea.
2. Permo-triassische Instabilität des Großkontinentes Pangea.
3. Jurassisches und frühkretazisches Zerbrechen der Pangea mit Öffnung der Tethys und des Atlantiks.
4. Spätkretazischer Beginn der alpinen Plattenkollision und des Einsetzens der Riftprozesse im Arktik und Nord-Atlantik.
5. Känozoische Öffnung des Seegebietes von Norwegen—Grönland. Alpine Orogenese und Ausbildung des spätorogenen Kollapssystems.

Der Textteil enthält außer der Einleitung weitere sechs Kapitel:

1. Schließung der Pangea (suturing of pangea) mit den Komplexen: Spätkaledonischer tektonischer Bau von West- und Zentraleuropa; kaledonische Plattentektonik; Arktisch-Nordatlantische Wrench- und Rift-Systeme sowie die Acadisch-Ligerische Orogenese; Devonische und Karbonische Rifts der zentralen und nördlichen Britischen Inseln; Entwicklung des varistischen Beckens der Vortiefe; Entwicklung des nach-

folgenden Armorikanisch-Saxothuringischen Beckens; Geodynamik des Varistischen Orogens; spätvaristische Drehungstektonik.
2. Permo-triassische Entwicklung der Pangea mit den Komplexen: Spätpermischer postorogenetischer Kollaps des varistischen Faltengürtels und seines Vorlandes. Triassische Rifts und die Tethys-Transgression.
3. Zerfall der Pangea: Öffnung des Zentral-Atlantiks, des Nord-Atlantiks und der Neo-Tethys.
4. Spätkretazisches Sea-Floor Spreading und Einsetzen der alpidischen Platten-Kollision.
5. Känozoische Öffnung des Seegebietes Norwegen—Grönland, alpidische Orogenese mit anschließendem spätorogenen Kollaps-System.
6. Gedanken über Mechanismen der Beckenbildung (Rifting, passive Ränder und inaktive Rifts, Wrench-Störungen, Vortiefen, Intra-Plattenkompression, Sedimentauflast der Kruste und Änderungen des Meeresspiegels).

Der *Atlasteil* enthält Karten zu vier Komplexen:

1. Tektonische und geologische Karten
(spätkaledonisches Netzwerk, Präperm, permische und mesozoische tektonische Einheiten, mittel- und spätjurassische Tektonik, geologische Karte des Prätertiär).
2. Paläogeographische Karten
(22 Karten vom frühen Devon bis zum Miozän/Pliozän und einer topographischen Deckpause zu allen Karten).
3. Isopachen-Karten
(vom frühen Perm/Rotliegenden über Trias, Jura, Kreide bis zum Känozoikum und einer integralen Karte — spätes Perm bis Quartär —).
4. Stratigraphische Korrelations-Karten.
(Diese Karten enthalten jeweils sieben stratigraphische, übersichtlich gegliederte Vertikalprofile für folgende Bereiche: Nördliche und zentrale Nordsee; südliche Nordsee und Zentraleuropa; westliche Schelfe, Pariser Becken, Cantabrien; außerdem findet man eine Übersicht über die Korrelation der tektonischen Ereignisse in West- und Zentraleuropa, im Atlantik und dem Alpenraum.)

Man kann allen Beteiligten nur dankbar sein, daß ein so grundlegendes Werk aus einem gewaltigen Material von Einzelinformationen in zweifellos mühevoller Kleinarbeit zusammengetragen wurde. Es zeigt in der Tat deutlich den gewaltigen Fortschritt, den die Geologie Europas dank einer ungewöhnlich großen wissenschaftlich-technischen Aktivität aufzuweisen hat.

Der Atlas ist eine Fundgrube, er erleichtert das Suchen in der Literatur und bringt darüber hinaus auch unveröffentlichte Daten in eine große Synthese ein. Erwähnt sei noch die Übersichtlichkeit des Werkes, die seine Handhabung sehr erleichtert, und die hervorragende Darstellung des umfangreichen Materials, das auch manche „terra incognita" aufhellt. Seit mehr als 50 Jahren ist ein so grundlegendes Werk dieser Art nicht mehr erschienen. Es wird jedem Geowissenschaftler seine Arbeit wesentlich erleichtern und bedarf deshalb keiner besonderen Empfehlung.

R. LAUTERBACH

FSC
www.fsc.org
MIX
Papier | Fördert gute Waldnutzung
FSC® C083411

Zeitfracht Medien GmbH
Ferdinand-Jühlke-Straße 7
99095 Erfurt, Deutschland
produktsicherheit@kolibri360.de